Editors
Xingguo Han   Yegang Wu

Ecological Vision
Challenge, Response and Strategy

生态学未来之展望——
SHENGTAIXUE WEILAI ZHI ZHANWANG
挑战、对策与战略

主编 韩兴国 伍业钢

高等教育出版社·北京
HIGHER EDUCATION PRESS BEIJING

内容提要

本书根据中国科学院沈阳应用生态研究所和中华海外生态学者协会主办的"生态学未来之展望2009年高级研讨班"讲授内容编辑而成，涵盖了生态学发展的前沿及许多对中国生态学发展极具前瞻性的思考，具体包括从全球变化到景观动态，从模型模拟到同位素技术，从湿地生态系统到森林生态系统，从生态学理论到生态系统管理和决策，从应用生态学到交叉综合大科学的研究成果和展望。

希望本书的研究成果、技术、方法、理念与更多的生态学工作者、研究人员、学生以及可持续发展管理者和环境保护爱好者共享。

图书在版编目（CIP）数据

生态学未来之展望——挑战、对策与战略／韩兴国，伍业钢主编. —北京：高等教育出版社，2012.1
ISBN 978-7-04-033473-9

Ⅰ.①生… Ⅱ.①韩…②伍… Ⅲ.①生态学－研究 Ⅳ.①Q14

中国版本图书馆CIP数据核字（2011）第217575号

策划编辑	柳丽丽	责任编辑 柳丽丽	封面设计 张 楠	版式设计 杜微言
插图绘制	尹 莉	责任校对 姜国萍	责任印制 刘思涵	

出版发行 高等教育出版社	咨询电话 400-810-0598
社　　址 北京市西城区德外大街4号	网　　址 http://www.hep.edu.cn
邮政编码 100120	http://www.hep.com.cn
印　　刷 山东鸿杰印务集团有限公司	网上订购 http://www.landraco.com
开　　本 787mm×1092mm 1/16	http://www.landraco.com.cn
印　　张 16.5	版　　次 2012年1月第1版
字　　数 300千字	印　　次 2012年1月第1次印刷
购书热线 010-58581118	定　　价 59.00元

本书如有缺页、倒页、脱页等质量问题，请到所购图书销售部门联系调换
版权所有　侵权必究
物 料 号　33473-00

《中国生态大讲堂系列丛书》编委会

主　　编：于贵瑞

编　　委（按姓氏笔画排序）：

于秀波　王绍强　王辉民　石培礼　孙晓敏　何洪林

张扬建　张宪洲　李胜功　欧阳华　欧阳竹　罗　毅

徐　明　袁国富　樊江文

《生态学未来之展望——挑战、对策与战略》编委会

主　　编：韩兴国　伍业钢

编　　委（按姓氏笔画排序）：

古滨河　伍业钢　孙　阁　刘　哲　刘秦勤　李百炼

邬建国　陈吉泉　林光辉　武昕原　袁志文　唐剑武

黄长志　彭长辉　韩兴国　程维信　缪世利　潘绪斌

《中国生态大讲堂系列丛书》总序

"中国生态大讲堂"(China Ecological Forum,CEF)是由中国国家生态系统观测研究网络(CNERN)综合研究中心、中国科学院中国生态系统研究网络(CERN)综合研究中心以及中国科学院生态系统网络观测与模拟重点实验室共同主办的综合性生态学问题的学术论坛,其宗旨是"传播新知识、交流新思想、展示新成果",其具体内涵是指:中国的科学家和官员谈论中国生态问题,国外的科学家谈论中国生态问题,以及在中国举办的国际生态学科高级论坛。

自2005年"中国生态大讲堂"创办以来,已经组织了50余次学术报告会,5次综合性学术研讨会和2次高级研讨班,有120多位中外知名科学家做了主题演讲,邀请的报告人包括中国科学院和中国工程院的两院院士、国内外各科学研究机构和大学的知名专家、国家相关部委的政府官员、国际组织官员、CNERN和CERN的野外台站科技人员等。"中国生态大讲堂"面向政府职能部门、生态领域的科技人员和研究生、国际组织并向媒体开放,已经成为我国生态学研究领域的重要学术交流平台。

"中国生态大讲堂"在几年的发展历程中,为专家和官员搭建了学术讲演的舞台,为科研人员以及研究生提供了了解中国生态问题、生态系统研究科学前沿与热点领域的机会,特别是已经举办的"生态系统评估的科学问题与研究方法"、"生态系统长期观测与试验——应对可持续性的挑战"、"生态系统研究的新理念、新领域、新技术与新方法"、"气候变化与生态系统适应性——聚焦长江流域"、"人类活动与生态系统变化"等综合研讨会,涉及广泛科学问题和技术领域,吸引了众多在国际学术前沿的科学家们的响应和参与。在2007年召开的国际长期生态学研讨会——"迎接不同尺度可持续生态系统管理的挑战"上,来自全球31个国家和地区的210名代表共聚大讲堂,深入探讨了全球的长期生态系统研究前沿问题,取得了广泛的国际影响。

"中国生态大讲堂"的健康发展,引领着我国生态学的发展,为年轻的科研人员提供了解中国、了解世界、学习知识、把握科学前沿的机会。因此,系统出版《中国生态大讲堂系列丛书》的要求也日益强烈,高等教育出版社主动提出资助《中国生态大讲堂系列丛书》的出版工作,这将使广大科技人员的强烈需求得到满足,为推动"中国生态大讲堂"向更高层次的目标发展提供机遇和条件。为此,在《中国生态大讲堂系列丛书》问世之际,谨向高等教育出版社致以真诚的感谢,也对高等教育出版社积极承担社会责任的精神致以崇高的敬意。

《中国生态大讲堂系列丛书》将根据我国科技发展的需要,不断选择科技界和公众高度关注的科学主题,不定期地、系统性地编辑出版"主题科学论著",以探讨我国生态建设和生态系统科学研究中的理论和实践问题,满足生态学领域的科技人员和社会公众的需求,为我国的科技发展和生态建设服务。

《中国生态大讲堂系列丛书》是"中国生态大讲堂"的组织者、演讲者以及参与者们共同智慧和劳动成果的载体,承担着"传播新知识、交流新思想、展示新成果"的历史使命。这里,衷心祝愿《中国生态大讲堂系列丛书》能够成为具有广泛影响的"主题科学论著"系列,成为我国生态学领域必读的科学出版物;衷心感谢"中国生态大讲堂"的组织者、演讲者以及参与者所付出的努力和贡献;也衷心感谢高等教育出版社及其编辑人员的合作与鼎力支持。

中国科学院地理科学与资源研究所
于贵瑞
2009 年 3 月于北京

序

中国社会在过去30年间发生了举世瞩目、翻天覆地的变化。中国由一个在西方看来一直积贫积弱的农业大国一跃成为今天仅次于美国的世界第二大经济实体。这个东方大国只用了短短30年就奇迹般走完了西方上百年的工业化道路。过去的30年是中国国家实力呈指数形式高速上升的30年,中国正在向世界强国"和平崛起"。

然而,中国政府和许多有识之士逐渐认识到GDP的增长和人民生活质量的提高已经开始遇到了瓶颈。其中最明显的标志就是我们中国人祖祖辈辈赖以生存的生态环境和自然资源在过去的短短几十年间遭到严重损坏,元气大伤。有数据表明,世界上20个空气污染最严重的城市中,中国占了16个。呼吸新鲜空气,见到蓝天白云,在许多城市都成奢求。中国北方水危机已经突破临界,从首都北京可略见一斑,北京方圆750 km的河流已几近消失。中国大面积水体遭受污染,直接威胁食品安全和公共卫生。中国1/3的土地遭受土壤侵蚀。水、土、气的破坏使中国生物多样性大打折扣。难怪有人用诗句"漫漫黄沙地,泪眼照九州"来形容当今中国的大环境,以唤醒人们对生态保护的重视。

中华海外生态学者协会(Sino-Ecologists Association Overseas,简称Sino-Eco)于1989年在美国加利福尼亚州正式成立。邬建国、武昕原、伍业钢、刘秦勤、黄长志、韩兴国、陈吉泉、林光辉、潘愉德、缪世利、彭长辉、古滨河、程维信、李哈滨等如今大名鼎鼎的生态学家都是当时的活跃会员,是中国改革开放后最早一批赴美学习生态专业的留学生。Sino-Eco从一开始就以促进祖国生态事业发展为己任,把中国和国际生态研究接轨作为其重要使命之一。在过去的20年间,Sino-Eco会员从开始的二十几名发展壮大到今天的百余名。今天的会员遍及北美和中国高校及科研部门,许多学者已成为国际生态学界的领军人物,许多会员(如韩兴国博士)学成后已"海龟"定居祖国。我们的会员大多数都与国内建立了各种科研合作关系,他们穿梭忙碌于中国和国际生态学领域交往日益增长的大潮中,是中国当前生态环境教育、科研和建设中的一只不可多得的力量。可以肯定,Sino-Eco在今后中国"人与自然和谐发展"和"可持续发展"道路上将发挥越来越大的作用。

在Sino-Eco成立20周年之际,部分Sino-Eco会员作为"生态学未来之展望2009年高级研讨班"的主讲嘉宾受邀团聚于沈阳。这些会员多是历届Sino-Eco主席,在各自领域都有非凡建树。他们每天十个小时的精彩报告会,座无虚席,效果空前。本书正是这些学者的讲演稿整理而成,读者定能从中感受到那种学术上久违的新意。

最后,我谨代表 Sino-Eco 和本人向为组织本次研讨会和编辑本书付出大量时间和精力的中国科学院沈阳应用生态研究所韩兴国所长和美国生态工程公司伍业钢博士表示衷心感谢。

孙阁

中华海外生态学者协会主席(2008—2010)

前　　言

　　本书根据中国科学院沈阳应用生态研究所和中华海外生态学者协会主办的"生态学未来之展望2009年高级研讨班"讲授内容编辑而成，涵盖了生态学发展的前沿及许多对中国生态学发展极具前瞻性的思考，具体包括从全球变化到景观动态，从模型模拟到同位素技术，从湿地生态系统到森林生态系统，从生态学理论到生态系统管理和决策，从应用生态学到交叉综合大科学的研究成果和展望。

　　我们追求全书的科学严谨、思路活跃、可读性强。希望读者可以从中分享"自持续优化"一类理论生态学的新思考，诸如Everglades大湿地和北美稀树草原景观等大尺度研究的新方法，以及全球生态学和生态系统研究的空间模型与模型不确定性检验的新技术。读者还会欣赏到最热门的景观生态学十大研究论题、交叉综合大学科与生态学研究的关联，以及全球变暖研究中"土离根"和"根离土"的有趣探讨。当然，我们对当前人类最关心的水资源、水污染以及生态分析评估模拟的研究和同位素技术在生态学研究中的应用也作了非常详细的介绍。希望能给读者提供一种全新的思路和理念。这些研究成果、技术、方法、理念将与更多的生态学工作者、研究人员、学生以及可持续发展管理者和环境保护爱好者共享。

　　我们希望将本书献给我们的中国导师、中国生态学界一大批开创者和杰出的耕耘者。感谢他们给予我们良好的训练和扎实的研究功底；感谢他们对我们回国工作的支持和回国讲学的鼓励。作为一名学成回国的幸运者，在研讨会上，兴国试图从个人理解的角度，回顾中国生态学发展的里程，叙述我们的导师、前辈对中国生态学发展的历程纪录。中国生态学发展是"群星灿烂图"，不可能企图涵盖全面。但是，兴国为研究中国生态学发展史开了个头。我们希望以此激励中国生态学史的研究，了解过去是为了将来，为了发展，为了创新。

　　中国30年改革开放的发展对环境造成的压力和污染，超过了工业化国家200年的污染历程，我们所面临的挑战也是史无前例的。因此，解决我们的环境问题，也需要靠生态学工作者像我们老一辈生态学家一样所具有的历史使命感和创新敬业精神。中国需要确立以生态科学作为基础的科学发展观，也需要生态学工作者的科学素养、社会良知和几代人的辛勤努力。可以肯定，中国的环境危机和困难，也为中国出现顶级生态学大师提供了肥沃的土壤。中国生态学的发展任重而道远，但中国生态学大有作为！

　　同时，我们希望将本书献给我们一起奋发共勉的中华海外生态学者协会全体同仁,庆祝我们一起为生态学事业辛勤努力的20多个不平凡岁月。我们之中的大多数相识于20多年前的异国他乡,是"中国人"和"生态学"将我们凝聚在一起。我们努力,我们挣扎,我们成功,一眨眼就是20年。我们发现,像我们的导师那样,个人能决定一个学科发展的权威年代已经过去,学科的交叉和分支发展,迫使我们必须进行团队合作、国际合作。中华海外生态学者协会无疑是这种合作最好的平台,也是她的新历史使命。

为此,我们共同策划了"生态学未来之展望2009年高级研讨班"。这个倡议,得到中国科学院沈阳应用生态研究所和中华海外生态学者协会的全力支持。我们感谢中国科学院沈阳应用生态研究所提供的资金支持和全方位的服务。我们感谢袁志文、刘哲等每一位会议组织者的辛勤付出和周详安排。我们也感谢中华海外生态学者协会主席孙阁博士的精心安排和每一位同仁的参与和精彩的报告。更有意义的是,我们能在沈阳相聚,对于我们每一个人来说,都是人生一段美好的时光。

当然,这段美好的时光离不开参加研讨班的年轻学友和青年生态学家。所以,我们还希望将本书献给参加研讨班的年轻学友、青年生态学家和环境保护爱好者。当今,生态学已发展成国家乃至整个世界可持续发展所必需的科学。国家需要生态学,世界需要生态学,我们人人都应懂一点生态学知识。中国确实需要一大批具有扎实生态学基础知识和生态学功底的生态学工作者、可持续发展管理者、环境保护爱好者,他们无疑将是国家的财富、国家发展的栋梁。

应该说,参加这次研讨班的400多位年轻学友是最有朝气的一代。他们的提问、态度、学识都给我们留下深刻的印象,我们特别感谢刘淼(第1章)、李小玉(第2章)、王清奎(第3章)、闫巧玲(第4章)、李雪峰(第6章)、陈宏伟(第7章)、吴家兵(第8章)、王树起(第9章)、郑俊强(第11章)、徐胜和郑陈娟(第12章)、王朋(第13章)、王绪高(第15章、第16章),以及刘哲、吴家兵、隋珍等,在研讨班后根据每个报告对本书章节的精心整理。没有他们的辛勤和智慧,也就没有这本书的出版。我们还要感谢唐剑武(第5章)、潘绪斌(第10章)、黄长志(第14章)等博士专门为本书拾遗补缺,补充了原本缺失的第5、10、14章,使全书更为系统、完整。

借此,我们还要对中国科学技术协会"海外智力为国服务行动计划"对海外专家回国讲学及对本书出版的支持,表示衷心的感谢。同时,我们对高等教育出版社李冰祥博士对本书出版的支持和鼓励,也深表谢意。

最后,希望读到本书的读者充分利用你手中的权力,不惜给予鞭策、批评、指正,则是对我们最大的褒赏。

韩兴国　伍业钢
2011年6月

目 录

第1章 自持续优化——生命系统供需尺度关系的新概念和理论框架 李百炼 ·········· 1
  1.1 生物个体大小的生物学意义 ·········· 2
  1.2 异速生长的生物、物理和数学基础 ·········· 4
  1.3 个体大小、能量消费与多样性稳定之间的关系 ·········· 5
  1.4 动物活动范围和种群密度 ·········· 8
  1.5 种的个体大小与气温变化的关系 ·········· 9
  1.6 自持续优化:一个生命支持/需要比例的新颖概念 ·········· 11

第2章 景观生态学的过去、现在和将来 邬建国 ·········· 15
  2.1 什么是"景观生态学"? ·········· 15
  2.2 景观生态学中的十大研究论题 ·········· 17
  2.3 景观生态学和可持续性科学 ·········· 21

第3章 交叉综合大科学与生态学未来 陈吉泉 ·········· 26
  3.1 生物气象学 ·········· 26
  3.2 森林生态学 ·········· 27
  3.3 景观生态学 ·········· 28
  3.4 景观模拟与火生态学 ·········· 30
  3.5 食物链与种群生态学 ·········· 32
  3.6 空间生态学与全球生态学 ·········· 32
  3.7 草原生态学 ·········· 35
  3.8 社会学和经济学的因素 ·········· 36
  3.9 生物能源 ·········· 38
  3.10 总结 ·········· 40

第4章 生态系统生态学和恢复生态学面临的一些理论和实践的挑战与解决方法 缪世利 ·········· 43
  4.1 前言 ·········· 43
  4.2 突发事件或波动性事件对于生态系统结构、功能和过程的影响 ·········· 44
  4.3 火干扰之后不同水分梯度对于植物恢复的影响 ·········· 49

4.4　树岛上攀援蕨类植物的生物入侵研究 ……………………………… 50
　　4.5　生态学研究的实验设计 ………………………………………………… 52

第 5 章　生态系统生态学的进展：生态系统的测量、野外模拟和
　　　　　数学模型　唐剑武 ………………………………………………………… 57
　　5.1　未来生态学的任务 ……………………………………………………… 57
　　5.2　陆地生态系统的过程 …………………………………………………… 58
　　5.3　生态系统的测量 ………………………………………………………… 59
　　5.4　生态系统的野外模拟实验 ……………………………………………… 62
　　5.5　生态系统的数学模型 …………………………………………………… 63

第 6 章　模拟森林生长、生产力和碳动态：从末次冰川期
　　　　　到未来　彭长辉 …………………………………………………………… 68
　　6.1　模型概述 ………………………………………………………………… 68
　　6.2　三个模型应用实例 ……………………………………………………… 69
　　6.3　生态学模型研究面临的机遇和挑战 …………………………………… 76

第 7 章　木本植物入侵对稀树草原的影响：土壤碳的空间分布、
　　　　　不确定度及采样策略　刘峰　武昕原　白娥　Thomas Boutton，
　　　　　Steven R. Archer ……………………………………………………………… 80
　　7.1　引言 ……………………………………………………………………… 80
　　7.2　数据和方法 ……………………………………………………………… 83
　　7.3　结果 ……………………………………………………………………… 87
　　7.4　讨论 ……………………………………………………………………… 94

第 8 章　森林水文学研究——中国植被恢复和气候变化对
　　　　　水资源的影响　孙阁 ……………………………………………………… 102
　　8.1　研究森林-水资源关系的重要性 ……………………………………… 103
　　8.2　中美两国森林水资源主要关心的问题 ……………………………… 104
　　8.3　森林水文学研究的主要科学问题 …………………………………… 107

第 9 章　水生态系统危机的挑战和可持续水资源管理　刘秦勤 …………… 117
　　9.1　前言 …………………………………………………………………… 117
　　9.2　水资源与生态系统危机 ……………………………………………… 117
　　9.3　科学研究、生态服务和可持续水资源综合管理的途径 ……………… 126

第10章　雨水资源利用与生态工程研究　潘绪斌 ……………… 130
　10.1　降雨流程分析 ……………………………………………… 131
　10.2　雨水资源 …………………………………………………… 131
　10.3　雨水污染 …………………………………………………… 132
　10.4　美国城市雨水生态工程 …………………………………… 133
　10.5　美国雨水最佳管理实践评估 ……………………………… 137
　10.6　关于中国实施生态工程的建议 …………………………… 140

第11章　"根离土"与"土离根"　程维信 ………………………… 142
　11.1　根际的重要性 ……………………………………………… 142
　11.2　根际激活效应 ……………………………………………… 144
　11.3　全球变暖和根际激活效应的关系 ………………………… 151
　11.4　"根离土"的问题 …………………………………………… 155

第12章　稳定同位素生态学研究进展　林光辉 ………………… 162
　12.1　前言 ………………………………………………………… 162
　12.2　稳定同位素生态学学科发展历史 ………………………… 163
　12.3　稳定同位素生态学学科特点 ……………………………… 165
　12.4　稳定同位素生态学最新研究进展 ………………………… 167
　12.5　中国稳定同位素生态学现状与发展策略 ………………… 175

第13章　氮稳定同位素分析在研究人类活动对水生态系统
　　　　　影响中的应用　古滨河 ………………………………… 182
　13.1　前言 ………………………………………………………… 182
　13.2　氮稳定同位素分析的基本理论 …………………………… 183
　13.3　生态系统对人类影响的反馈：氮稳定同位素的应用 …… 186
　13.4　结语 ………………………………………………………… 189

第14章　生态风险评估在疏浚工程中的应用　黄长志 ………… 192
　14.1　疏浚淤泥安置与风险评估的关系 ………………………… 192
　14.2　风险评估方法在疏浚淤泥评估中的应用 ………………… 195
　14.3　风险评估的计算案例 ……………………………………… 201
　14.4　结论和摘要 ………………………………………………… 202

第15章　应用于入侵种生态风险评估与决策的生态
　　　　　指标体系　伍业钢 ……………………………………… 204

15.1 入侵种的生态风险评估 ………………………………………… 204
15.2 斑马贻贝生态指标体系建立的方法 …………………………… 207
15.3 生态指标与生态风险评估 ……………………………………… 211
15.4 生态风险评估与决策 …………………………………………… 215

第16章 生态系统模型与生态风险评估　伍业钢 ………………… 223

16.1 生态风险评估的意义 …………………………………………… 223
16.2 除莠津污染的风险评估及水生生态系统模拟 ………………… 225
16.3 生态系统模型参数的确定 ……………………………………… 227
16.4 模拟生态系统生产力及除莠津的影响 ………………………… 233
16.5 对除莠津的生态风险提出决策建议 …………………………… 238

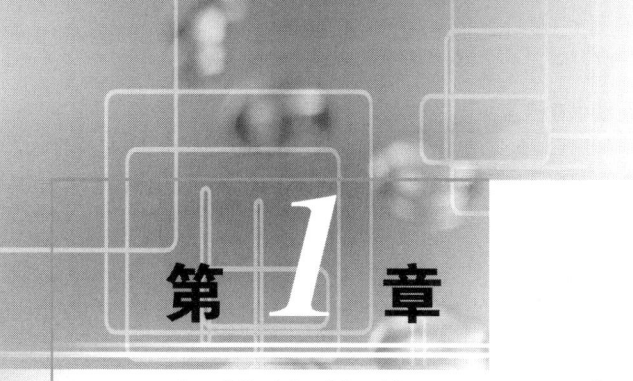

第1章

自持续优化——生命系统供需尺度关系的新概念和理论框架

李百炼
美国加利福尼亚大学河滨分校教授

目前,一些基本的生物学问题尚未得到回答,比如:地球上不同的生命体每单位体重单位时间平均需要多少能量维持生存;我们为什么需要呼吸;为什么动物能移动而植物静止不动;为什么植被的叶子不像动物身体一样厚;等等。

生物学家认为,活的有机体在优化限定范围保持它们总体新陈代谢独立于体型大小,体型小与体型大的有机体的优化限定范围并无不同。到目前为止,所研究的3 006个物种,包括从细菌到大象,从藻类到幼树,地球上大部分的生物多样性,向我们展示了所有生命体新陈代谢惊人的自我平衡。尽管调查的物种在生化、生理、生态和身体大小方面存在极大的差异,主要种群的平均新陈代谢率集中于很窄的范围。从仅有30个细胞的有机体,到具有100 000 000 000 000 000 000个细胞的生物体,其平均代谢率均集中于$0.3 \sim 9 \text{ W} \cdot \text{kg}^{-1}$。大部分种群的代谢率集中于窄的范围表明,通过自然选择所有的有机体适应于窄的生理窗口,这个代谢率称之为生命体总体优化水平(Makarieva et al.,2004)。我们的研究开始于这样的假设:无论从细胞到生态系统,不同大小的生命组织形式都能够实现物质和能量的流动,维持优化的条件实现其功能。

我们这里提出关于当前生命科学的一个自持续优化的生命系统供需尺度关系的新概念和理论框架(Self-sustained optimality: A novel concept and theoretical framework for life's supply/demand scaling)。同时针对这个理论框架提出几个问题和建议,供大家思考,例如:

● 在生态系统水平尺度,森林覆盖对于水的供给率起着至关重要的作用,建议以森林为解决办法解决全球的沙漠化和水安全问题;

● 在细胞水平尺度,提出分布网络的优化功能,提出一个用身体大小指标指示与肥胖相关和心血管疾病相关的理论基础;

● 在个体水平尺度，呼吸耗费限制的研究能够提供基本的理论，如用化石研究古气候的可能性。

1.1 生物个体大小的生物学意义

生物个体大小（body size）与代谢率（metabolic rate）的关系：生物个体大小应该是一个生物最明显的特征，它极大地影响着结构和功能。总体来说，比较大的生物具有比较高的代谢率 R 和比较低的种群密度 D。由物种的个体大小决定的因变量 R 和 D 决定着生态系统的能量分配方案（Enquist and Niklas，2002；Makarieva et al.，2003）。各种哺乳动物物种的基础代谢率与身体大小的关系可用图1.1来表示。对于一个稳定的生态系统，个体小的物种将比个体大的物种具有极大的优势。关于物种个体大小与代谢率的研究，也将成为生态系统稳定性理论研究的重要方法。

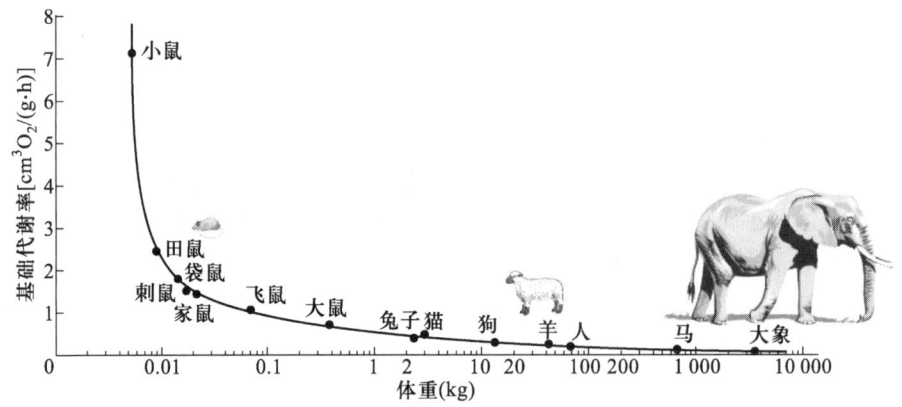

图 1.1　各种哺乳动物物种的基础代谢率与身体大小的关系（Schmidt-Nielson，1975）

哺乳动物身体大小与领地面积（home range）的关系：种群密度和动物领地面积是物种在生态系统水平上能量消耗的两个重要生态学特性。领地面积大小和扩张与种的个体大小较个体代谢率有更直接的关系。我们通过对不同领地面积大小和动物个体大小关系的研究，发现哺乳动物身体大小与领地面积关系成正比（图1.2）。我们认为，在稳定的生态系统内，种群密度的大小与领地面积的大小代表了动物对生态系统空间的利用。但是，当生态系统受到干扰时，种群密度将受到影响和改变，而物种的个体大小则并不因生态系统的干扰而随即改变。因此，我们也许可以通过研究生态系统内种群个体大小来认识原生态系统的结构和功能。另外，也可以从种群个体大小与种群密度的变化和差异，来评估生态系统的干扰和变化程度（Makarieva et al.，2005a）。

种群个体大小与生长率的关系：种群个体大小与生长率是一种正相关关系

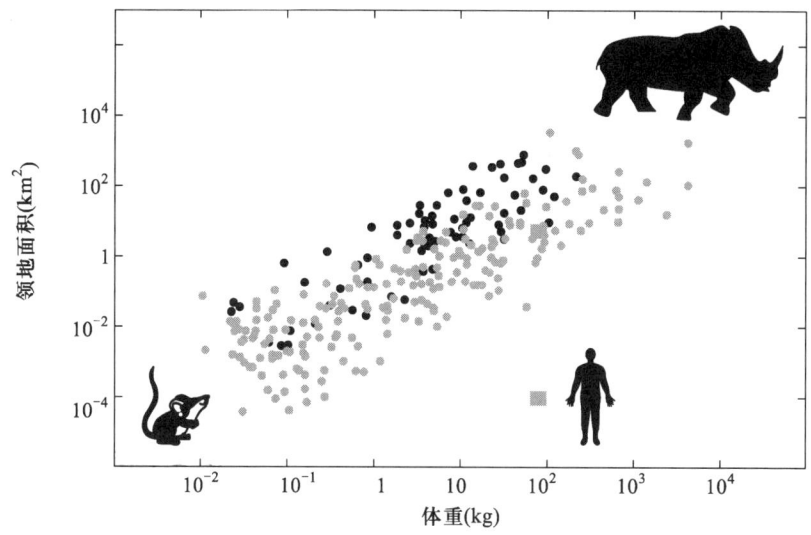

图 1.2 哺乳动物身体大小与领地面积的关系(Makarieva et al.,2005)

(Niklas,2002)。一般认为,种群密度增加,提高了能量消耗;自然选择过程控制种群的密度,在最短的时期内实现保持种群个体一定的大小,使生长率达到最大,以获取最大的生物量。种群个体大小与生物生长率的相关关系研究可以揭示生物进化的理论问题(Makarieva et al.,2003;Li et al.,2004)。

生活型进化与个体大小的关系:生命周期或生命史是种群生态学和进化生物学研究的重要课题。科学家非常关注生命史中,从世代交替短而寿命也短的种到世代交替长而寿命也长的种之间的差异,从中领悟到适应性选择和自然选择的性质。Dobson(2007)认为,按不同种的死亡率,可将不同种分别归类属于"快生命史"或"慢生命史"(图 1.3a)。而根据种的生产力与种个体大小的关系,可以将不同种区分为"高死亡率生活型"或"低死亡率生活型"(图 1.3b)。种群个体大小反映了种的进化特征,同时也是进化的结果(Santos et al.,1997;Enquist and Niklas,2001)。

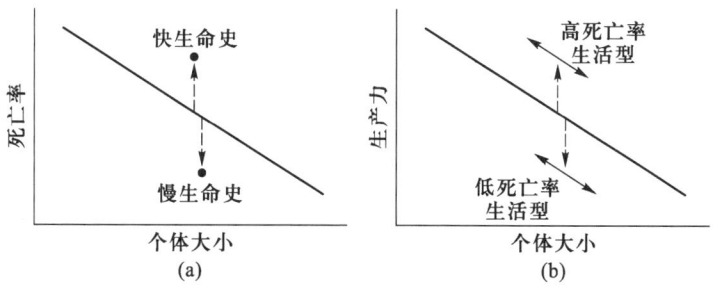

图 1.3 生活型进化与身体大小的关系(Dobson,2007)

1.2 异速生长的生物、物理和数学基础

生物种不同的基础代谢率 B 与个体大小的关系：$B \propto M^\alpha$，是当前理论生物学界争论的热点和焦点。1997 年 WEST 等在《科学》杂志（$Science$）上的文章，从理论的角度去阐述 Kleiber 的 3/4 律。其研究基于两个假设：一个假设为所有哺乳动物的毛细管尺寸不论其个体大小都是一致的；另一个假设是血液在血管中的流动是牛顿流体（West et al.，1997）。

根据 West 等（1997），$\alpha = 3/4$ 的结论基于一个基本的假设：即存在一个特征范围 I_0，并对于所有的生物适用。但是，指数的类型只能在考虑不存在固定范围的情况下才能够得到，正好与其假设矛盾。相反，如果存在一个特征范围 I_0，那么 α 与 I 的关系必然是武断的，如 $\alpha \propto \exp(I/I_0)$，$\alpha \propto \sin(I/I_0)$，等等，它并不一定是指数形式。在这种情况下，3/4 这种指数关系不可能是他们基本假设所有生物存在线性特征 I_0 前提下的数学结果。

显然，West 等的模型应用于个体发育违背能量守恒定律。根据 West 等的方法核心是生物体内分形网络传输物质，我们提出了一种替代理论：主要基于生物个体大小决定简单生物和生理规律的生物能量学，反映物种从外部环境吸收后的初级能量消费过程。这个替代理论可以称之为生物和生理规律。

生物和生理规律。单位表面(地表)面积的恒定能量（太阳能），存在基于体积大小的特定新陈代谢率且确保生物体存活的最小能量值 b_{min}。生物能量学关键特征为，通过身体表面的部分表面 S 吸收环境的能量，并在生物体内进行消费 V。如果通过单位生物表面积的能量通量是常数 f，那么每单位体积的新陈代谢率为：$b = fS/V$，随着身体大小 I 的增长而下降，且呈线性关系：$b \propto I^{\varepsilon_S - \varepsilon_V}$，其中，$\varepsilon_S \leqslant \varepsilon_V$，它们分别是身体表面和身体体积的幂指数，$S \propto I^{\varepsilon_S}$，$V \propto I^{\varepsilon_V}$。在几何相似性案例中，$\varepsilon_S = 2$，$\varepsilon_V = 3$，$b \propto I^{-1}$。由于在特定的 f 下存在特定的最小值 b_{min}，所以 b_{min} 的大小决定生物能达到的最大尺寸（Makarieva et al.，2005b）。

因为植物依赖太阳能生存，平均的太阳能能量 $I(W \cdot m^{-2})$ 由纬度决定。在植被吸收太阳能效率 η 固定的前提下，太阳能能量 f_p 单位地表面积被植被吸收的量为常数：$f_p = \eta I$。我们现在介绍垂直有效量 I_e，它等于植物的有效新陈代谢活动部分投影到地表的厚度。垂直有效量 I_e 通过叶面积指数 d（无量纲）计算，公式为：$I_e = dh$，其中 h 为叶片的代谢厚度。随着有效量 I_e 的增长，单位体积的代谢活动反而成比例下降。这是因为单位地表面积的太阳能可利用量不变，而新陈代谢值随体积的上升而下降，当其值达到最小可能值 b_{min} 时，植被达到理论垂直最大增长量：$I_{emax} = f_p/b_{min} = \eta I/b_{min}$（Chen and Li，2003；Makarieva et al.，2005c）。

但是，单位面积的植物生产力并不依赖于植物的大小（Enquist et al.，1998）。通过公式 $I_e = dh$，格局显而易见，太阳能辐射通量 I 由纬度决定，太阳

能吸收率 η 由温度和与光直接相关的生化特性决定。单位面积的植被吸收的能量为常数 f_p，上面这些因子决定这个常数，植物体大小与生产力无关。因此，如图 1.4，哺乳动物的代谢率（b）与种群个体大小（l）的相关关系可以表达为（Makarieva et al.，2003；Enquist et al.，1999）：

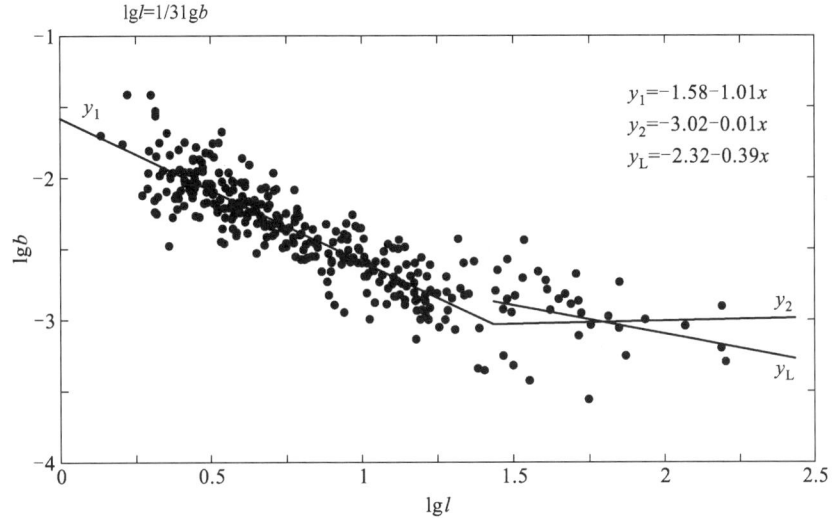

图 1.4　哺乳动物的代谢率（b）与种群个体大小（l）的相关关系（Makarieva et al.，2003）

我们的研究结果表明：

（1）传统的异速增长格局支持 West 等构建的模型，它可以通过两个基本的生物和物理原则进行解释；

（2）单位表面积的能量为常量，存在支持生命体生存体积决定的新陈代谢率，它们表征了生物体从外界获取能量后消费的初级过程，没有包含生物体体内的物质传输和优化过程；

（3）另外，我们预测和解释了叶面积指数与高程之间负的幂指数关系，动物体几何形态改变和异速增长的断点；

（4）由于生物体从外部吸收能量消费过程是其他生物过程的先决条件，包括生物体内的物质传输，所以我们的方法更加全面和有效；

（5）这种方法在连接个体到种群、群落、生态系统和景观格局和过程方面逻辑更清晰。

1.3　个体大小、能量消费与多样性稳定之间的关系

个体大小应该是生物体最为明显的特性，它极大地影响着生物个体与群落的结构和功能。总体来说，比较大的生物体的代谢率 R 比较高，但是种群密度

D 较低。依赖于生物个体大小的 R 和 D 决定了一个生态群落内的能量分布格局。D 与生物个体体重（body mass）M 之间的关系可以表征为：$D \propto M^a$，Damuth（1981,1987）指出，哺乳动物和其他几种更高级物种的 D 随着 M 上升呈指数下降，$M^{-0.75}$。Damuth 的结论是在代谢率 R 与生物体重量关系为 $M^{0.75}$（Kleiber,1961）前提下，同时假设每个物种根据它们身体大小单位时间单位面积消费相同能量的前提下得到的。

生物量 B 与 M 的关系为：$B \equiv DM \propto M^0$（例如生物量等量原则；Damuth, 1993）。种群中物种的数量也是身体大小的函数（例如，Harvey and Lawton, 1986）。与 Damuth 的 -0.75 相似的和显著不同的情况均有发现。水生种群中生物体大小与物种密度的关系基于传统研究，其指数为 -1，而不是 -0.75。其他动物的生物量，如热带节肢动物（Stork and Blackburn,1993）或土壤微生物（Lin and Brookes,1999；Li et al.,2008）随着生物体由大到小显著增加。考虑到 D-M 和 B-M 关系的大量不确定性例证，以及不同物种的生物量依赖于身体大小的关系也存在不确定性（例如全球对区域的格局，参见 Brown and Nicoletto, 1991；Brown et al.,2004）。到目前为止，关于体型较大的物种相对于体型较小的物种消耗种群中的能量是多还是少的问题尚无总体上的结论。

不同体型的物种在种群能量通量中所占的比例在大量的生态系统稳定模型中只是边缘参数或被完全忽略。关于种群内物种异速生长和能量分配与种群和群落稳定性关系的理论和方法有待发展。不同体型大小生物体的能量分配对生态系统的稳定性至关重要，反之亦然。关于这个问题，可以参见 Li 等在 *Ecology* 上发表的文章《不同生物个体大小的能量分配与生态系统稳定性研究》(Energy partitioning between different-sized organisms and ecosystem stability) (Li et al., 2004)和 Makarieva 等在 *Ecological Complexity* 上发表的文章《个体大小、能量消耗与异速生长的推演：一个多样性与稳定性争论的新思路》(Body size, energy consumption and allometric scaling: A new dimension in the diversity-stability debate)"(Makarieva et al.,2004)。我们提出，自然生态群落是由种群和所有与其生命相关的环境因子（包括营养含量和生物量）所组成的一个生态系统复合体，这个生态系统复合体是以波动性最小和稳定性最大来组织的系统。这里介绍几个重要的公式。

为了计算生物体大小改变量 l，我们介绍了能量消费和生物量贡献的谱密度函数变化：

$$\beta_l \equiv \frac{1}{\Delta l} \sum_{l}^{l+\Delta l} \beta \qquad (1.1)$$

$$\varepsilon_l^2 \equiv \frac{1}{\Delta l} \sum_{l}^{l+\Delta l} \varepsilon^2 \qquad (1.2)$$

其中的和是所有个体大小在 l 和 $l+\Delta l$ 之间所有异质性个体的和。所有活动的异养生物体波动的条件从最小 $l_{\min}$ 到最大 $l_{\max}$，总体没有超过动植物生物量波动，假设的形式为：

$$\int_{l_{\min}}^{l_{\max}} \varepsilon_l^2 \mathrm{d}l \leqslant \varepsilon_l^2 \tag{1.3}$$

线性谱密度 β_l 具有与长度相反的尺度，它与可利用的经验数据进行定性分析不方便，这些数据常为体型大小的对数间格。从线性的 β_l 转换为对数的能量消费 $\beta(l)$ 谱密度表示为：

$$\beta(l) \equiv \int_l^{kl} \beta_l \mathrm{d}l \tag{1.4}$$

式中，k 为对数应用的基数。
由上面方程可以得到：

$$\beta(l) = \left(1 - \frac{1}{k}\right) \frac{1}{l} \frac{\varepsilon_l^2 s_l}{l_{\max} \delta} \tag{1.5}$$

由人口密度 $D(l)$ 和异养动物生物量 $B(l)$ 体型大小的对数得到：

$$D(l) = \frac{\beta}{R} P_l \propto \frac{1}{lR} \tag{1.6}$$

$$B(l) = DM \propto \frac{M}{lR} \tag{1.7}$$

上面方程预测的理论基础为生态系统的组成单元（如森林生态系统中我们定义的本地树种）以所有的与生命相关的环境因子最小波动进行组织。生态系统初级能量决定着植物生物量，它驱动着本地的地球物理化学循环。因此，植物生物量的波动影响着消费植物的动物生物量的波动以及有机和无机营养物质的贮存。为了生态系统单元功能的稳定性，异养生物的生产力会随着体型的增长而下降。这一原则在群落的非生命环境波动很小的情况下对群落的组织有一定的意义。非生命过程的群落的环境物质通量比生物能量的合成和降解作用小，与非生命过程显著越过群落生产力的情形很不同（Makarieva et al.，2005c）。

如果群落的波动由强大的非生命过程导致，而生命过程的波动不起作用，那么这样的群落无论如何不可能达到稳定。我们的方法预测在这样的不稳定的群落中，植被由异养生物采食导致的生物量波动的生态限制既不会明显减小也不会被完全忽略。这将导致依赖于体型大小的消费能量分配情况不显现，它在稳定生态系统中表示为方程（1.3）。因此，我们能推断在不稳定的生态系统中能量对于不同体型大小的能量分配应该是更加不规律，平均来说会更加均等。对数关系 $\beta - M$，$D - M$ 和 $B - M$ 分布，方程（1.5）和（1.6）在不稳定的生态群落中比稳定的生态群落应该更加合适（Makarieva et al.，2005d）。例如，北方针叶林区由方程（1.6）预测得到动物的种群密度 D 随其体型大小下降为：$D \propto 1/(lR) \propto M^{-1.06}$，其中 M 为不同种群的平均体型大小，且 $l \propto M^{1/3}$。

小结：

(1) 发展了联系生态群落中不同体型大小有机体能量分配的异速增长分配与群落稳定性之间关系的新的理论方法；

(2) 植物生物量由异养生物采食引起的波动随着植物的体型增大而增加；

(3) 为了保持波动水平较低，同时保持生态系统稳定，供养异养生物的植物应随着体型的变大而降低其对生态系统初级生产力分配的比重；

(4) 在不稳定环境的生态系统中，生命波动的生态限制变得不重要，净初级生产力在不同体型大小的有机体间的分配更加平均；

(5) 在我们发展的方法体系下，使定量评价依赖体型大小的异养生物种群密度和生物量及稳定群落中的指定体型大小的能量通量的绝对值成为可能；

(6) 理论通过各种经验数据进行测试；

(7) 稳定生态群落中最大可能的异养生物消费不超过净初级生产力的千分之几。

1.4 动物活动范围和种群密度

动物的活动范围定义为动物常规活动(摄食)的范围或领地，活动包括动物从环境中摄取能量的消费(进食)。早期对哺乳动物的研究表明，随着动物体型的增大，动物的活动范围要比其个体代谢率的增长快得多。许多理论研究试图通过大量的观察去定量这些指数关系，但是还缺少总体的解释(Makarieva et al., 2006)。下面介绍几个关键的公式和相关关系。

(1) 初级消费者

我们已经说明，在稳定的生态系统条件下，植物的生物量由食草动物取食引起的波动不随着动物的体型变大而变化。动物取食的净初级生产量 $\beta_h(l)$ 与食草动物的体型 l 和最小动物的能量取食成反比。

$$\beta_h(l) \propto \frac{1}{l} \tag{1.8}$$

$$\beta_h(l) = p_h(l)/P_1$$

P_1 是生态系统净初级生产力，$p_h(l)$ 是食草动物体型为 l 的能量消费的之和。

(2) 次级消费者

假设在自然条件下，食肉动物捕食与生长的指数为 β_c，我们可以得到 $N_c Q_c = \beta_c N_h Q_h$，其中 N_c 和 Q_c 是种群密度和食肉动物的异速增长率。这个假设符合我们的观察，例如 Carbone 和 Gittleman(2002) 的发现。我们得到在假设条件下，

食草动物与食肉动物的异速增长率相似,可得到公式:

$$N_c \propto N_h \left[\frac{M_h^{m(Q)}}{M_c^{m(Q)}} \right] \tag{1.9}$$

M_c 是食肉动物的生物量,M_h 是食草动物取食的生物量。公式具体地解释了食肉动物种群密度取决于食草动物的密度及食草动物个体重量与食肉动物个体重量的比例(Makarieva et al.,2004)。

(3)个体重量与种群领地的关系

动物尤其是食肉动物种群个体重量与种群领地的正相关关系可以通过图1.5来表达(Makarieva et al.,2004)。其中,食肉鸟类为:$\lg(H_c/H_{c0}) = 0.82 + 1.21 \lg(M/M_0)$,$R^2 = 0.65$,$p < 0.00001$。$H_c$ 为食肉动物领地;$H_{c0} = 1 \text{ hm}^2$;M 为个体重量;$M_0 = 1 \text{ g}$。

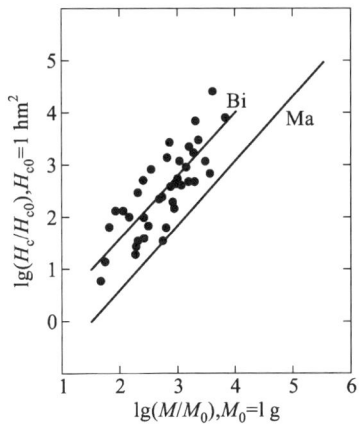

图 1.5 动物活动范围与食肉动物指数关系(Bi 为 Makarieva et al., 2004 的数据;Ma 为 Kelt and Van Vuren,2001 的数据)

哺乳动物为:$\lg(H_c/H_{c0}) = 1.84 + 1.23 \lg(M/M_0)$,$R^2 = 0.73$,$p = 0.0001$ (Kelt and Van Vuren,2001)。值得注意的是,这个结果与对鸟类的观察一致,但对哺乳动物的观察要少得多。

1.5 种的个体大小与气温变化的关系

我们发展了理论方法去定量化和解释身体尺寸与外界温度的关系,研究假定,存在依靠温度自变量的最小异速增长的最小值 $b_{\min}$,这个值以下能完成生物的正常过程。生物量特定的代谢率随着体型的增长而下降,但相应地随着外界温度的升高而补偿性增长。这种由温度增长引起补偿性的代谢率增加率 b,使其超过最小异速增长的最小值 $b_{\min}$,$b > b_{\min}$。结果是,在外界温度增加 10℃ 的情况下,最大的线性体型增长大约两倍(Makarieva et al.,2008)。

我们还假设，是什么因素或机制限制了动物身体大小的上限？为了更好地理解这个问题，我们分析了 24 个陆生变温动物最大的类群，包括从热带、温带和极地环境的不同梯度数据来分析。我们发现，当环境温度每降低 10℃ 时，变温动物的高度就缩短 2/3。我们的量化研究发现，这种体型最大缩减准确地弥补了较低的温度所引起的代谢率下降，即生物通过减少体量（大小、高低）来维持一定的代谢率。这一发现支持生物能够通过调节和变换个体大小来适应不同温度的临界质量，并保证其一定的代谢率。因为低于这个代谢率，生物就不能生存。

因此，如果变温动物种群的个体大小与代谢率（q）呈负相关，即随着代谢率增加，个体变小；但代谢率与温度呈正相关，即温度降低，代谢率也随之降低。我们可以用如下方程式来表达代谢率与个体大小和温度三者的关系：

$$q \propto M^{-\alpha} Q_{10}^{(T_1-T_0)/(10℃)} \tag{1.10}$$

其中，M 为种群个体重量，T_0 为种群参照环境温度，T_1 为对比环境温度，Q_{10} 为 2.0~2.5 之间的参数，α 为 1/4 或 1/3 的常数（Peter，1983）。代谢率（q）和个体重量（M）的关系表明，种群为了保持一定的代谢率（q_{min}），会趋向于减小其个体。

假设所有种群的代谢率（q_{min}）都是一样的，趋于一个常数，那么，对于个体大的种群 1（M_1）和种群 2（M_2）来说，它们所对应的环境温度为温度 1（T_1）和温度 2（T_2），我们可以得到如下等式：

$$M_1^{-\alpha} Q_{10}^{(T_1-T_0)/(10℃)} = M_2^{-\alpha} Q_{10}^{(T_2-T_0)/(10℃)} \tag{1.11}$$

如果我们再假设个体形态是每种生物类型的特征，那么，如果 $L \propto M^{1/3}$，我们就获得与温度 T_1 和 T_2 线性相关的不同种群个体大小的 L_1 和 L_2，

$$R_{TH} \equiv L_1/L_2 = Q_{10}^{(\Delta T/10℃)/3\alpha} \tag{1.12}$$

这里，$\Delta T \equiv T_1 - T_2$，$\Delta T$ 为两种不同环境的温度差异。R_{TH} 是理论上不同地区种群最大个体的比值，采用 $Q_{10}=2.3$ 和 $\alpha=0.3$ 作为常数求得。R_{TH} 与实际观测值 R_{OB} 的对比可以用来检验与理论值 R_{TH} 的差异。

为此，我们做了一个实际案例，即对美国科罗拉多州陆生的 17 个变温动物类群与英国的动物类群进行了比较。我们计算出，这两个地区的温度差 $\Delta T=4℃$，其实际观测值 $R_{OB}=1.42\pm0.13$（s.e.）。我们也计算出理论值 $R_{TH}=2.3^{0.4\times(3\times0.3)}=1.35$；它与 R_{OB} 的差异为 $\sigma=[(R_{TH}-R_{OB})/R_{TH}]\times100\%=-5\%$。我们从对实际观测值 R_{OB} 和理论值 R_{TH} 的计算及差异对比中可以了解，不同地理区域的环境差异对种群的影响，也有助于理解种群的自然选择压力以及种群的生存能力、可持续性。这种研究也许可以揭示某一种群消亡的环境因素。

1.6 自持续优化:一个生命支持/需要比例的新颖概念

自持续优化(self-sustained optimality)概念预测生物优化它们每单位生物量的能量摄取率,用于维持有机体正常运行。体型的增加与能量在机体的物理过程有关。我们发现,在各种不同生物种群之间,它们的单位个体体重的平均代谢率极为相似。这一发现揭示了生物种群进化过程中,具有代谢率优化的选择作用。图1.6列举了不同生物类群代谢率q的对数变换值在不同种群、分类和营养状态的频率分布极为相似的案例。这意味着生物种群能够通过自然选择进化这个比率,能够克服各种物理条件的限制,这也是种群的进化趋向。

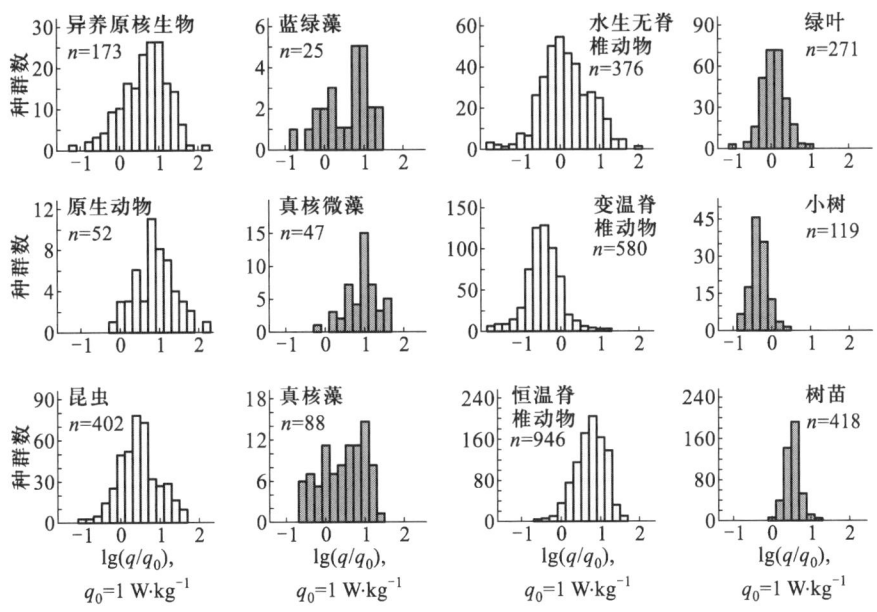

图1.6 不同生物类群代谢率q的对数变换值在不同种群、分类和营养状态的频率分布(Makarieva et al.,2004)

为了维持优化的新陈代谢,如生物量特定的代谢率q,通过每单位身体表面的必须增加的通量为S,有$qV=f_0 S, S/V \propto M^{-1/3}$,其中,$M$是平均分类的生物量,氧气的需求通量$f_0$相对于能量消费应当相应增长。随着身体尺寸从极小到极大,通量f_0会有几百甚至几千倍的变化。最小的有机体需要氧气在低f_0下是被动的,比较大的有机体不得不进化有效的氧气泵去维持增加的代谢率。因此,自持续优化新陈代谢预测大的有机体必须伴随大的呼吸效率,也许存在一种呼吸效率限制动物进化和选择的重要策略。

这里的核心问题是大自然为何偏向于选择不同种群如此相似的代谢率？我们还要问一个生物学中最基本的问题，那就是地球上不同形式的生物，从细菌到大象，每一个生物个体按单位质量、单位时间来计算，需要多少能量来维持其生命？我们利用 3 006 个物种的巨大数据库资料，这些物种包括从细菌到大象，从藻类到参天大树，我们发现所有生物的代谢率都达到一种动态平衡。尽管这些生命在生物化学、生理学、生态学方面都存在巨大差异，其生物体的质量可相差 1 020 倍或更多，但是它们的能量消耗率却分布在 $0.3 \sim 9$ $W \cdot kg^{-1}$ 之间，仅相差 30 倍而已。这是否就是自然选择的偏爱，也就是说，所有被选择的生命体具有相似的代谢率和能量消耗率。这也许也是自持续优化的自然选择的结果，以及一个生命支持所需要的最佳比例。我们提出这个新概念，希望引起对自持续优化和自然选择更多的重视和研究(Makarieva et al.，2004)。

■ 主要参考文献

Brown J H and Nicoletto P F. 1991. Spatial scaling of species composition：Body masses of North American land mammals. American Naturalist，138：1478 - 1512.

Brown J H，Gillooly J F，Allen A P，Savage V M and West G B. 2004. Toward a metabolic theory of ecology. Ecology，85：1771 - 1789.

Carbone C and Gittleman J L. 2002. A common rule for the scaling of carnivore density. Science，295：2273 - 2276.

Chen X and Li B L. 2003. Testing the allometric scaling relationships with seedlings of two tree species. Acta Oecologica，24：125 - 129.

Damuth J. 1981. Home range，home range overlap，and species energy use among herbivorous mammals. Biological Journal of the Linnean Society，15：183 - 193.

Damuth J. 1987. Interspecific allometry of population density in mammals and other animals：The independence of body mass and population energy-use. Biological Journal of the Linnean Society，31：193 - 246.

Damuth J. 1993. Cope's rule，the island rule and the scaling of mammalian population density. Nature，365：748 - 750.

Dobson F Stephen. 2007. A life style view of life-history evolution. Proc Natl Acad Sci USA. 2007，104(45)：17565 - 17566.

Enquist B J and Niklas K J. 2001. Invariant scaling relations across tree-dominated communities. Nature，410：655 - 660.

Enquist B J and Niklas K J. 2002. Global allocation rules for patterns of biomass partitioning in seed plants. Science，295：1517 - 1520.

Enquist B J，Brown J H and West G B. 1998. Allometric scaling of plant energetics and population density. Nature，395：163 - 165.

Enquist B J，West G B，Charnov E L and Brown J H. 1999. Allometric scaling of production and life history variation in vascular plants. Nature, 401:907 - 911.

Harvey P H and Lawton J H. 1986. Patterns in three dimensions. Nature, 324:212.

Kelt D A and Van Vuren D H. 2001. The ecology and macroecology of mammalian home range area. American Naturalist, 157:637 - 645.

Kleiber M. 1961. The Fire of Life: An Introduction to Animal Energetics. New York: Wiley.

Li B L, Gorshkov V G and Makarieva A M. 2004. Energy partitioning between different-size organisms and ecosystem stability. Ecology, 85(7):1811 - 1813.

Li B L, Gorshkov V G and Makarieva A M. 2008. Allometric scaling as an indicator of ecosystem state: A new approach. In: Use of Landscape Sciences for the Assessment of Environmental Security. I. Petrosilio F Müller, Jones K B Zurlini G Krauze K Victorov S, Li B L and Kepner W G(Eds). 107 - 117.

NATO Science for Peace and Security Series C: Environmental Security. The Netherlands: Springer.

Lin Q and Brookes P C. 1999. Comparison of substrate induced respiration, selective inhibition and biovolume measurements of microbial biomass and its community structure in unamended, ryegrass-amended, fumigated and pesticide-treated soils. Soil Biol Biochem, 31:1999 - 2014

Makarieva A M, Gorshkov V G and Li B L. 2003. A note on metabolic rate dependence on body size in plants and animals. Journal of Theoretical Biology, 221:301 - 307.

Makarieva A M, Gorshkov V G and Li B L. 2004. Body size, energy consumption and allometric scaling: A new dimension in the diversity-stability debate. Ecological Complexity, 1:139 - 175.

Makarieva A M, Gorshkov V G and Li B L. 2005a. Why do population density and inverse home range scale differently with body size? Implications for ecosystem stability. Ecological Complexity, 2:259 - 271.

Makarieva A M, Gorshkov V G and Li B L. 2005b. Biochemical universality of living matter and its metabolic implications. Functional Ecology, 19:547 - 557.

Makarieva A M, Gorshkov V G and Li B L. 2005c. Revising the distributive networks models of West, Brown and Enquist(1997) and Banavar, Maritan and Rinaldo(1999): Metabolic inequity of living tissues provides clues for the observed allometric scaling rules. Journal of Theoretical Biology, 237:291 - 301.

Makarieva A M, Gorshkov V G and Li B L. 2005d. Gigantism, temperature and metabolic rate in terrestrial poikilotherms. Proc. R. Soc. B, 272:2325 - 2328.

Makarieva A M, Gorshkov V G and Li B L. 2006. Conservation of water cycle on land via restoration of natural closed-canopy forests: Implications for regional landscape planning. Ecol. Res., 21:897 - 906.

Makarieva A M, Gorshkov V G, Li B L, Chownc S L, Reichd P B and Gavrilove V M. 2008. Mean mass-specific metabolic rates are strikingly similar across life's major domains: Evidence for life's metabolic optimum. PNAS, 105(44):16994 - 16999.

Niklas K J. 2002. Wind, size, and tree safety. Journal of Arboriculture, 28: 84 – 93.

Santos M, Borash D J, Joshi A, Bounlutay N and Mueller L D. 1997. Density-dependent natural selection in *Drosophila*: Evolution of growth rate and body size. Evolution, 51: 420 – 432.

Schmidt-Nielsen K. 1975. Scaling in biology: The consequences of size. Journal of Experimental Zoology, 194: 287 – 307

West G B, Enquist B J and Brown J H. 1997. A general model for the origin of allometric scaling laws in biology. Science, 276: 122 – 126.

第2章
景观生态学的过去、现在和将来

邬建国
美国亚利桑那州立大学生命科学学院和全球可持续研究所
中美生态、能源及可持续性科学内蒙古研究中心

2.1 什么是"景观生态学"?

德国区域地理学家 Troll 于 1939 年创造了"景观生态学"一词(Landschaftsökologie),并在 1968 年将景观生态学正式定义为"研究一个给定景观区段中生物群落和其环境间的复杂因果关系的科学。这些关系在区域分布上具有一定的空间格局(景观镶嵌体、景观格局),在自然地理分布上具有等级结构"(Troll 1968,1971)。景观生态学从一开始就明确地与生态系统生态学紧密地联系在一起。通过景观生态学的概念,Troll 把地理学中盛行的水平-结构方法(horizontal-structural approach)与生态学中处于主导地位的垂直-功能方法(vertical-functional approach)结合在一起,从而既满足地理学家对土地单元生态指示的了解,又满足生态学家将研究结果从局部推广到区域的需求(Troll,1971;Wu,2006;Wu and Hobbs,2007)。

Zonneveld(1972)认为景观生态学是地理学的一个分支,将景观看作是一个由相互影响的不同组分构成的整体系统。他将景观生态学视为土地评估和规划应用科学的一部分,指出景观是地理和人文的综合体,并进一步强调景观生态学不是生物科学的一部分,而是地理学的一个分支(Zonneveld,1979)。他指出:"景观生态学是地理学研究的一个方面,它注重于由相关作用单元组成的某一地域的整体性"。

Naveh 将景观整体论思想进一步发扬光大,并加以系统化。在《景观生态学:理论与实践》(*Landscape Ecology: Theory and Application*)一书中,提出"景观生态学是基于系统论、控制论和生态系统学之上的跨学科的生态地理科

学,是整体人类生态系统科学的一个分支"(Naveh and Lieberman,1984)。Naveh进一步阐述,景观是包括自然、建筑、经济、文化等因素的总空间和功能实体,而景观生态学需要将地圈(geosphere)、生物圈(biosphere)和技术圈(techonosphere)的组分和过程加以整合(Naveh,1991)。这就是所谓"整体论景观生态学"(holistic landscape ecology)的核心所在(Naveh,2000)。从历史发展的角度来看,欧洲景观生态学的一个重要特点是强调整体论和生物控制论(biocybernetics)观点,并以人类活动频繁的景观系统为主要研究对象。

Forman和Godron在北美出版的景观生态学专著 *Landscape Ecology*,为北美的景观生态学奠定了基础,将景观定义为"由反复出现并形成某种规律性空间格局的多个生态系统所组成的、方圆几十至几百平方千米的地理单元",将景观生态学定义为"研究景观的结构、功能和变化的科学"(Forman and Godron,1986)。具体而言,景观结构指"不同生态系统间的空间关系",景观功能指"生态系统间的能量、物质和物种流",景观变化指"生态系统镶嵌体的结构和功能随时间的变化"(Forman and Godron,1986;Forman,1995)。与Troll的原始定义相比,Forman和Godron(1986)的景观生态学定义显然是突出了将景观空间格局和生态学过程整合到一起的一面,而忽视了将社会、经济、文化诸因素综合为景观一体的整体论的一面。然而,斑块-廊道-基底模式为研究景观空间格局和过程提供了一个系统的概念框架,对景观生态学在北美乃至全球的迅速发展起到了重要作用(Forman and Godron,1981;Forman and Godron,1986)。

景观生态学明确地强调空间格局。具体而言,景观生态学考虑空间异质性的发展和动态、异质性景观间的时空互动与交流、空间异质性对生物与非生物过程的作用以及空间异质性管理(Risser et al.,1984)。景观生态学不是一个独立的学科,也不是生态学的一个分支,而是很多学科的高度交叉和综合,研究的重点是景观格局的时空动态(Risser et al.,1984)。

景观生态学是研究空间格局和生态过程相互作用的科学,关注空间动态(包括物流、能流和生物流)及其在异质基底中流(fluxes)的控制方式(Pickett and Cadenasso,1995)。景观生态学强调空间格局和生态过程的相互作用,即系列尺度上的空间异质性的致因和后果;景观生态学与生态学的其他学科相比,明确强调生态过程中空间配置的重要性,并且研究的空间范围往往大于传统生态学科(Turner et al.,2001)。Wu和Hobbs(2007)在综述了大量文献的基础上,通过国际景观生态学家的探讨,提出了如下定义:景观生态学是研究不同时间、空间和组织尺度上的景观的空间格局及其生态后果的科学和艺术的整合。景观生态学为在不同尺度上理解空间异质性的形成、动态、生态影响以及格局-过程的关系提供了理论基础;景观生态学的艺术性表现为整合生物物理、社会经济和文化组成的人文特征和整体性,具体体现为景观设计、规划和管理。

2.2　景观生态学中的十大研究论题

2001年在美国景观生态学会年会上(2001年4月25—29日),邬建国组织了题为"21世纪景观生态学十大论题"的研讨会,十几位世界景观生态学集大成者应邀对"什么是21世纪景观生态学最重要的研究论题"发表了他们的看法。会后,邬建国和Richard Hobbs经反复斟酌,将与会者的观点归纳为6个学科发展要素和10个关键研究论题。景观生态学十大研究论题归纳如下(见Wu and Hobbs,2002)。

2.2.1　异质景观中的生态流

景观生态学对人类认识自然的最大贡献在于为揭示异质景观中空间格局如何与物流、能流、信息流相互作用而影响景观的可持续性提供理论指导和实践验证,同时强调空间镶嵌性。景观生态学研究的主要目的之一是理解空间格局与生态过程之间的相互作用关系,而这一目的远未实现。斑块动态是将空间格局与生态过程紧密结合的一个核心概念。迄今为止,景观研究中涉及格局分析方面的内容较多,以后应该多重视过程本身,以及过程和格局的关系。至今,人们对景观异质性和生态系统过程的相互作用关系所知甚少。比如,生态系统过程速率如何因空间和尺度而异?在受不同特征和强度的人类活动影响下的各种景观中,生态系统过程速率的差异性是由什么因素决定的?在探究空间格局与生态过程之间的相互作用关系时,景观生态学需要与种群生态学、群落生态学及生态系统生态学相整合(Turner and Cardille,2007)。总之,理解物流(包括有机体的迁移)、能流和信息流在景观镶嵌体中的动态机制是景观生态学最本质、最具有特色的内容之一。

2.2.2　土地利用和覆盖变化的起因、过程和效应

土地利用和覆盖变化是影响景观结构、功能及动态的最普遍的主导因素之一,同时也是景观生态学和全球生态学中极重要和颇具挑战性的研究领域之一(Antrop,2007;Verburg,2006)。从生态学的角度来讲,土地利用和覆盖变化是影响生态系统中生物多样性最主要的因素,研究要超越利用遥感数据对土地利用变化的分析。未来的研究需要与经济地理学和资源经济学深入结合,理解社会经济变化。土地利用和覆盖变化的主要驱动力是社会和经济过程,因此,经济地理学(研究经济活动的空间分布规律)和资源经济学(研究如何合理而高效地利用资源)在景观生态学中的应用尚有待发展。对于土地利用和覆盖变化的过程及生态学效应(如对种群动态、生物多样性和生态系统过程的影响)还需要进行更深入的研究。此外,有关区域及全球气候变化和土地利用和覆盖历史对景

观结构和功能影响的研究甚少,亟待加强。

2.2.3 非线性科学和复杂性科学在景观生态学中的应用

生态系统的复杂性也是空间异质性的,可以借助现代科学复杂性科学的一些理论和方法来更好地理解景观生态学。景观是空间上广阔而又异质的复杂系统。聚现特征(emergent properties)、相变(phase transitions)以及阈值(或临界)行为(threshold behavior)是各类景观作为空间异质非线性系统所具有的普遍特性。故而有必要发展和检验能够阐释这些复杂系统特征的复杂性科学(science of complexity)和非线性科学,使其在研究景观复杂性问题上发挥重要作用。近几年来,一些复杂性科学的概念和方法已在景观生态学中得到广泛应用(如分形理论、细胞自动机),但自组织理论(self-organization)、自组织临界态理论(self-organized criticality)、复杂适应系统(complex adaptive systems,简称CAS)理论、相变理论和多稳态理论(metastability)等在研究景观复杂性和可持续性方面的理论和实践意义还需全面深入地探讨(Milne,1998;Wu and David,2002;Sole and Bascompte,2006)。

2.2.4 尺度推绎

尺度推绎(scaling)通常是指把信息从一个尺度推绎到另一个尺度上。多数与会者认为尺度推绎是景观生态学理论研究与实践中最为重要的一个内容。Wu 等(2006)在 *Scaling and Uncertainty Analysis in Ecology:Methods and Applications* 一书中从7个方面提出了尺度推绎的一般性战略指南。景观生态学对尺度的概念已有了比较广泛的认识,但一些重要研究问题仍有待解决。例如,研究格局与过程相互作用时如何确定合适尺度? 如何在异质景观中进行尺度上推(scaling up)或下推(scaling down)? 小尺度实验结果如何外推到真实景观世界? 景观生态学研究中数据聚合(data aggregation)与分解(disaggregating)的理论基础与操作原则是什么? 近几十年来,尺度推绎问题在许多学科中都引起了广泛兴趣,文献颇多。但是,有关景观格局与过程尺度推绎的原理和方法还需进一步发展和检验。复杂性科学可能有助于景观生态学中尺度推绎理论基础和策略的探索,而综合野外观测、控制实验、遥感、地理信息系统和模型模拟为一体的方法必将有利于推动尺度学(science of scale)的发展(Wu,2006;Wu et al.,2006)。

2.2.5 景观生态学方法论的创新

景观生态学不仅需要遥感和地理信息系统,而且需要野外的观察,需要超越和突破现有概念框架。很多景观生态学问题都需要以空间显式(spatially explicit)的方式在大尺度和多尺度上进行分析,而许多传统的生态学和统计学方法不宜用于研究空间异质性和景观复杂性。因此,景观生态学在方法论方面必须要有所创新。例如,在大的景观尺度上通常是很难找到重复的,这会引起所谓的假重复问题(pseudoreplication)。显然,这对运用传统实验方法造成巨大的障碍。空间自相关在景观中普遍存在,它不符合传统统计分析和取样方法所要求的基本假设,因此景观生态学家在应用传统统计学方法进行实验设计和数据分析时应谨慎和具有创造性。同时,应更多关注景观生态学研究中空间统计学(包括地统计学)方法应用的合理性、有效性及其生态学涵义。不管使用何种技术或手段,都应以生态学问题为前提或目标,避免拿着时髦的"武器"去盲目地寻找"靶子"(Li and Wu,2007;Ludwig,2007)。

2.2.6 将景观指数与生态过程相结合,并发展能反映生态和社会经济过程的综合景观指数

格局指数已在景观生态学中广泛应用,但是景观生态学家必须要重新认识景观指数,景观指数过多造成大家的滥用,景观指数太少则会使得真正需要的指数不足。目前对很多景观指数的行为学还不是很了解,必须要把景观指数和生态学过程及所反映的问题结合起来。Li 和 Wu(2004)撰写了关于景观指数使用和误用的文章,对于景观指数行为学及其对尺度变化的响应做了较多的工作。最近的一些研究表明,某些景观指数表现出不随景观类型变化的普遍性尺度推绎规律,而大多数则变化多端(Wu et al.,2002;Wu,2004)。如何确定景观指数值变化的统计学或生态学显著性?是否应该或如何去制定一系列标准以提高景观指数选择和用其进行环境变化监测的规范化?如何发展一些能反映社会、文化、生态多样性及异质性的整合型指数?对上述问题的回答需要理论与经验途径相结合。要使景观指数成为真正反映景观格局与过程相互关系的指数,必须透过指数的数字外表而理解其生态学内涵。这就需要对格局与过程间的内在关系及机理做更多更深入的研究(Li and Wu,2004;Li and Wu,2007;Ludwig,2007)。

2.2.7 把人类和人类活动整合到景观生态学中

把人类和人类活动整合到景观生态学中是欧洲景观生态学的传统,并做了大量的工作。经验和成果是非常重要的,但是我们必须超越一些具体的研究,能够上升到一个高度,把欧洲、北美、澳大利亚、中国等地区的成果和观点综合起来,在一个统一的框架下提高认识,这样才能真正地把景观生态学上升到另一个层面。因此,科学方法论非常重要。近年来,"整体论景观生态学(holistic landscape ecology)"再度得以提倡(Naveh,2000),这一观点强调用系统学的观点把人文系统与自然系统联系起来。整体论是景观生态学的一个重要发展方向,但同时,景观生态学的长期发展需要整体论和简化论途径的适当、巧妙综合。要把

人类感知、价值观、文化传统及社会经济活动结合到景观生态学研究中，需要多学科交叉，需要基础研究与应用实践的结合。这种结合必须付诸实施，而不仅仅是一种时髦的空谈。尽管现在有一些理论和方法，但这一议题仍是生态学家和其他相关领域的科学家在新世纪的最大挑战之一（Fry et al.，2007；Vos et al.，2007）。

2.2.8 景观格局的优化

景观生态学的一个最基本假设是空间格局对过程（物流、能流和信息流）具有重要影响，而过程也会创造、改变和维持空间格局。因此，景观格局的优化问题在理论和实际上都有重要意义。这里所说的格局优化可以指土地利用格局、景观管理、景观规划与设计的优化。景观格局的优化是相对的优化，有些空间格局更有利于保护生物多样性，更有利于促进社会经济发展，更有利于促进和谐社会的发展，更有利于实现可持续性发展。不同的景观有不同的目的，在探讨景观格局优化的时候必须要明确优化的目标和功能，如城市生态景观的主要目的就不是保护生物多样性，而是以人为中心，在优化的时候要更加有利于人类居住，有利于健康，还能促进社会经济发展。与此相关的科学问题有，如何优化景观中缀块组成、空间配置以及基底特征，从而最有利于生物多样性保护、生态系统管理和景观的可持续性发展？是否存在可以把自然与文化最合理地交织为一体的最佳景观格局？基于生态学过程来研究景观格局的优化问题可能是一个新的、颇有前景的研究方向。景观格局优化在研究方法上较难，在现实研究中也不是很多，大多数研究都涉及传统的数学规划方法，如动态规划、线性规划、系统模型优化等。传统的运筹学方法对开展这类研究可能远远不够，还需要其他方面的理论与方法的发展以及不同领域科学家与实践者的参与（Hof and Flather, 2007）。

2.2.9 景观水平的生物多样性保护和可持续性发展

景观系统的生物多样性保护和可持续性是景观生态学研究的终极目标之一。大多数与会者认为景观生态学原理对生物多样性保护和景观可持续性发展非常重要。维持生物多样性必须考虑其景观机理，保护区是景观的一部分，景观中任何一部分都会受到物理的、生态的和社会经济的影响。生物多样性的保护和自然保护区的设计至少要在人类景观的尺度上进行，必须要把保护区放到景观整体中来考虑，考虑到周边的农业、城市等不同的景观类型。但是，能够用来指导生物多样性保护实践的景观生态学具体原则尚有待于进一步发展。与此相关，我们需要发展一个全面的、可操作性强的景观可持续性概念。这个概念应该涵盖景观的物理、生态、社会经济和文化成分，并且明确考虑时空尺度。生态学家在考虑可持续性问题时主要是基于物种和生态系统的，但人类如何看待和衡量景观的价值对景观可持续性发展实践亦有极其重要的影响(Fry et al.,2007;Mackey et al.,2007;Wu,2006)。

2.2.10 景观数据的获得和准确度评价

景观生态学需要多尺度的空间显式数据,遥感和地理信息系统是景观生态学最基本的方法。景观生态学家常常采用多种遥感技术以获取大尺度和多尺度上的地理、生态、人文等一系列资料。地理信息系统和全球定位系统的使用在景观生态学中已是司空见惯。这些技术大大地促进了空间数据的存储、整理及分析。但是,技术终究不能取代科学。景观数据的获得和准确度评价方面尚存在许多问题。要深入理解景观结构与功能的关系,就必须要有详尽而准确的生物个体、种群、群落和生态系统方面的数据。这些生物学数据往往需要通过野外实地考察才能获得。没有准确的数据就不会有可信的结论,但迄今为止,对景观数据的误差和不确定性分析或准确性评价方面的研究甚少。数据质量及元数据直接决定着景观生态学家能否正确地识别格局并将其与生态学过程相联系的能力及有效性。误差和不确定性分析及数据质量评价是景观生态学中一个极其重要并富于挑战性的研究方向(Iverson,2007;Li and Wu,2006;Li and Wu,2007)。

2.3 景观生态学和可持续性科学

景观生态学是有关异质性研究的交叉学科,异质性的重要性使景观思想与不同组织水平的生态学和跨尺度的地区科学建立了普遍联系。虽然景观生态学的欧洲学派和北美学派有明显的差别,但这种简单的二分法夸大了这两个主流学派间的真正差异,而忽视了彼此间的共同点(Wu,2006;Wu and Hobbs,2007)。例如,空间异质性也是社会和经济系统的多样性和复杂性形成的基本原因和驱动力,而格局、过程和尺度的关系在所有的自然和社会科学中都是一个核心问题。因此,空间异质性和尺度应该是将自然科学和社会科学耦合起来的核心概念(Wu,2006)。景观规划、景观设计、生物多样性保护、生态系统管理以及可持续性发展都是景观生态学研究的范畴。为了能够提供真正有用的理论和实践指南,景观生态学必须包容和整合生物-物理和人文-社会经济方法,从而成为一个多元的、具有等级结构的交叉科学(图2.1)。景观生态学的金字塔结构融合了整体论和简化论,既强调人为因素,又强调自然因素;既强调研究景观是如何运作的,又强调如何去改善景观使其达到可持续性。位于金字塔下面的是多学科研究(multidisciplinary research),是由不同的学科为了各自的学科目标而松散的整合;位于中部和底部的是交叉学科,涉及多个彼此相关的学科,并在一个共同的框架下实现共同目标。而学科的交叉也具有等级性,如有生物学内部的交叉学科、不同自然学科组成的交叉学科研究(interdisciplinary research),还有整合自然科学和社会科学的跨学科研究(transdisciplinary research)。跨学科研究位于塔顶,还包括非科学研究的利益相关者和政府机构的参与。

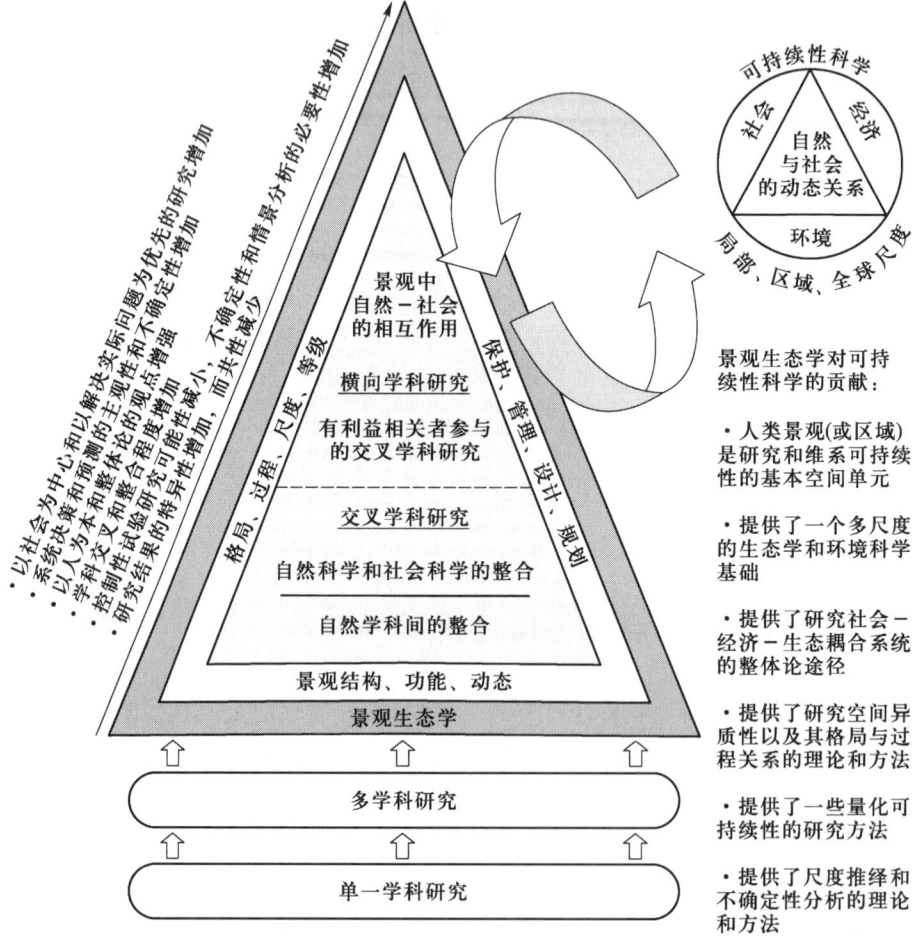

图 2.1　景观生态学的等级和多元视角及其与可持续性科学间的关系(邬建国,2010)

可持续性科学(sustainability science)是一门新兴的研究自然和社会之间动态关系的科学(National Research Council,1999;Kates et al.,2001;Clark and Dickson,2003)。可持续性科学以环境、经济和社会为三个基本组成成分,强调局部、区域和全球三个核心尺度。我认为,景观生态学能够对可持续性科学的发展做出重要贡献(Wu,2006)。第一,人类景观(或地区)可能是研究和维持可持续性的基本空间单元,因为它是能够清楚地阐明自然和人类相互作用关系的最小空间尺度;第二,景观生态学可为可持续性科学在处理多尺度的生物多样性和生态系统功能问题上提供理论和方法;第三,景观生态学已经有很多研究自然-社会耦合系统的经验,并发展了整体论方法;第四,景观生态学可为研究自然-社会耦合系统的空间异质性及其对可持续性的影响提供理论和方法;第五,景观生态学发展的一系列格局指数和方法可帮助研究如何将可持续性定量化;第六,景观生态学可为研究自然-社会耦合系统中的尺度推绎和不确定性问题提供理论和方法。总之,景观生态学不仅对可持续性科学的发展很重要,而且是可持续性科学的核心内容的一部分。但是,这里必须强调,景观生态学不等于可持续性科学。作为一个"异质性"科学,景观生态学不仅有可持续性科学的特征,同时还有许多与传统生态学密切相关而且也很重要的部分,即学科金字塔结构(Wu, 2006;Wu and Hobbs,2007)。

致谢

感谢"生态学未来之展望2009年高级研讨班"主办者邀请我到沈阳参加这次盛会,也感谢中国科学院沈阳应用生态研究所同仁的热情款待。该文根据我的大会报告整理而成,后经李铖和杨齐修订。在此,我对各位的辛勤劳动深表谢意。当然,如有谬误,文责自负。

■ 主要参考文献

邬建国. 2010. 第4章:景观生态学与可持续性科学. 伍业钢,樊江文主编. 生态复杂性与生态学未来之展望, 51-68. 北京: 高等教育出版社.

Antrop M. 2007. The preoccupation of landscape research with land use and land cover. In: Wu J and Hobbs R, editors. Key Topics in Landscape Ecology. Cambridge: Cambridge University Press, 173-191.

Clark W C and Dickson N M. 2003. Sustainability science: The emerging research program. Proceedings of the National Academy of Sciences(USA), 100: 8059-8061.

Forman R T T. 1995. Land Mosaics: The Ecology of Landscapes and Regions. Cambridge: Cambridge University Press.

Forman R T T and Godron M. 1981. Patches and structural components for a landscape ecology. BioScience, 31: 733-740.

Forman R T T and Godron M. 1986. Landscape Ecology. New York: Wiley.

Fry G, Tress B and Tress G. 2007. Integrative landscape research: Facts and challenges. In: Wu J and Hobbs R, editors. Key Topics in Landscape Ecology. Cambridge: Cambridge University Press, 246-270.

Hof J and Flather C. 2007. Optimization of landscape pattern. In: Wu J and Hobbs R, editors. Key Topics in Landscape Ecology. Cambridge: Cambridge University Press, 143-160.

Iverson L. 2007. Adequate data of known accuracy are critical to advancing the field of landscape ecology. In: Wu J and Hobbs R, editors. Key Topics in Landscape Ecology. Cambridge: Cambridge University Press, 11-38.

Kates R W, Clark W C, Corell R, Hall J M, Jaeger C C, Lowe I, McCarthy J J, Schellnhuber H J, Bolin B, Dickson N M, Faucheux S, Gallopin G C, Grubler A, Huntley B, Jager J, Jodha N S, Kasperson R E, Mabogunje A, Matson P, Mooney H, Moore III B, O'Riordan T and Svedin U. 2001. Sustainability Science. Science, 292: 641 - 642.

Li H and Wu J. 2006. Uncertainty analysis in ecological studies: An overview. In: Wu J, Jones B, Li H and Loucks O L, eds. Scaling and Uncertainty Analysis in Ecology: Methods and Applications. Dordrecht: Springer, 45 - 66.

Li H and Wu J. 2007. Landscape pattern analysis: Key issues and challenges. In: Wu J and Hobbs R, editors. Key Topics in Landscape Ecology. Cambridge: Cambridge University Press, 39 - 61.

Ludwig J A. 2007. Advances in detecting landscape changes at multiple scales: Examples from Northern Australia. In: Wu J and Hobbs R, editors. Key Topics in Landscape Ecology. Cambridge: Cambridge University Press, 161 - 172.

Mackey B G, Soulé M E, Nix H A, et al. 2007. Applying landscape-ecological principles to regional conservation: The Wildcountry Project in Australia. In: Wu J and Hobbs R, editors. Key Topics in Landscape Ecology. Cambridge: Cambridge University Press, 192 - 213.

Milne B T. 1998. Motivation and benefits of complex systems approaches in ecology. Ecosystems, 1: 449 - 456.

National Research Council. 1999. Our Common Journey: A Transition Toward Sustainability. Washington DC: National Academy Press.

Naveh Z. 1991. Some remarks on recent developments in landscape ecology as a transdisciplinary ecological and geographical science. Landscape Ecology, 5: 65 - 73.

Naveh Z. 2000. What is holistic landscape ecology? A conceptual introduction. Landscape and Urban Planning, 50: 7 - 26.

Naveh Z and Lieberman A S. 1984. Landscape Ecology: Theory and Application. New York: Springer-Verlag.

Pickett S T A and Cadenasso M L. 1995. Landscape ecology: Spatial heterogeneity in ecological systems. Science, 269: 331 - 334.

Risser P G, Karr J R and Forman R T T. 1984. Landscape Ecology: Directions and Approaches. Illinois Natural History Survey Special Publ. 2, Champaign.

Sole R V and Bascompte J. 2006. Self-Organization in Complex Ecosystems. Princeton: Princeton University Press.

Troll C. 1968. Landschaftsokologie. Pages 1 - 21. Pflanzensoziologie und Landschaftsokologie-Syposium Stolzenau. Junk: The Hague.

Troll C. 1971. Landscape ecology (geoecology) and biogeocenology—A terminology study. Geoforum, 8(71): 43 - 46.

Turner M G, Gardner R H and O'Neill R V. 2001. Landscape Ecology in Theory and Practice: Pattern and Process. New York: Springer-Verlag.

Turner M G and Cardille J A. 2007. Spatial heterogeneity and ecosystem processes. In: Wu J and Hobbs R, editors. Key Topics in Landscape Ecology. Cambridge: Cambridge University Press. 62 – 77.

Verburg P H. 2006. Simulating feedbacks in land use and land cover change models. Landscape Ecology,21(8):1171 – 1183.

Vos C, Opdam P, Steingröver E and Reijnen R. 2007. Transferring ecological knowledge to landscape planning: A design method for robust corridors. In: Wu J and Hobbs R, editors. Key Topics in Landscape Ecology. Cambridge: Cambridge University Press,227 – 245.

Wu J G and David J L. 2002. A spatially explicit hierarchical approach to modeling complex ecological systems: Theory and applications. Ecological Modelling,153(1 – 2):7 – 26.

Wu J G, Shen W J, Sun W Z and Tueller P T. 2002. Empirical patterns of the effects of changing scale on landscape metrics. Landscape Ecology,17(8):761 – 782

Wu J. 2004. Effects of changing scale on landscape pattern analysis: Scaling relations. Landscape Ecology,19:125 – 138.

Wu J and Hobbs R. 2007. Landscape ecology: The-state-of-the-science. In: Wu J and Hobbs R, editors. Key Topics in Landscape Ecology. Cambridge: Cambridge University Press,271 – 287.

Wu J, Jones B, Li H and Loucks O L. 2006. Scaling and Uncertainty Analysis in Ecology: Methods and Applications. Dordrecht: Springer.

Wu J G. 2006. Landscape ecology, cross-disciplinarity, and sustainability science. Landscape Ecology,21:1 – 4.

Zonneveld I S. 1979. Land Evaluation and Land(scape) Science. Enschede, The Netherlands: The International Training Center.

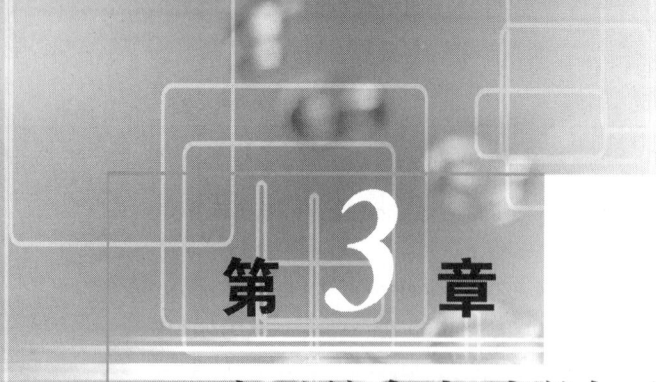

第 3 章
交叉综合大科学与生态学未来

陈吉泉
美国托莱多大学景观生态学与生态系统科学实验室

此讲的目的主要包括两个方面,一是根据我近 20 年所做的课题及取得的一些经验与大家相互交流,介绍我们为什么需要交叉学科。例如,如果有人问我是做什么的、所做的专业,我会一时很难回答我是具体做什么的,因为这里面有一些交叉学科的问题。二是给大家介绍近年我的实验研究进展,跟大家分享我的一些交叉学科的研究成果。

交叉学科已经出现多年了,这个词语现在一点也不新鲜,当然也不是说它不被科学家所接受,生物气象学(biometeorology)就是一个例子。为什么我在这里又再次提出来交叉学科的问题呢? 主要是因为我们现在还面临很多问题,也就是说,如果我们不利用或离开交叉学科,有些科学问题无法回答,这是为什么?下面将举例说明这一问题。

研究交叉学科的目的主要是针对一些单一学科无法解决的问题进行探讨,通过对多学科进行综合,来满足科学家和社会的需求。众所周知,两个人在一起所产生的力量和所做的事情要比一个人做强大得多,而且两个人或多个人一起做还可以互相补充、互相借鉴。这就是英文中经常提到的"synergy(协同作用)",也就是一种综合的力量。目前,交叉学科所面临的挑战是还没有相关的机构来促进这种综合的力量。下面就以生物气象学为例,对交叉学科做一介绍。

3.1 生物气象学

生物气象学包括了生物学和气象学,是将二者整合在一起所形成的一门交叉学科。今天我们讲生物气象学是一门学科,大家不会产生任何疑问。但是,我们大家可以想象一下,如果在 50 年前说生物气象学是一门学科,将会是怎样的情景。生物气象学这个词是在 50 年前由美国仅次于地理学会的第二大学会（美国气象学会）提出的。生物气象学作为一门交叉学科第一次被官方所承认是在 1956 年 8 月。当时很多研究气象的科学家都不承认有这个词。但事实上，为什么后来不得不承认这个词呢？第一，我们很多人都能感觉今天外出时是冷还是热（气象学与人类的关系）；第二，随着农业的发展，农民知道什么时候种地，什么时候收割（气象学与农业的关系）。这里面就涉及我们现在所说的生物气象学。在当时有十几个人，他们在一起成立了一个组织，宣称生物气象学应该是一门学科。就这样，我们现在所熟知的 *International Journal of Biometeorology* 这个期刊就在这十几个同事、同行的共同努力下产生了。这个期刊创建以来，产生了很大的影响，是交叉学科成功的例证之一。从研究简单的生物和气象学出发，然后把二者结合起来，成为一门交叉学科——生物气象学，但这经历了很长时间的奋斗和努力。

3.2　森林生态学

今天给大家讲的，是我自己所做的一些研究和个人的一些经历，来证明一下，现在我们为什么需要交叉学科、要做交叉学科研究。先谈谈 20 世纪 70 年代内蒙古大学的植物生态学与地植物学。在 1979 年，中国只有内蒙古大学有生态学这一专业。在当时，称为植物生态学，但实际上应该是植物分类学，因为当时我们学习的基础知识是认识植物。这使得我后来到了中国科学院林业土壤研究所（现为中国科学院沈阳应用生态研究所）后感觉很自豪。就北方的植物而言，不论是树还是草，我基本上都能认识，虽然不一定能鉴定到种，但鉴定到属是一点问题都没有的。当然，怎样鉴定南方的植物，我就不行了。所以，当时被称为是生态学，实际上是以植物分类学为中心的群落生态学，以植物地理分布、群落结构为核心，如果你不认识植物，工作就很难做，无法开展。后来我到了中国科学院林业土壤研究所，师从王战先生，他是我国森林采伐更新及天然林生态系统保护理论和实践研究的先驱者。我在跟王战先生念书的时候，他看重了我能认识很多植物。但是，到了林业土壤研究所以后对我的挑战却很大，我记得头一年开始做工作的时候，王先生让我去测量树木的胸径。惭愧的是，我念了 4 年大学竟然还不知道胸径是什么。我就问王先生，我们研究植物群落生态学，测胸径干什么呀？王先生就说，看来你还是不行，去学几年林学课程吧，于是就把我送到了北京林业大学，学了一年有关生态学和林学方面的基础课程，包括造林学、测树学等。那时学了很多东西，也学会了测树木的胸径，并知道其缘由。实际上森林生态学与植物生态学的差距还是很大的。像我们以前在草原上测的盖度，到了森林里面根本没办法测。例如下面这张图里面有的树木高度甚至超过了 100 m（图 3.1），这时测量其盖度是相当困难的。

森林生态学和植物生态学所面临的很多问题也是不一样的。例如，森林生态学强调的是疏伐、采伐,即人为的或是自然灾害移走一些树木后会出现一些什么样的问题。再例如,林学中的树种更新、种子发芽等一系列问题跟草原上的都不一样。当时强调最多的就是所谓的演替、演替过程、生态学演替模型。后来我来到美国西雅图华盛顿大学读博士,老板问我想做什么,我说我想建立林窗动态模型,然后我就做了一年的模型。但是,后来老板说做这个没有什么意思,因为这方面的论文早在1972年就已有人发表了,现在都已过去15年了,你怎么还在那里做森林动态模型呢?想想在最初选题的时候,

图 3.1 三维空间中的森林
(很多测定方法不同于草原)

我自己也不知道该做什么,所以才会发生那样的事情。

3.3 景观生态学

随着遥感卫星图像技术的发展,在20世纪80年代末的时候,全世界就都知道景观破碎化的概念了。但这里面有一个值得思考的问题,就是边缘效应(edge effects)。当时关于边缘效应最重要的问题,是边缘效应到底有多深。这个问题问得很好,现在我们知道答案,但在当时,谁也不知道边缘效应到底有多大、多深。这是因为边缘效应直接影响野生动物、其他物种、生态系统结构与功能等。这些内容比较新,我记得当时查阅了很多相关资料,查到了一句话,"边缘效应有2~3倍树高?"但是,这个数字是从哪里来的?是如何得出的?我们不知道。但是,老师是这样说的:"如果我们都知道了,还研究它干什么?"最后,我在联合国粮食及农业组织(Food and Agriculture Organization, FAO)1962年的一篇文章里,找到一句话,大体意思是说,"边缘效应到底有多深?我们什么也不知道,只能讲有2~3倍树高这么深"。再后来,*Conservation Biology*在1988年出了一个专刊,探讨边缘效应,到那时才算澄清了现在我们所不知道的内容。那么,关于这个"2~3倍树高"的意义,其实关键在于了解物理环境的影响,要解决这个问题涉及林地在景观中的分布。例如,要采伐一片森林,采伐面积到底多大合适?现在大家知道,在一片森林里,森林的边界会不同程度地受到边缘效应的影响,而不是整个森林都受到影响。那么,这个问题如何来解决?答案必然要从空间上分析,这就是为什么后来我转向景观生态研究的缘由。

边缘效应是否能应用到更大的空间尺度上(如景观、区域)?当时我还不知

道。另一方面,景观研究中的采样,都在几千米以上。在这种尺度上,设计不同的景观格局,边缘效应影响的范围也不一样。大约在20世纪80年代初,我们并不担心有多少边缘效应,而是质疑留下来的、不受干扰的森林里,到底有多大面积是真正的森林,也就是森林的中心环境有多大。这是因为濒于灭绝的物种,基本不会在森林的两边或林缘上生存,相反,森林的中心环境,才是保护森林和物种的主要对象。

在美国中西部地区,也面临着类似的问题。例如,有一种鸟(cowbird, *Molothrus* spp.)是在牛背上捕捉食物的。这种鸟比较狡猾,它将自己的蛋产在别的鸟巢里,让的鸟替它孵育和抚养幼鸟,这样会影响到孵育鸟的种群动态(图3.2)。这是因为这些鸟不知道这不是自己的孩子,而是别人家的孩子,所以会花很多时间给cowbird抚养孩子,进而影响其自身种群。而cowbird是著名的林缘鸟,在森林高度破碎的中西部地区,对于研究边缘效应带来的影响,其重要意义是可想而知的了。

图3.2 孵育于其他鸟巢中的cowbird
(引自董泉和陈吉泉,2004)

怎么能限制边缘效应呢?因为涉及改变边缘效应问题,美国联邦政府农业部林务局向我们提出,能否将我们论文里面的边缘效应模型,直接应用到其他景观要素上(如河溪边或公路的两边)。这个问题就比较复杂了。比如,从北京机场出来的道路两边需要种植行道树,需要多宽的林带,100米?那么这个100米是如何来的?河溪边岸也一样,种树的时候,应该有专门研究河溪的专家做指导。当时美国联邦政府农业部林务局给我的任务很简单,从土壤或生态系统等角度出发,考虑是否能给出一个科学数值,以便得知在不同的河流两边,需要种植多宽的植被?这是个简单的问题,但却很实际。如果真能解决这个问题,那么,森林经营决策者就可以知道到底应该留50米还是100米。因为我原来是研究陆地生态系统的,所以在做这项研究的过程中,我不得不去学习一些有关河流的知识,这里面涉及河水的水质以及鱼类等问题。就像在研究湖泊时,考虑河流也好、斑块也好,都不能把这些生态系统单独地划出来研究。相反,所涉及的范围必须是大尺度的,即某一个景观元素在某个景观里,位于什么地方,它与周边环境的关系是什么,等等,都必须弄清楚。因此,我后来研究森林破碎化,往往与边缘效应有关。在当时,我所面临的困难是,从来没有学习过景观生态学,对除森林、草原以外的生态系统,所知甚少,这样就不得不迫使自己学习新的知识。再后来把气象学引入生态研究,面临的挑战也基本相同。

3.4 景观模拟与火生态学

像我这样研究植物分类学出身的人，再去学习气象学和大气动力学等，感觉很难。但是因为我研究的是大尺度范围，离不开这些相关知识。例如，有时需要分析航片和卫星图像，这时又不得不去学一些有关计算机和模型等方面的技能。很多时候与自己的爱好也难联系起来。虽然我很喜欢野外工作，但要将地面数据与卫星图像联系起来，当时对我来说很难。

在景观上，不同类型的景观对生态系统的结构、组成和功能的贡献是怎样的？下面是一个简单的例子（图 3.3），图中的横坐标是 3 km 长的样带，纵坐标是植物物种数。沿着这个样带面越窄时，植物种类增加得就越多。横坐标里的色阶代表不同的斑块。显然，同样一个斑块在处于景观中不同位置时，它对景观物种的总的贡献是不一样的。对一个经营管理者而言，他管理的对象是一个加上时间的二维空间。其中涉及对大量卫星图像的分析和应用，而研究景观的同行都知道，我们很难在大尺度上做实验。现实地讲，只能依赖于景观模型，将一些常见的模型与地面资料和卫星图像有效地结合起来，才能从中提取对管理有用的信息。

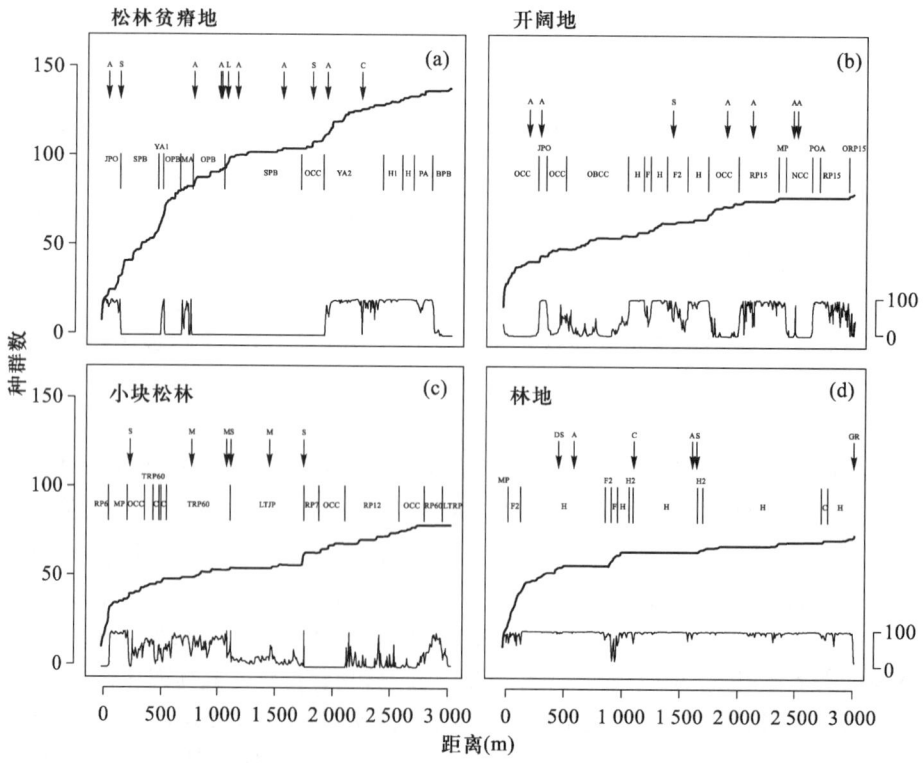

图 3.3　植物物种数在四个不同景观中的变化（引自 Chen et al.，2006）

后来，又出现一些新的科学问题。继 1986 年中国大兴安岭火灾以后，美国黄石公园于 1988 年也爆发了一场大火，此后美国西部就大火不断。因为火本身就是一种自然过程，所以当时采取的政策是顺其自然，烧到那里算那里。但到后来，因为烧到居民房屋，才不得不采取灭火措施。在这样的背景下，当时我有机会做一个项目，研究火在景观里面是怎样扩散的（图 3.4）。这张图模拟的是美国威斯康星州北部森林的火的扩散情况。这个研究最有价值的内容就是这张图，为什么呢？因为它反映了模拟火在景观里燃烧的时候，是如何扩散的。大家可能会认为，火开始燃烧的时候应该是烧成圆圈的形状，但是在这张图上，仔细看一下就会发现，它的扩散并不是一个圆圈，而是不规则的，并且燃烧的强度和速度都不一样。为什么呢？这是因为各个方向的景观结构是不同的。这项研究的关键点是把生态系统过程与结构结合起来，并且还要考虑到经营管理措施。当时的林务局局长很喜欢这张图，他说，"在森林里面点一把火，如果能够知道火将会烧多大？烧到哪里？这是非常有用的"。对于我来说，以前没有研究过火，模拟火烧不是一个简单的问题，因为涉及火烧起来后火苗怎样蔓延和扩散，以及

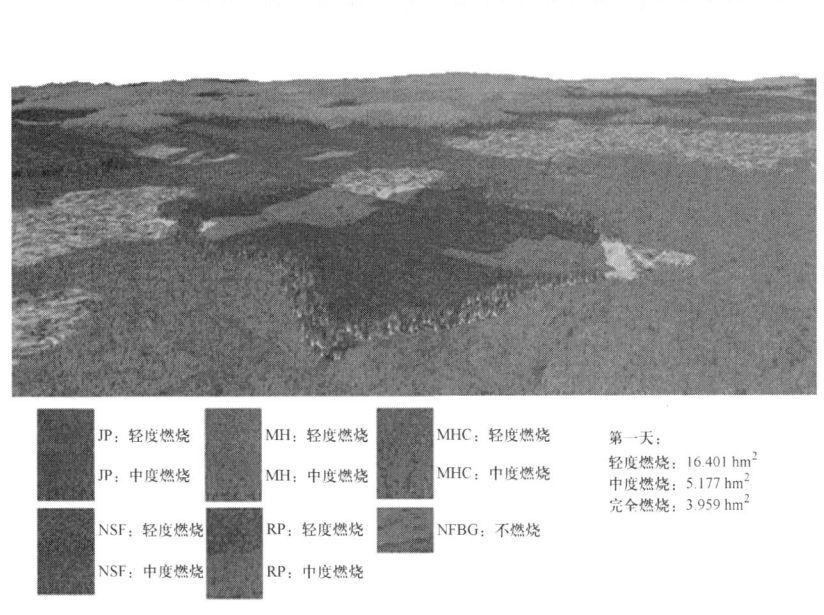

图 3.4 （见彩图）景观中模拟野火。其扩散明显受到景观结构的控制

（引自 Wang et al., 2006）

燃烧与植被的关系,而且还需要空气动力学和燃料学方面的知识。当时为了解决这个问题,我学习了很多有关火的知识。

3.5　食物链与种群生态学

后来我做的一项关于保护美国西部猫头鹰(spotted owls, *Strix occidentalis*)的研究,进一步开拓了我的思路。这种猫头鹰是一个濒临灭绝种。当时很多采伐公司在采伐迹地上也找到了猫头鹰,还有它们的巢穴。问题是原始森林到底是不是猫头鹰唯一的栖息地?为了回答这个问题,我们在原始森林里设置了一些采伐迹地,做了很多相关调查,以便了解猫头鹰对原始森林的依赖程度。研究生态学的人都相信,如果有某种栖息地,就会有这种物种的存在。但是最近几年也有人找到了与此相反的例证。为什么猫头鹰在原始森林里面住得好好的,还要跑到采伐迹地上?要想弄清楚猫头鹰的栖息地,就必须先知道它们栖息的森林结构。这片森林中树的平均高度是 67 m,要分析其结构,会涉及以点代面和三维空间里的垂直结构变化等问题。

为什么会出现上述与传统生态栖息地理论相违背的现象?猫头鹰这个研究项目是一个很好的例子。当时我们发现,猫头鹰的活动与森林结构的关系不明显,于是从猫头鹰的食物链着手,了解猫头鹰捕食小老鼠的空间分布。但后来又发现,其实老鼠跟它也没有太密切的关系。究竟为什么猫头鹰在原始森林里面居无定所,原来是不露面的地下蘑菇,直接影响老鼠的空间活动,进而间接决定猫头鹰的种群动态。因为这类蘑菇是老鼠的食物,即跳过了食物链中的两个营养级,所以我又去学习蘑菇。我不认识蘑菇,主要做空间结构方面的研究,但可以与别的专家合作,这是一个跨学科的很好例子。

另外一个例子也非常有意思,是关于槲寄生在树木上部发展的问题。在美国西北部的原始森林里,槲寄生是造成当时西部铁杉死亡的一个主要原因。当时我们不理解,槲寄生怎么能长到高达 70 m 的树木上方,侵占枝条,损坏叶片。经研究发现,槲寄生小的时候长在小树上,随着树木的生长而生长。对我来说值得高兴,因为可以用到我所熟悉的树冠三维结构的知识(Chen and Bradshaw, 1999)。当时,我已经在原始花旗松林中,测定了约 7 000 棵树的空间分布,再把槲寄生的分布扣在树冠上,就可以找到槲寄生分布和扩散的规律,并找到它们在森林中的分布中心。但我不懂槲寄生,只能和槲寄生专家一起合作,才得以完成任务(Shaw et al., 2005)。

3.6　空间生态学与全球生态学

在做森林三维空间结构的时候,一个新的问题又来了,这就是全球气候变化下森林的碳汇问题。原始森林到底是碳源还是碳汇？有多高碳汇？这是很有意思的问题。当时，这片有 500 年树龄的森林里有一个 83 m 高的铁塔，在塔上做三维结构的时候，正好有一个美国能源部的代表团来访，他们看到我们装了很多气象仪器，就问我有没有兴趣开展碳通量方面的研究。我说有兴趣，然后他们问我会不会做涡度通量研究。我当时虽然对此了解不多，但还是鼓起勇气说，"可以，当然可以，没问题"。从那时起，我又开始学习地面与大气气体交换方面的知识。这也证明机会常在，但只留给会把握的人。

在十几年的学习中，我了解了很多不同领域的知识，其中包括最初林学上的知识。期间，我发现做课题的时候经常会受到经费限制，有时需要自己去设计仪器来节省经费，这就是为什么我们用的很多仪器都是自己设计，而不是到哪个公司去买。例如，在森林里建一个塔需要一二十万美元。哈佛林场建美国第一个通量铁塔的时候，花了三十万美元。我花不起，但我们可以自己动手建，找了两个木匠帮忙，一个类似的铁塔就建起来了。给大家举这个例子是想说明，虽然我们都知道塔的作用是研究森林生态系统的碳通量。但是在实际操作和实验中，并不是简单地安一个通量塔就完了，其中会涉及很多其他问题，包括塔的设计和安全问题，都要去学。

这里再给大家举一个例子，我们研究生态学不只是认识植物，而且会涉及很多生态学以外的问题，这些问题不一定都是学问，或者说都是生态学的学问，往往是别的方面的学问，还要自己去做。在这个通量塔建起来以后，又引出了很多有意思的科学问题。因为我们实验室有很多通量塔[包括中美碳联盟（USCCC）的三十几台通量塔]，后来我们和拥有相关设备的其他实验室联合起来，探讨大范围内的科学问题。比如目前全球约有 600 多个通量塔，若加上临时的，共有约 1 200 多个（图 3.5）。我们最近的几篇论文，就是几位科学家综合了全世界通量塔的数据而完成的。如果把这些通量塔都放在一起，会得出很多有意思的信息。像生态系统学者梦寐以求的生态系统生产力、净生产力等，通过涡度相关通量塔就可以直接测定，如果和其他的实验室联合起来，就能看到净生产力（即碳汇）与温度、湿度的变化关系，也可以了解在不同时空尺度上的变化。但是，如果不与其他实验室合作，只依靠自己的力量，是得不出这样好的结论的。比如这 1 000 多个塔，仅靠某一个实验室是建立不起来的。但通过合作，集众家之力，会拿出好结果。通过与多位科学家和多个实验室合作，我们会发现，传统的生态系统理论中的一些简单问题仍然没有答案。比如，针叶林、阔叶林、草原、荒漠生态系统，在同样的气候变化背景下，它们是如何响应的？碳是生态系统中最重要的研究对象之一，以生态系统碳研究为例，若要确定生态系统的碳汇功能，尤其是要了解地下微生物对生态系统碳汇的贡献如何，这也是一个需要通过综合通量塔网络数据来解决的问题。例如，生态系统的夜间呼吸，是模拟碳汇的关键之一。通过合作，我们会发现陆地生态系统的碳丢失（即夜间呼吸）（例证见 Yi et al.，2010）。

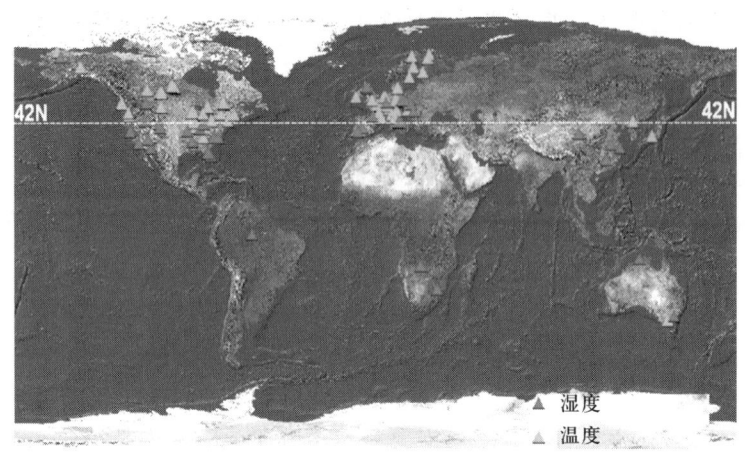

图 3.5 （见彩图）全球通量塔在三类不同功能生物圈中的分布
（引自 Yi et al., in press）

基于这一理念，华人学者肖劲锋领先发表了几篇非常有影响的文章（如 Xiao et al., 2008）。他是北京大学遥感专业毕业的，他的研究很简单，首先分析了多个通量塔的数据，再把它们和遥感数据结合起来。进而推算出了在全美各个地区、不同生态系统类型逐年的生态系统碳通量。这种方法不是单纯利用模型或卫星图像来猜测，其中涉及生态、气候（象）、遥感和模拟。目前，他可以说，"这是实测的，我们知道全国的碳汇是多少"。像这样的例子，进一步说明合作的必要。

为什么今后的生态学研究需要多个学科合作？以我为例来说明，前几年我做了一些关于全球气候变化问题的研究，目前的一个课题是关于调节碳通量的资源利用效率问题。一个生态系统要发展必须有相应的资源和有效的资源利用，其中有很多控制因子。例如，土壤科学发展到今天，很多过程我们都知道。但是到目前为止还没有哪一家能把所有的过程整合到一个生态系统模型中。在这种情况下我们如何做呢？我的目的是建立一个以资源利用效率为核心的模型，并把模型应用到生物能源和高纬度地区。目前正在进行的欧亚大陆北部研究计划（NEESPI）的主要任务就是研究欧亚大陆北部区域对于全球气候变化的影响。其中一个课题的研究区域是蒙古高原，该地区是欧亚大陆北部最南端的部分，对全球变化非常敏感（Groisman et al., 2009）。我们的目的是想知道在蒙古高原地区不同的土地利用和气候变化条件下，通过资源利用效率来了解以水为主要资源的调节机理。

我们知道，水资源短缺是干旱半干旱地区的难题。我们的研究目的很简单，但要想知道结果是很困难的，因为要达到这个目的，必须借助遥感和地面实测资料。一开始，我们面临的挑战很多。但后来，我们与研究水文的孙阁博士等合作，他们研究水文，我们研究土壤、植被、遥感和模拟等。这样，水文、遥感和模拟等学科的科学家一起努力,通过分析通量塔数据,最终找到了生态系统里碳和水的相关关系。通过这个例子进一步说明,多学科的合作,可以帮助回答生态学面临的综合问题。

3.7 草原生态学

对中国内蒙古草原的研究,其中一个主要内容就是土地利用问题。无论是水也好、碳也好,或者其他生态系统功能,由人类活动造成的影响比全球气候变化带来的后果要严重,目前我们知道人类对生态系统的影响是气候影响的两倍或者更高。所以要了解整个区域的能量、碳通量,就必须要知道高原上土地的利用及变化。目前我们已完成了对中国内蒙古地区土地利用的量化,发现在不同的区域中,土地利用变化随生物圈而异,而且有很多结果是令人吃惊的。从1993年至2001年,城市扩散、城市化进程很快,城市面积增加了250%。农用地和草原面积也在增加。我们都知道,荒漠化应该使草原面积降低,但为什么会增加。进一步研究表明,内蒙古西部没有东部植被丰富,草原是降低的,但东部大片森林被改为草场,导致全区草原面积增加。

有趣的是,我和中国科学院植物研究所的郭柯博士以及内蒙古大学的梁春柱博士合作,对内蒙古地区的植物分布进行了研究。大家知道内蒙古的植物志有好几尺厚,我们整理了植物志里面每个物种在区、县或旗的分布,然后联系全区土地利用格局。我们计算了不同生物群落中灌木、草本、多年生草本、固氮植物和非固氮植物的物种数,并统计了不同的土地利用方式(比如农田、森林、草原、荒漠)。John 等(2008)在研究内蒙古物种生物多样性时发现,生物多样性的空间分部格局从总体上东北部的生物多样性高于西南,但在区域空间分布上,生物多样性的空间格局呈高低镶嵌,了解为什么会形成这样的空间格局是很有意思的。但我们不是很理解的是,为什么荒漠中的植物物种比较多,生物多样性高,甚至比森林、草原都高。后来找到了原因,虽然荒漠中水分不多,但空间差异大,再加上气候等方面的原因,物种就比较丰富。这些发现,有很大的应用价值。例如,荒漠被破坏以后,很难恢复,但同时物种降低的速度也要比草原、森林快得多。

我们这个课题目前主要的研究目的是测定内蒙古全区的水分和能量通量。在内蒙古,我们一共建了7个通量塔(Chen et al.,2009),但因区域面积太大,这些通量塔密度还不够,无法满足工作需要。所以,我们设计了可移动的通量车来解决这个难题(图3.6),将通量仪器安装在车

图 3.6 陈吉泉设计的第一台移动通量车

上,这样车就可以带着塔走,非常方便,想研究哪里,车就停在哪里,以空间数据代替时间缺项。通量车在仪器公司是买不到的,所以我们只能自己造。在这里,我想对研究生同学们说,读书期间不要指望老师把所有的步骤都教给你,这是不可能的。相反,你会发现很多东西需要自己设法设计和解决。

3.8 社会学和经济学的因素

在对中国内蒙古地区研究的基础上,去年我们又开始了新的科研方向,致力于整个蒙古高原对全球变化的响应。蒙古国受科研经费限制,目前还没有人研究上述问题。我们的课题研究区域包括中国和蒙古,使我们有机会研究中国内蒙古地区和蒙古国土地利用方式的不同及其后果。我们在蒙古国调研时发现,他们现在还在游牧,与中国内蒙古地区相对固定的土地利用方式不同,蒙古国很少种地,因此,土地利用是反复变化的。在政策方面,蒙古国和中国、欧美也不一样。有位科学家做的一张土地利用图显示,在 20 世纪 90 年代,蒙古国的土地变化非常大,草场恢复很好。研究生态学的人员,一般认为生态系统的恢复,可能是温度、湿度条件变好了。可是我们发现这些不是原因,用通常的生态学原理无法解释草原的变化。但从政策的角度来看,反而容易解释。20 世纪 90 年代,蒙古国政府鼓励牧民不要再到处流浪,尽量迁往都市。这个政策直接影响了蒙古国的土地利用方式。现在蒙古国的草原面积非常广,这是全球气温升高、降水增加引起的吗?显然不是,而是 1992 年蒙古国政策的影响。放牧少了,生态系统压力降低,草场自然恢复。这说明,不论是生态系统还是景观,都离不开人类的影响。研究生态学的人都知道,自然界很复杂,研究的核心是系统对环境变化响应的问题。只有彻底了解环境变化和生态系统响应,才能预测未来,制订相应的对策。如果不知道变化过程,是没有办法制定长远规划的。通过对中国内蒙古地区和蒙古国土地利用变化的研究,我们可以看出有些不一样的地方。比如农田的增加,中国内蒙古地区增加很快,蒙古国就不一样了。相比之下,两地城市面积增加差不多。显然,我们面临的不仅仅是生态学问题,而是涉及社会、经济、政策等多方面的挑战,如移民等问题。在 20 世纪 70—80 年代,中国内蒙古地区土地利用方式变化很大,这是由经济高速发展和人口密度增加造成的。但蒙古国的变化,受放牧强度的影响更明显。由于两个国家政策不同,中国内蒙古地区和蒙古国畜牧数量差异很大,导致今天截然不同的景观。追根到底,我们的科研工作离不开对两个国家政策差异的了解。鉴于此,我们研究的两个要点是:① 在全球气候变化的背景下,中国内蒙古地区和蒙古国未来的社会、人口、经济是怎样变化的?② 在未来潜在的不同气候和其他可选择的政策方略条件下,蒙古高原上各类生态系统的碳、水、能量将如何变化?为了解答这些问题,我们首先需要做一些传统的基础研究,如研究中国内蒙古地区和蒙古国在过去 50 年的气候变化。在此期间,中国内蒙古地区人口明显增加,但生物圈之间的相对比例基本保持稳定。对气候而言,在三种生物圈中的变化不尽一致,荒漠温度的增加比草原和森林高,而草原和森林温度的增加却差不多(图3.7a)。降雨与温度的变化又有所不同,草原和荒漠的降水没有太大变化,但森林地区在递减。值得注意的是,这些局部的变化是在全球气候变化的大背景下发生的,但与全球变化又有明显不同。相比之下,蒙古国各生物圈的气候变化,与中国内蒙古地区不同(图3.7b),降雨变化不大,温度以南部草原为高(Lu et al.,2009)。

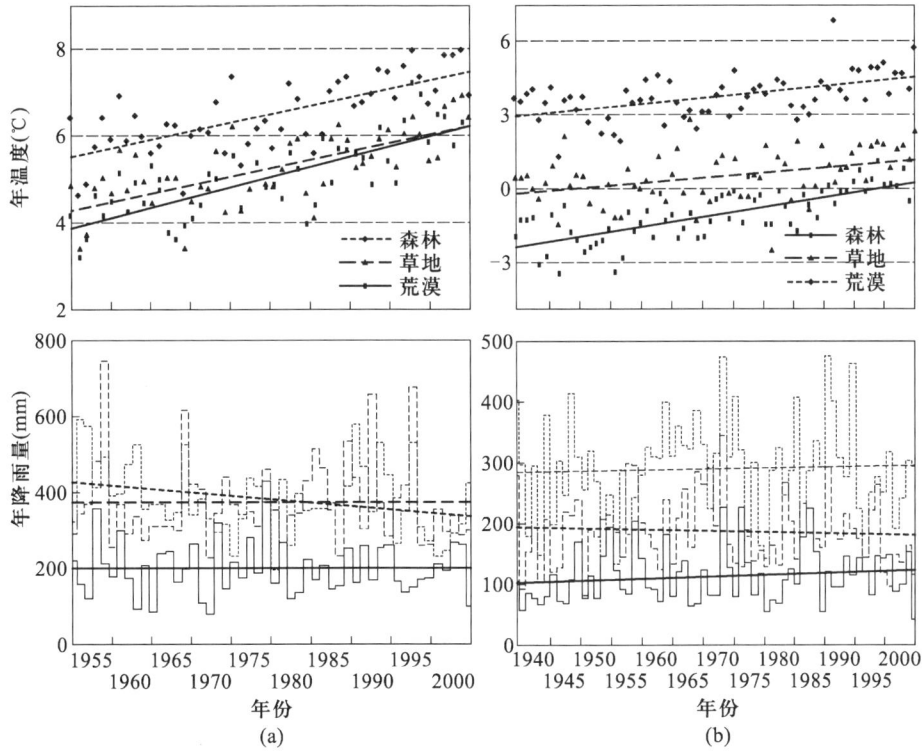

图3.7 近50年间中国内蒙古地区和蒙古国的气候变化:(a) 中国内蒙古地区,(b) 蒙古国

同在蒙古高原上,为什么中国内蒙古地区和蒙古国草原的气候变化不一样呢?这些不同的变化,会给社会和自然系统带来何种影响?这里介绍一些初步结果。我们通过对两国人口和经济变化趋势的分析,已经计算出中国内蒙古地区和蒙古国的GDP、净生产力等要素在近几十年的变化。就这两地而言,植被和土壤基本是固定的或变化很小,但气候在不断变化。假如蒙古高原上的平均初级生产力是 10 t/(人·年),但是由于人口数量不一样,植被对人均生产力的贡献也就截然不同,这也表明将自然系统和社会经济系统指标联系起来的重要性。如果再考虑到土地利用、气候和水资源变化等,并把这些内容联系在一起,

探讨自然系统和人类社会系统间的互动和协同发展。要达到这一目标,我们需要合作,把遥感、模型、生态调查等自然科学工作与反映社会和经济发展的信息有机地联系起来。

3.9 生物能源

下面谈谈我的实验室最新研究生物能源的进展,以进一步阐述开展综合研究的必要。为什么要研究生物能源?自2008年开始,包括美国在内的世界汽油价格明显上涨,同时也不能再以局势不稳的中东地区作为唯一的石油来源,要寻求其他能源,其中包括再生性能源,如太阳能、风能、核能、热能和生物能(bioenergy)。自工业革命以来,人类能源主要来自煤炭、石油和天然气,但近年来对生物能源的利用增长很快。2007年,美国实行了一个政策,计划在十年内,把生物能源在消费能源中的比例提高到20%。经过多年努力,人类已有成熟的技术和能力,把植物纤维变成乙醇、酒精或其他燃料。虽然加工过程很简单,即加热和微生物酶促进,但问题在于转换过程比炼油要贵很多。此外,发展生物能源还存在很多问题,例如生物量很低、种植土地缺乏等。

提高生物能源的相对比例和利用效率,涉及很多科学问题。我们希望找到一些植物,它们的产量达到 $3 \sim 4 \ t/hm^2$。即使我们能够找到这种植物,还会面临提供充足养分和水的挑战。从生态学角度来讲,发展能源植物还需要考虑系统中的生物多样性等生态功能。在实施中,如果要实现20%的能源来自生物能源,这将需要很多土地。而作为土地所有者,他在乎的是能否挣钱(即经济制约机制),国家能否说服他们发展生物能源基地,涉及除经济以外的社会、法律、心理等问题。

作为生态学工作者,我们还需要考虑到碳成本(carbon cost)的问题。发展任何生物能源基地,涉及各种耗能的作业过程,如伐木、种植、施肥等,这都是成本。以森林基地为例,树木采伐后是用于家具生产还是其他用途,会产生独特的"碳汇"和时间足迹(即社会效应)。碳从开始由大气变成植物(光合作用),直到最后再回到空气里,经历各种不同的经营管理,最终产生的社会、经济效果差异极大。

为解决这些难题,美国于2008年耗资7.5亿美元,成立了3个可更新生物能源中心,给生态学家提供了一个很好的研究机会。这里介绍3者之一的大湖区生物能源研究中心(GLBRC, http://www.glbrc.org/)。在所有农作物里,玉米产量高,是发展生物能源的最佳候选物种。现在又发现了一种名为"柳枝稷(switchgrass)"的植物,它生长得很快,地上生物量也很大,可达 $10 \sim 12 \ t/hm^2$,最高到 $16 \ t/hm^2$。虽然产量高,但系统的其他生态功能受到极大抑制。在柳枝稷地里,其他植物不能生长,如果大面积种植,会严重降低区域生物多样性。此外要生产总能源的20%,所需的土地也不足。当然,还有其他植物可以选择,例如杨树、桉树等高产树种。但如果种植的都是单一物种,会对系统生物多样性和生态系统功能造成消极影响。从生态学角度来看,还有别的问题。植物生长需要氮、碳、水、光等资源的配合。以水为例,全世界水资源已经很紧缺了,我们能否有充足的水源来保证高产生物能源基地的需求,目前还在探讨中。还有施肥的问题(如氮肥),大量施用会降低养分利用效率并加剧释放。例如,氧化亚氮释放的氮素(即3种主要温室气体之一),会对全球气温升高产生正反馈。显然,即使解决了碳产量的问题,也会随之带来新的生态或社会、经济问题。例如,施肥后大部分氮素会流入水中,使河流、湖泊中的硝酸盐浓度增大,原本用生物能源来减缓气候变化的善意,却带来了水资源污染的不良后果。再考虑灌溉问题,世界各地以地下水为主要灌溉水源,一旦地下水用完了,很难再找到新源头。显然,看似简单的问题,但实施起来却是相当困难的。

建设可以持续发展的生物能源基地,要考虑到系统的多种功能及其调节机制,比如生物多样性、养分、水分、气象条件等。同时大面积种植单一作物,会加剧病虫害的侵袭,发生在中国20世纪50年代的蝗灾,大面积的作物被毁,是大灾难的例证之一。科学研究还应当包括经济和经营管理方法的问题等。但研究这样的系统,需要大面积实验地(一般大于几平方千米)。在这样大的范围内,我们又离不开模型和模拟。景观生态学与生态系统科学实验室(LEES)就是在这种背景下加入GLBRC的。我们建的通量塔,很适合大面积的系统研究,一个通量塔至少可以观测到十几、二十公顷的范围(图3.8)。我们在Kellogg科勒生物学实验站(KBS)附近找了6块地,并在每块地上建了一个通量塔。将3种看好的生物能源种(玉米、柳枝稷、恢复性草原)随机地分配到6块样地中,首次用通量塔来进行全因子实验。这看似

图3.8 设置于KBS的7个涡度通量塔之一
(陈吉泉摄)

简单,但做起来很难,因为每块样地有十几公顷,如果加入施肥、灌溉处理,其难度可想而知。此外,我们的实验还涉及景观设计和法律等问题。中国的土地是国有的,如果要造百万亩杨树林,政府批准即可。但美国不一样,每块土地都是有户主的,让大家一起种杨树,会遇到强有力的社会和法律的挑战。即使能行得通,有机生物物质要通过加工才能变成酒精,即附近要有加工厂。这时,问题就来了,酒精厂要发展,第一要考虑的是利润问题,如果生产基地距离加工厂近,制

造酒精的成本就小,利润也就大。相反,如果产地太远,费用就高,利润会降低,加工厂无法永续经营。欲求解决途径,政府就要变革和实施相应政策,即立法因素。

3.10 总结

上述讨论,旨在再次阐述跨学科合作的必要。最后我将自己20年来的研究所得概括如下,希望能对大家有所帮助或启发。

第一,精诚合作,互相学习,以付出为主,得失为次。今后做生态学的研究,仅仅依靠自己的力量或实验室是很难出好成果的。对研究生态系统、景观、区域和全球气候变化的同行来讲,大家一定要合作。只有通过精诚合作,互相学习,才能解决高难科学问题。但合作,说起来容易,做起来难。这些年,我在合作方面学到了很多东西,我的经验是,大家合作时,不要计较得失,要相互学习。

第二,在研究的道路上,我们需要不断地更新知识和技术,要放弃学科偏见,吸取其他学科精华,是学习而不是竞争。要想研究不同的课题,只能通过不断地学习,放弃学科偏见。这一点很难做到,因为学问越深,偏见也越大,平时提醒自己,千万不要认为只有自己最伟大。平常我经常提醒自己,不要觉得自己做得最好,因为世界上没有最好的,都是各有所长,各有所短。所以我们要不断学习,解放思路,吸取其他学科的精华。回想当初,高考后我被划到了内蒙古大学,开始有些难受,后来才悟出,在那里的几年我打下了扎实的基础,收获很大。

第三,不断创新。创新就是不要跟着别人的套路前进。单靠成形实验,或仅仅依赖于书本上的知识,根本满足不了现在的科研需要。以前学过的知识,好多不能用了或用不到了。

第四,理论与实际相结合。像我前面讲的那些例子,说明了理论与实际相结合的必要。只有科研与实际密切地结合起来,科研所获成果,才能更好地为决策和管理服务。

第五,以人为本和永续利用。

概括来讲,在科学的道路上我们要精诚合作、不断学习、不断创新,注重交流,建立强有力的合作网络,永远立于学术前沿。下面是参加生态学研讨会的同志提出的部分问题和作者的回答。

问题1:目前国内的研究主要集中在自然生态系统方面,我是从事城市生态学的研究人员。我想问一下,自然生态系统的一些方法、理论怎么能应用到城市生态学里来?能否举一个例子?

解答:谢谢,这个问题很好。我简单地回答,凭我的感觉,做研究是没有套路可循的,但也不能说生态学里的某个原理就只能用在自然生态学系统研究中。

实际上，在研究具体问题的时候，首先要了解研究对象，然后理论要与实际相结合。从这个角度来讲，城市生态系统和自然生态系统都属于生态学的研究范围，基本原理都是一样的。所以，不一定光套原理，要结合实际，搞清研究的目的。

问题2：刚才您提到城市景观管理格局的时候，用的方法和国内目前大部有所不同，我想问一下，您对这两种方法的看法？您在中国内蒙古草原做了很多研究，您觉得在实践过程中，我们应该怎么来权衡这两种方法？

解答：谢谢，这个问题提得很好。这是一个涉及二维空间、三维空间和时间的问题。具体的研究方法需要与具体的研究目的相结合，还要考虑到人力、物力、经费等。这里面也涉及长期目的和短期目的的问题，关键还是要看具体的研究目的。

问题3：前面讲到火，那么，景观结构对火势扩散影响的研究是如何做的？

解答：谢谢。当初我们这个项目是由美国能源部和资源局资助的，所使用的模型中包含了很多影响因子。关于怎样控制火，我们的方法是通过改变景观的结构，了解火在不同的情况下是怎样扩散的。这不仅仅与点火地点有关，还与燃料多少有关。至于火是如何扩散的？主要原因是受风和大气压的影响。我们用的模型包括有四五百个影响因子，其中有一半是物理因子。除了风、温度、湿度、干燥度以外，还与火是在山坡上还是山顶上烧有关。当初我们做研究的时候，将模型中的其他因子固定，只假设景观结构是变化的。这样我们就可以分析景观结构的变化是如何影响火扩散的。

问题4：作为生物能源植物，农业上有很多物种，像小麦、玉米、水稻等的秸秆，为什么不用它们，而去研究别的？

解答：谢谢，这个问题提得也很好。简单地说，是因为你提到的这些作物的生物总产量较低。像小麦，其秸秆的总生产量就很低。但是如果种植柳枝稷，每年每公顷能产 10 t 生物量，甚至更多，远高于小麦秸秆的产量。在美国，如果要实现 20% 的能源来自生物能源，需要取代很多农田。如果生物量不够高，从经济上考虑就不会有利润，而赚不到钱，就没有人愿意用小麦秸秆作为转化能源的原料了。

致谢

本文作者非常感谢由中国科学院沈阳应用生态研究所和中华海外生态学者协会主办的"生态学未来之展望2009年高级研讨班"。伍业钢博士为此付出了很多时间和精力，感谢他对生态学的热爱和奉献。王清奎博士基于演讲整理并完成初稿，贡献很大。谢静和程晓莉阅读并修正了初稿中许多不恰当的文字，特此致谢。

主要参考文献

董全,陈吉泉. 2004. 人类最后的宝藏——生态景观浏览. 福州:福建教育出版社.

Chen J and Bradshaw G A. 1999. Forest structure in space: A case study of an old growth spruce-fir forest in Changbaishan Natural Reserve(CNR), P. R. China. Forest Ecology and Management, 120: 219 – 233.

Chen S, Chen J, Lin G, Zhang W, Miao H, Wei L, Huang J and Han X. 2009. Energy balance and partition in Inner Mongolia steppe ecosystems with different land use types. Agricultural and Forest Meteorology, 149: 1800 – 1809.

Chen J, Saunders S C, Brosofske K D and Crow T. R. 2006. Ecology of Hierarchical Landscapes: From Theory to Application. Nova Science Publisher, 309.

Groisman P Y, Clark E A, Kattsov V M, Lettenmaier D P, Sokolik I N, Aizen V B, Cartus O, Chen J, Conard S, Katzenberger J, Krankina O, Kukkonen J, Machida T, Maksyutov S, Ojima D, Qi J, Romanovsky V E, Santoro M, Schmullius C, Shiklomanov A I, Shimoyama K, Shugart H H, Shuman J K, Sofiev M, Sukhinin A I, Vörösmarty C, Walker D and Wood E F. 2009. The Northern Eurasia earth science partnership: An example of science applied to societal needs. Bulletin of the American Meteorological Society, 5: 671 – 688.

John R, Chen J, Lu N, Guo K, Liang C, Wei Y, Noormets A, Ma K and Han X. 2008. Predicting plant diversity based on remote sensing products in the semi-arid region of Inner Mongolia. Remote Sensing of Environment, 112: 2018 – 2032.

Lu N, Wilske B, Ni J, John R and Chen J. 2009. Climate change in Inner Mongolia from 1955 through 2005. Environmental Research Letter, 4: 045006.

Shaw D C, Chen J, Freeman E A, Braun D M. 2005. Spatial and population characteristics of mistletoe-infected trees in an old-growth forest. Canadian Journal of Forest Research, 35(4): 990 – 1001.

Wang X, Song B, Chen J, Crow T R and LaCroix J. 2006. Challenges in visualizing forests and landscapes. Journal of Forestry, 104(6): 316 – 319.

Xiao J, Zhuang Q, Baldocchi D D, Law B E, Richardson A D, Chen J, Oren R, Starr G, Noormets A, Ma S, Verma S B, Wharton S, Wofsy S C, Bolstad P V, Burns S P, Cook D R, Curtis P S, Drake B G, Falk M, Fischer M L, Foster D R, Gu L, Hadley J L, Hollinger D Y, Katul G G, Litvak M, Martin T A, Matamala R, McNulty S, Meyers T P, Monson R K, Munger J W, Oechel W C, Paw U K T, Schmid H P, Scott R L, Sun G, Suker A E, Torn M S. 2008. Estimation of net ecosystem carbon exchange for the conterminous United States by combining MODIS and AmeriFlux data. Agricultural and Forest Meteorology, 148: 1827 – 1847.

Yi C, Ricciuto D, Li R, et al. 2010. Climate control of terrestrial carbon exchange across biomes and continents. Environmental Research Letters, 5: 034007.

第4章

生态系统生态学和恢复生态学面临的一些理论和实践的挑战与解决方法

缪世利
美国南佛罗里达州水资源管理署

4.1 前言

从20世纪70年代开始,人类经历了越来越多的大型环境危机。例如,2004年美国路易斯安那州的飓风、全球范围的海平面上升,等等,这些危机严重地影响了环境、人类生存、生态系统可持续性。许多严重的环境危机事件,如自然生境的消失(habitat loss)、全球气候变化(global climate)、极端事件(extreme events)(如台风、地震、火山爆发等)的发生、营养源的富营养化(nutrient enrichment)以及生物入侵(invasive species)等,都给我们生存的条件带来了很大的威胁。这些巨大的环境变化、环境危机引起了生态学界极大的关注,许多新的生态学分支学科应运而生。这里,我们可以列出一部分新的学科分支,如全球变化生态学、入侵生物学、恢复生态学、保护生态学、生态经济学、生态系统生态学、景观生态学、城市生态学、可持续发展生态学、生态统计学,等等。这些众多的新兴生态学领域与分支具有两个最重要的特点:第一,非常重视实际问题的解决(problem solving),它们是针对环境危机,力求解决生态系统实际情况而产生的;第二,注重生态学的应用性(ecological application),即生态学家的研究结果要应用到环境保护和管理中。从我们生态学家个人的角度出发,发表文章是重要的,但是除了发表文章,更重要的一个目的就是把研究结果运用到实际问题上,运用到生态系统的管理、景观管理、景观恢复等方面。因此,越来越多的生态学家认为,科学需要应用(science in need of application),应用需要科学(application in need of science)(Palmer,2009)。

此外,由于新领域的出现,研究尺度和研究对象都与传统生态学有了很大的区别,也出现了很多新的挑战。今天我想给大家介绍我自己研究工作中所经历过的四个主要生态学领域及不同的研究尺度。第一，突发事件或波动性事件对于生态系统结构、功能和过程的影响；第二，火干扰之后不同水分梯度对于植物恢复的影响；第三，如何通过对树岛上攀援蕨类植物(*Lygodium mycophyllum*)的生物入侵研究来更好的管理生态系统；第四，介绍解决实际问题的大尺度研究和长期定位研究方面的生态学实验设计和相应的数量分析。虽然这几个研究看似不同，我想强调的是，首先从实际的生态环境和生态系统危机中发掘所需要研究的问题；其次是看到这些实际问题，如何设计一个很好的实验、项目来回答、验证问题；最后是如何把我们研究的问题应用到实际中去。

4.2 突发事件或波动性事件对于生态系统结构、功能和过程的影响

突发事件或波动性事件对于生态系统结构、功能和过程的影响是复杂的。我的研究主要在南佛罗里达州的"大沼泽地(Everglades)"(图4.1)。Everglades属于淡水湿地，海拔接近海平面($5\sim10$ m)，其最大的特点就是磷浓度非常低；第二个特点就是它虽然是湿地，但具有缓慢的水流动，称为面流(sheet flow)，通常看不出水的流动；第三个特点就是有明显的干湿季和火的干扰。近百年来，由于人类活动的影响，如种植农作物、开发水渠等引起Everglades生态系统的状态发生了根本的变化，特别是水的富营养化，因而导致pH、藻类、植物种类的变化，致使动物、鸟类等都发生相应的变化。有些变化是相当惊人的，比如从1991年到2003年，香蒲面积显著增加，极大地改变了Everglades的自然景观。Everglades生态系统的变化引起了当地和全美国的高度关注，需要找出这种变化的原因以及相应的恢复手段。为此，我们做了大量的不同生态系统水平上的研究，在这里只介绍其中的一小部分——突发事件或波动性事件在植被恢复中的作用。

对于富营养化、水文变化、环境污染的研究，一般采用恒定的处理方法。但实际上，自然界有很多事件、特别是一些极端事件并不是这么恒定地发生的。在陆地生态系统和水生生态系统中，会有很多突发事件的发生(表4.1)，这些突发事件来得突然、消失得也快，常常会产生一些即发效应和长期效应。因此，研究这些突发事件的方法可能就和传统生态学考虑的内容不一样。我研究营养元素骤然释放(nutrient pulses)始于对陆地生态系统的研究。我1986年出国之后在美国波士顿大学做研究生。基于对生态系统的观察与大量阅读文献，认为土壤贫瘠或富营养化，实际上都不是绝对的，土壤贫瘠并不是1年365天、1天24小时都是这样的，可能在短时间内会突然丰富。比如，如果有鸟来了，鸟粪落到这个地方，鸟粪的营养元素是非常高的，它释放到土壤中就会引起局部生境养分的增加。另外，因为有年度变化和季节变化，所以，枯枝落叶的分解也是不同的。

4.2 突发事件或波动性事件对于生态系统结构、功能和过程的影响

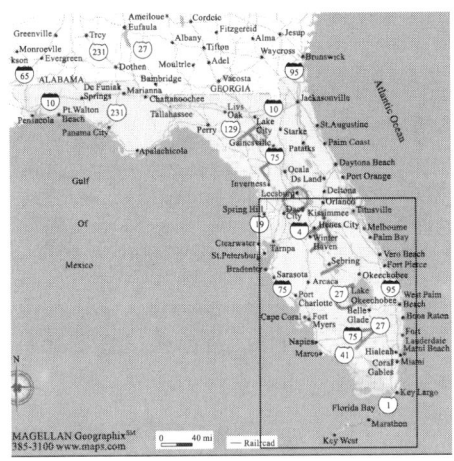

图 4.1 南佛罗里达州水域管理局管辖区域图示

我的博士论文就是关于营养元素骤然释放给植物生长、竞争能力、资源分配带来的影响研究(Miao and Bazzaz,1990;Miao et al.,1991a,1991b)。通常在做实验前,实验设计应尽量考虑仔细,但是如果你在做实验的过程中经常思考,及时把数据收集起来,及时分析结果和趋势,你可能随时会抓住新的东西,并且及时改变你的计划,或者继续深入研究下去,或者改变研究方向。

表 4.1 水生生态系统和陆地生态系统中的突发事件(Yang and Naeem,2008)

突发因子	陆地生态系统	水生生态系统
ENSO(准周期的气候格局)	+雨量	+富氮化
飓风	+倒木、林窗	+地表径流、氮释放
病虫害爆发	死亡	死亡
火	氮释放	氮释放

在美国哈佛大学做完博士后研究后,我来到 Everglades 做湿地生态系统研究。虽然湿地生态系统与陆地生态系统很不一样,但是很多生态学的原理还是相似的。我主要是做富营养化与水文波动变化对优势植被的结构、功能和竞争的影响。Everglades 位于美国佛罗里达州南部的亚热带地区,干湿季非常明显。一般从干季变为湿季是一个渐进的过程,需要几周甚至上月的时间。可是由于人类干扰,可能仅数天内洪水的到来,干季便变为湿季(图 4.2)。像这种骤然发生的事件,能够引起生态系统发生哪些变化?生态系统是否能够承受?能够承受到哪种程度?这些问题都是需要我们解决的。

另外,Everglades 的树岛(tree island),其水位的涨落带大概在 1 m 之间(图 4.3)。树岛有头有尾,头在水流方向的上方,尾在下方。Everglades 树岛的功能

(a) (b)

图 4.2 Everglades 明显的干季(a)和湿季(b)

就是能够保存丰富的生物多样性,为鸟群提供栖息地。在 Everglades 演变过程中,树岛是非常重要的生态系统的组成部分和景观。但是后来在人类的影响下,尤其是水文的改变,很多树岛消失了。影响树岛保存和恢复的 4 个主要因素是:① 水深,② 土壤积水的时间长度,③ 积水发生的时间,是在湿季还是干季,是在生长季节还是在非生长季节,④ 干湿交替的先后顺序,是先干后湿,还是先湿后干。

图 4.3 树岛及水位涨落带

我们围绕这 4 个因素做了很多野外现场和控制的研究,下面我主要讲一下涉及水深和干湿交替顺序这两个因素的实验。这个实验一共涉及 19 个不同的处理,看似复杂,但可简单归纳为两个部分。第一部分是恒定的水分梯度处理。根据过去几十年观测的水文资料,设定 5 个湿度梯度,其中基线(baseline)是指最适宜植物生长的水分处理。选择 3 种有代表性的植物,1 种是耐旱植物,1 种是耐涝植物,1 种是在这两个之间的植物(图 4.4),这样就有 15 个处理。究竟是要采用 5 个物种 3 个湿度梯度,还是 3 个物种 5 个梯度呢?这完全依据于研究的目标,我们这个实验的目的是很想知道水分的阈值(threshold),所以我就要把这个水分阈值梯度做得细致一点,这样便于对数据进行统计分析。至于物种选择方面,很难将所有的植物都做一遍,因此,选择了 3 种不同水深耐受性的代表性植物。只要知道他们在不同水分处理下的变化规律,就可以比较容易判断其他植物的水分阈值。这第一部分的设计是常规的,没有什么新意,属于基本数据的收集。

此实验的新颖之处是第二部分设计,即考虑不稳定水分变化。植物生长在

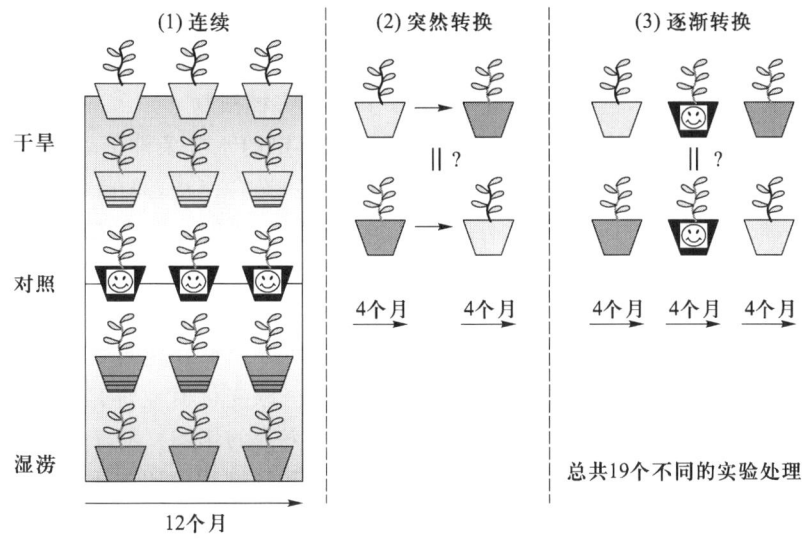

图 4.4　水分变化对植物生长影响的实验设计

不恒定的水分条件下,从一种水分条件转换(switch)至另一种水分条件。我们设计了两种转换方式:突然转换(abrupt switch)和逐渐转换。突然转换就是将生长在干环境 4 个月之后的植物立刻变为湿环境,类似于 Everglades 突然由干季变为湿季的过程。另外,Everglade 实际水文情况中也有从湿环境陡然变干的过程,因此也设置了将生长在湿环境 4 个月之后的植物立刻置于干环境中的处理(图 4.4)。可见,上述的变动只是干湿环境的先后顺序不同,那么植物生长对这种干湿环境变动顺序的响应是不是也是一样的呢?我们建立了很多假设,如这种变动引起的植物生长响应可能一样、可能不一样、可能有一些小的变化。此外,这种陡然干湿环境的变动还不能完全代表野外的实际情况,实际情况可

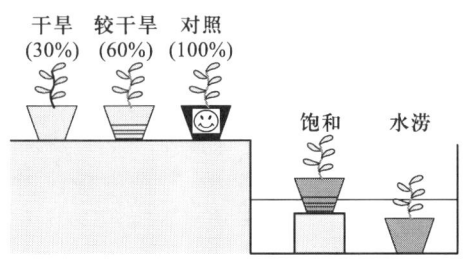

图 4.5　区组实验设计

能不是这样突然变化的,而是缓慢地变化,比如在干湿之间加一个过渡阶段(即,植物生长最适的水分条件)。再将这种逐渐变化与干湿的先后顺序联系起来,这样就会又有两种处理(图 4.4)。我采用区组设计的方法(split-plot design)将上述 19 个处理统一进行(图 4.5)。

另外,根据对 Everglades 树岛的基本了解确定的变异系数来决定实验的重复数,如果重复数太少的话,植物变化太大,会很难看到处理结果。如果重复数太少的话,明知道极端干旱环境下耐涝植物肯定要死亡,相反的,将耐旱植物放

在极端湿润环境中肯定也是要死亡的,如果全部死亡的话,最后植物的生长量等指标就看不出来了。但如果重复数太多的话,会消耗大量的人力物力。所以,当时我用了 12 个重复,再加上 19 个处理,一共六百多棵植物。

我们的研究结果为:首先,不同的植物种在恒定的水分条件下表现不同(图 4.6)。本研究中测量了很多的指标(如高度、叶茎、光合作用、总的生物量、叶片生物量、根生物量等),如果把所有的结果都总结在一篇文章中,是很难找出规律的。数据分析要有策略。我们选取了一个相对值"与基线的相对比率(relative ratio to baseline)"(图 4.7)。从结果中可以看出,突然转换下植物的生长比假设的最适环境下植物的生长要差;3 个不同的物种对于水分陡然变动的反应是不一样的。本项研究最重要的意义在于:今后的全球变化模型研究中不仅仅要考虑恒定的参数(如水分),还要考虑参数(水分)突变的影响。对于树岛上的这 3 类植物种而言,先湿后干的环境抑制植物生长,其抑制程度比先干后湿的环境大,可见水分变化的先后顺序对于植物生长有很大影响(图 4.7)。其次,耐涝植物在逐渐水分波动条件下的生长情况好于在恒定水分条件下(图 4.8),总之,研究结果强调,我们在看问题时不仅要考虑环境因子的阈值和范围,还要考虑范围

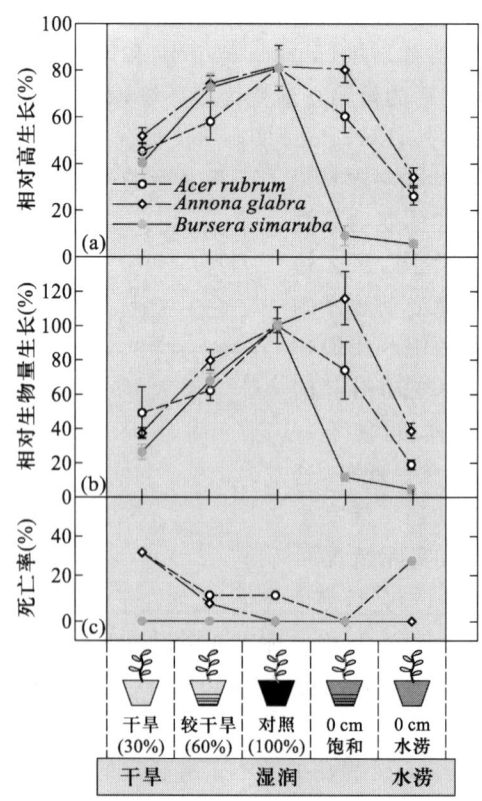

图 4.6 恒定水分条件下 3 种植物的表现(Miao et al.,2009)

的变化程度和变化速率。这一点对于当前的生态学和全球变化研究具有很重要的意义。因此,这项研究发表在 American Naturalists 上,并被 Science Today 报道。

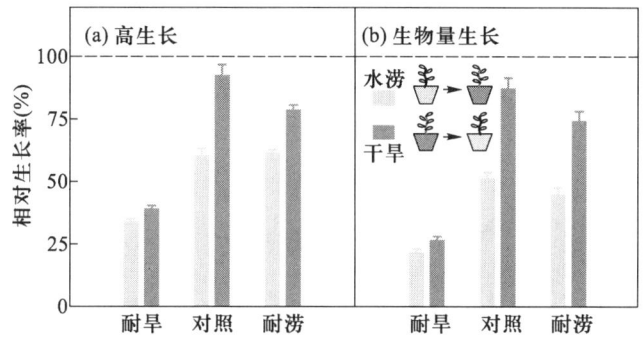

图 4.7　植物对骤然水分不同顺序变化的响应(Miao et al.,2009)

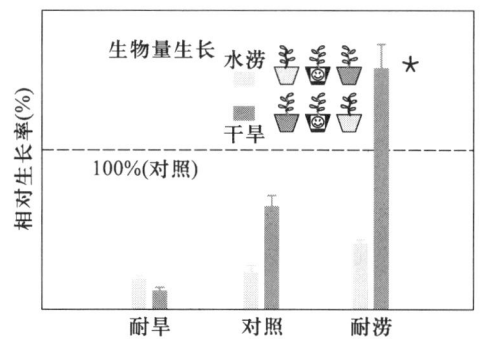

图 4.8　植物对水分逐渐变化的响应(Miao et al.,2009)

4.3　火干扰之后不同水分梯度对于植物恢复的影响

下面介绍火干扰之后不同水分梯度对于植物恢复的影响。火是 Everglades 一种重要的驱动因素。火干扰之后湿地植物能否恢复、恢复得好不好取决于如下 3 个条件:一是火发生的季节,是在生长季还是非生长季;二是水深,如果水深没有超过植物长叶的部分,植物的恢复生长可能就比较快;三是火干扰后水淹来临的时间长度,这个因素可能很少有人考虑,需要丰富的野外实地观察经验。所以,生态学家和研究生态模型的学者一定要到实地考察。考虑到上面的因素,设计了如下的区组实验(图 4.9)。根据实际观测选取 3 种火后的水深(0～5 cm、20 cm、60 cm),2 种生活史不同的植物(当地植物 *Cladium jamaicense*、改变生态系统的优势物种 *Typha* spp.)和 4 种水淹来临的时间长度(火烧过后植物立刻被水淹、火烧1周、2周、3周之后再被水淹)。首先把植物统一培养,生长到要求的高度之后,模拟火干扰和虫害,摘除叶原基以上部分的叶片,再将其移植到不同的处理中。研究结果表明,不同植物种对不同处理的响应是不同的;对于同一物种,不同水深和水淹来临时间长度对于植物的生长影响也是不同的,其中,当地物种 *Cladium jamaicense* 在水深 60 cm 时无论哪种水淹来临时间都已全部死亡(图 4.10)。该实验强调,如何根据野外观察到的现象设计新颖的实验,不仅要考虑恒定环境条件,还要考虑波动的环境对于植物生长的影响。

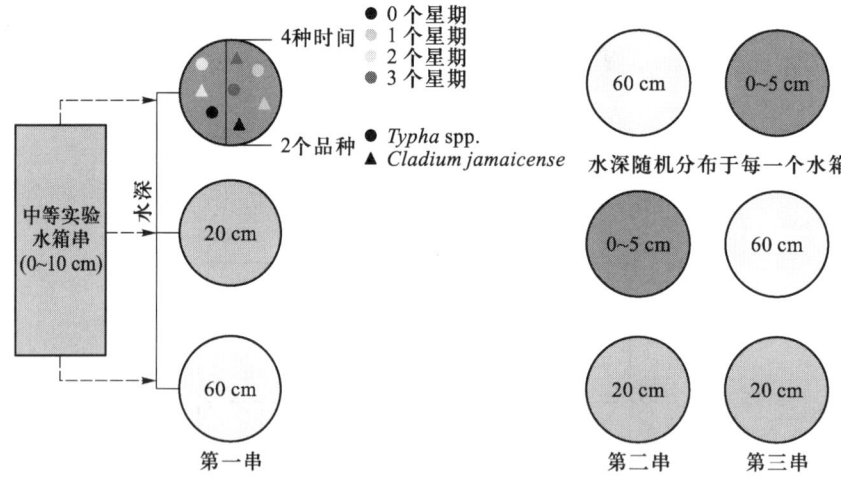

图 4.9　火干扰之后水分梯度对于植物再生长的影响

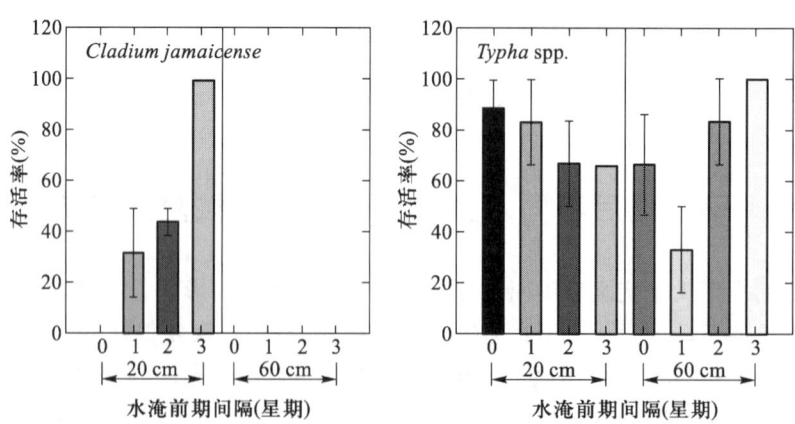

图 4.10　植物生长对于火烧过后不同水深、不同水淹来临时间长度的响应规律

4.4　树岛上攀援蕨类植物的生物入侵研究

接下来介绍对 Everglades 树岛上攀援蕨类植物(*Lygodium mycophyllum*)

的生物入侵研究（图 4.11）。在中国，$L.\ mycophyllum$ 叫海金沙，是一种很好的中药材，20 世纪 70 年代作为一种苗圃植物被引入美国佛罗里达州中部，20 年后以很快的速度开始扩展。海金沙具顶端无限生长（图 4.11），会把 30 米高的树岛全部罩起来。多年来采取了很多办法控制它，但是都以失败告终。例如，利用杀虫剂，却把其他植物杀死了；采取采伐的方式，但是由于它是利用孢子传播的，传播速度很快，传播范围也很广，所以还是没有成功；采用火烧的方法，却把其他树木烧死了，即使它当时被烧死了，来年仍会长起来。

生物入侵引起了很多学者的研究兴趣。我于 2004 年在北京组织召开了"北京国际生物入侵研讨会（Beijing International Biological Invasion Symposium）"（Miao et al., 2006）。会议主题就是为了促进国内外有关生物入侵的方法研究——原产地、入侵地的比较研究，这种方法现在已被大家广泛认可。生物防治一直是控制生物入侵的主要方法。生物防治的主要原理就是从入侵植物的原产地引进一些天敌到入

图 4.11 Everglades 湿地中树岛上攀援蕨类植物（$Lygodium\ mycophyllum$）的生物入侵

侵地，再利用天敌控制入侵生物。这种方法是比较经典和传统的，而且已有很多成功的案例，但是也有不成功的案例（即，引入的天敌最终变成了入侵种），因此研究生物防治的学者有两种态度，一种认为引入天敌是可行的，一种观点是相反的。有没有其他的办法来进行生物防治呢？既然生物防治的原理是引入天敌，那么我们可不可以在入侵种的本地寻找天敌呢？这样做一方面可以减小天敌成为入侵种的可能性，另一方面也可缩短寻找天敌的时间并减少花销。因此，我们在生长不好的 $L.\ mycophyllum$ 叶片上提取微生物，再培养、生产这些引起 $L.\ mycophyllum$ 生长不好的微生物，并将其用到实验室培养和野外生长的 $L.\ mycophyllum$。现在正在做相关的研究，如果能够成功的话，一定能在生物防治的理论和实践方面都产生深远的影响。同时，我与中国科学院植物研究所的同事合作，将同样的原理应用到入侵藤本植物薇甘菊（$Mikania\ micrantha$），已经在国际杂志上发表了相关的研究结果（Yu et al., 2009；Yu et al., 2008；Wu et al., 2009）。

关于发表文章的一些观点：投稿选择杂志时不要一味单纯地追求杂志的影响因子，而是要考虑文章的内容应与杂志相关。写文章不仅是一份工作、一项事业，更重要的是要有一种激情，这样更有利于做出创新性工作。只要你的研究思

路清晰、新颖,那么你的文章和研究结果就会得到好杂志的认可。

4.5 生态学研究的实验设计

最后,我想简单谈谈大型生态学研究的实验设计,特别是非传统的生态学研究的实验设计。当今生态学家多用传统的实验设计方法——因子设计实验、区组设计实验、槽式实验等。这些方法都遵循3个原则:① 实验单位是否独立;② 研究是否随机;③ 研究是否需要重复。但是对于大型的生态系统研究、长期的定位实验中,上述3个原则都做不到。例如,在20世纪60年代,人类为了防洪,在基西米河(Kissimmee River)修筑大坝而改变河道,导致原有的湿地消失,进而导致湿地生态系统的结构、功能都发生了变化。通过几代生态学家执著的研究,呼吁恢复 Kissimmee River,于是把大坝炸掉,恢复到原来的状态。上述的研究中,只有一条 Kissimmee River 和相应的大坝,不能满足重复的要求。还有就是不能随机研究,因为我们的目的就是要恢复 Kissimmee River,目的是非常明确的。这个 Kissimmee River 也不是完全独立。再比如 Everglades 的野火(图4.12),火烧一次是没有重复的;这一大片都是属于同一个水域,并不独立;也不能找到随机的火烧;如果我在这一片火烧后的样地内随机选取几块作为重复进行研究的话,从传统生态学的角度来看也是不行的,因为这是假重复。那么,我们应该采用什么样的实验设计来研究这些生态环境问题呢?

恢复 Everglades 生态系统面临很多挑战。能否将由 *Typha* spp. 组成的生态系统恢复成由 *Cladium jamaicense* 组成的历史上的湿地呢?能不能用火烧实现?如果用传统的生态学方法做这种大面积的生态系统恢复会有很多困难。其中之一就是如何确定实验的重复数。我们利用20多年的监测数据及两条随着营养元素梯度、随着水流方向的样线,

图4.12　Everglades 湿地的野火燃烧格局

进行统计功率分析(power analysis)。选择了几个代表不同生态系统层次、结构、功能的参数(如,水体磷、土壤磷、叶片磷、密度、生物量),确定它们的需要重复数。表4.2总结了高磷与中等磷地区这些参数需要的重复数。其中,只有土壤温度变化的慢一些、长期一些,所以达到统计学上的显著差异需要的重复数就少一些;其他参数的重复数都是经济条件无法承担的。

表 4.2　确定达到生态学显著差异的重复数

参数	平均值	高磷区		中等磷区	
		差异(%)	重复数(n)	差异(%)	重复数(n)
水体磷(ppb[①])	26.77	35	62	70	31
土壤磷(mg/kg)	1 621	25	3	50	2
叶片磷(mg/kg)	751.28	50	8	100	4
密度(株/m^2)	14.58	15	50	30	25
生物量(g/m^2)	1 069.6	20	19	40	10

因为使用没有重复的方法来设计生态系统的研究是一种新的方法,许多生态学家不熟悉。我利用美国生态学会(Ecological Society of America)的平台,申请了一个研讨会(2006 年 8 月):Larg-Scale Studies:Challenges in Experimental Design and Analysis,同时在 *Frontier* 上写了一篇文章:*A new direction for large-scale experimental design and analysis*(Miao and Carstenn,2006)。最后 Springer 出版社主动邀请我撰写一部专著,于是联系了一大批志同道合的生态学家,撰写了专著 *Real World Ecology—Large Scale and Long-Term Case Studies and Methods*(Miao et al.,2009)。专著中一共收集了 9 个案例,这本专著不是一般的统计书,也不是一般的生态书,而是一部在每个案例中都有在各自研究的生态系统中如何提炼科学问题、如何设计实验、如何分析数据、如何解释结果等完整过程阐述的论著,它可以给读者提供方法学、研究理念上的参考。例如,生态学实验设计非常复杂,要参考很多新的学科,生态学传统的分析方法——方差分析都是从其他领域借鉴来的,特别是从农业生态领域;农业生态领域研究的变异较小、容易控制,但是生态系统比较复杂,我们在研究过程中要创造出独特的、生态学统计的研究方法。生态学研究发展得非常快,但是在生态学实验设计方面发展得非常缓慢。对于大型生态系统恢复实验中,最早没有重复研究的是 1948 年 Hasler 等人对于湖泊的研究,之后有 Likens 等(1985)的研究,还有 1990 年 Carpenter 等人在 *Ecology* 上发表的文章指出,在大尺度的、生态系统恢复研究中,不充分的重复实验还不如完全没有重复的实验,用到不充分重复实验中的精力和物力应该投入到更多详细的机制分析中。

非重复实验设计主要包括:① 成对控制和处理实验(paired control and treatment,CI)——在读文献的时候,要区分 reference 和 control 的差异;reference 指在研究区内受影响相对小的,control 指与受影响的程度无关,只要合理的、与做处理的地点比较相似即可。这类实验至少在空间上有两个重复。② 前-

---

[①] 1ppb=10^{-9}。

后实验(before-after,BA),就像火烧、大气污染等都属于这类,空间上没有重复,只有时间上的重复。③ 前-后-控制-影响实验(before-after-control-impact,BACI),将时间重复和空间重复相结合,目前这一方法使用比较广泛。其他主要的实验设计有 Beyond BACI(即,在 BACI 的基础上,再增加一个处理)和多尺度设计(multi-scale design)。

总之,人类社会的生存从未像今天这样需要生态学研究,生态学研究的成果从未像今天这样需要直接应用于环境保护与管理! 我们生态学家要担当此重任。"Ecology is not rocket science. It is far more difficult(生态学是远比火箭科学更难的科学)(Hilborn and Ludwig,1993)"。因此,我们应该充分认识到生态学研究的复杂性。生态学正处在一个创新的前沿、一个前所未有的时代,需要我们大家共同努力挑战传统生态学。

最后,感谢工作单位美国南佛罗里达州水资源管理署(South Florida Water Management District)的资助,这篇文章只是我个人见解,不代表南佛罗里达州水资源管理署。感谢多年来同事、朋友们的支持和帮助,特别感谢 Susan Carstenn 博士对于研究非重复设计实验的帮助,感谢 Susan Carstenn 博士和 Martha Nungesser 博士共同编撰专著。

问题1:缪老师,您好! 非常感谢您的精彩报告。我对您前面讲到的水分变化的实验设计很感兴趣,一是您在恒定水分研究和逐渐水分变化中让植物生长了 12 个月,但是到了水分陡然变化时,只持续了 8 个月(图 4.5),这样是怎么进行比较的? 二是您在报告中指出耐涝植物在水淹条件下没有在 baseline 和饱和水分条件下生长得好(主要是从植物高度上判断),这与您的假设不符。但是我注意到尽管水淹条件下植物生长高度不高,但是叶片要比其他条件下的叶片更绿,这怎么解释呢? 只是照片显示的是这样吗? 三是在火后水淹下植物恢复实验中(图 4.10),在水里多长时间做的实验? 叶片去掉之后放到水淹条件下,之后大概多久测的各项指标的呢? 谢谢!

解答:非常高兴你能听得这么仔细。第一个问题,我们是用植物在恒定水分条件下生长 8 个月的结果与水分骤然变化进行比较,又用植物在恒定水分条件下生长 12 个月的结果与逐渐水分变化进行比较。第二个问题,对于湿地植物而言,需要抵抗水淹干扰,所以植物的高度、生物量非常重要;还有就是光合作用、呼吸作用这些指标我们都测了,总的来说,当时估计耐涝植物能在水淹条件下生长得最好,但是实际情况与我们预计的不符,可见,对于耐涝植物而言,其生长的最好条件不是完全水淹的条件,水淹条件下也能生长,但并不是它最喜欢的条件,它无法选择。第三个问题,最开始植物培养和植物叶片去掉之前并没有完全将其浸入到很深的水中,只是在 0~5 cm 深的水中;培养好的植物放在各种水深(0~5 cm、20 cm 和 60 cm)后的一年时间才测量的各种指标。

问题 2：缪老师，您好！刚才您在报告中也提到了三峡涨落带的问题，我感觉三峡涨落带有以下几个特点，第一是蓄水；第二是淹水时间特别长，一般都是半个月到三四个月，而且下落带能达到 30 m 的落差；第三是干湿环境交替，湿的环境就不必说了，退水之后由于没有植被覆盖也是比较干燥的环境。对于长江主干道，冲刷特别剧烈，您对三峡涨落带植被修复有什么样的看法和建议？谢谢！

解答：对于三峡而言，最大的挑战就是落差太大，达到 30 m，在生物圈里可能很难找到哪种生物能够忍受 30 m 深的落差。前几天重庆代表团就是带着这个问题去美国佛罗里达的，我就带着他们在佛罗里达参观。对于如何直接解决 30 m 深的涨落带，我真的没办法（解决），但是可以有两个原则进行恢复：第一，按照不同的垂直带（如 30 m、20 m、10 m、9 m、5 m）选择不同的适宜植物，比如说最上面的可以选用高的乔木树种，再下面用灌木，再下面只能用浮游植物、藻类，这个很像从水生到陆地生态系统的演替系列；第二，就是尽量筛选一些本地的乡土种，有些种一年生，有些种多年生，有些有种子库，有些没有种子库，这样搭配，尽量少引入外来物种，避免泛滥。建议建立一个种子库，不管它是在哪一个涨落带上，都能自然萌发、自然消长，这样的情况最好。

问题 3：缪老师，您好！前面您讲到实验设计的时候，处理的重复数可以通过变异度算出来。我想知道这个变异度是不是就是我们经常用到的变异系数？如果是的话，这个变异系数一般不是通过实验结果算出来的，但是我没有前期数据积累的情况下怎么算出这个变异度？另外，您撰写的那本书在国内有卖吗，或者在网上可以下载吗？谢谢！

解答：这个变异度不是变异系数，而是叫统计功率分析（power analysis），这个应该在统计书上有介绍。另外，在研究植物、土壤等之前应该对它的变化/变异有一个大概的了解，查阅一下资料等，例如，我在做火的实验时，是有前期的实验数据作支撑的，但是没有第一个实验中涉及的植物种的数据，我选取 12 个重复，而没有用 3 个重复，3 个重复不是真正的重复，要凭你自己的生态学知识和对实际生态系统的观察理解，得出变化是多少。如果太多的话，财力、人力都无法实现；如果太少的话，本身差异的变化和处理变化差不多，那么什么研究结果都看不到了。

这本书是今年 1 月份才出版的，价格比较贵，网上现在还不能下载。国内的《植物学报》会在近期有新书介绍，会把这本书的情况介绍一下，请关注。

问题 4：缪老师，您好！我想请教您那个火烧的模拟实验，您是模拟火烧后不同深度水淹的恢复情况，为什么您不直接从野外取样，就是从野外火烧之后，直接取回植物体做实验呢？因为火烧之后，温度对水体、养分都有很大影响。

谢谢！

解答：这个问题提得很好。因为这个实验不光是模拟火,还要模拟其他干扰。毛毛虫变成蝴蝶之后吃植物,所以就用模拟实验移去叶片,不管温度和其他影响;另外,如果从野外移植植物的话,这种移栽的胁迫(stress)持续的时间要很久,要用很长时间才能将这种胁迫消除,所以这种移栽的影响和处理的影响可能要抵消很多;还有就是这个实验只是我们的前期实验,我们已经设计了大量的、野外的大型火烧实验(300 m×300 m 的大样地),火烧后研究生态系统很多的生态过程,如温度、植被组成、碳储量等。再利用模型确定究竟用多少次火烧之后能够真正改变生态系统的状态。

■ 主要参考文献

Miao S L and Bazzaz F A. 1990. Responses to nutrient pulses of two colonizers requiring different disturbance frequencies. Ecology, 71: 2166 – 2178.

Miao S L, Bazzaz F A and Primack R B. 1991a. Effects of maternal nutrient pulses on the reproduction of two colonizing *Plantago* species. Ecology, 72: 586 – 596.

Miao S L, Bazzaz F A and Primack R B. 1991b. Persistence of maternal nutrient effects in *Plantago major*: The third generation. Ecology, 72: 1634 – 1642.

Miao S L, Chris B Z and Breshears D D. 2009. Sequence of extreme hydrological events triggers different mortality and growth of tree species. American Naturalists, 173: 113 – 118(Cited by Science Daily, Jan. 8., 2009).

Palmer M A. 2009. Invited Odum essay: Reforming watershed restoration: Science in need of application and applications in need of science. Estuaries and Coasts, 32: 1 – 17.

Wu A P, Yu H, Gao S Q, Huang Z Y, He W M, Miao S L and Dong M. 2009. Differential belowground allelopathic effects of leaf and root of *Mikania micrantha*. Trees-Structure and Function, 23: 11 – 17.

Yang L H and Naeem S. 2008. The ecology of resource pulses 1. Ecology, 89: 619 – 620.

Yu H, He W M, Liu J, Miao S L and Dong M. 2009. Native *Cuscuta campestris* restains exotic *Mikania micrantha* and enhances soil resources beneficial to natives in the invaded communities. Biological Invasions, 11: 835 – 844.

Yu H, Yu F H, Miao S L and Dong M. 2008. Holoparasitic *Cuscuta campestris* suppresses invasive *Mikania micrantha* and contributes to native community recovery. Biological Conservation, 141: 2653 – 2661.

第 5 章

生态系统生态学的进展：生态系统的测量、野外模拟和数学模型

唐剑武
美国伍兹霍尔海洋生物学实验室及布朗大学

5.1 未来生态学的任务

美国国家科学院、工程院和医学院于 2009 年联合发表了一个报告：《21 世纪的新生物学：确保美国领导正在降临的生物学革命》。该报告列出了 21 世纪新生物学的四大目标和面临的挑战：① 确保农作物能适应于全球变化并可持续地生长；② 在全球快速变化下，能认识并维持生态系统的功能和多样性；③ 扩大可持续的化石能源替代品种类；④ 增进对人体健康的认识。

可以看出，上述四大目标中的三项，即农业、生态系统和能源，都与生态学有关。农业生态系统是全球生态系统的一部分，生态学应服务于农业，提供农作物如何适应全球变化以及如何反馈于全球变化的知识给农业。关于对生态系统功能和多样性的认识是生态学的核心内容。生态学对能源行业的贡献主要体现在认识能源生物，包括快速生长的树木、草本类以及海洋藻类，评估全球生态系统对生物能源的潜在贡献和阈值，了解种植能源生物对全球生态系统的影响和对气候变化的响应。另外，生态系统对人类排放的污染物的处理和净化也体现在上述三大任务中。

因此，未来生态学作为新生物学的一门分支，对农业、生态系统保护和能源产业将起到非常重要的作用。生态学是一门非常具体的科学，而不仅仅是一种理念和口号（图 5.1）。现

图 5.1 西北黄土高原"改善生态"的标语

代生态学已经走向定量化(可以测量参数)、实验化(可以在室内或野外进行模拟实验并重复)、模型化(可以建立数学模型,模拟和重复观测到的数据、过程和结论)。这三点是一门现代科学的重要标志。

生态学的分支很多,空间尺度跨越从分子和细胞水平到全球尺度,时间尺度从秒到地质年代。下面重点介绍在全球变化框架下,生态系统生态学(ecosystem ecology)的进展。

5.2 陆地生态系统的过程

生态系统的过程主要包括物质流和能量流。物质流包括碳循环、养分循环(以氮为主)、水循环。生态系统的能量流动包括热能(显热和潜热)、太阳短波和长波辐射等。本文重点介绍陆地生态系统碳循环的过程。

陆地生态系统的碳循环由光合作用和呼吸作用组成。光合作用为地球一切生物提供能量和食物。光合作用的产物(碳氢化合物)经过植物的分配和传输,一部分转化成生物量,另一部分由呼吸作用释放回大气中。叶片光合作用的总和为总初级生产量(GPP)。植物呼吸作用包括树叶呼吸、树干呼吸和根呼吸,称为自养呼吸(R_A)。树干呼吸还包括枝条的呼吸。土壤中微生物的分解作用称为异养呼吸(R_H)。自养呼吸和异养呼吸之和为生态系统总呼吸(R_{eco})。另外,根呼吸和微生物异养呼吸之和为土壤呼吸(R_S),即 CO_2 从土壤中释放出来的通量。根呼吸还包括根瘤菌等根部共生物新陈代谢的产物,所以根呼吸也被更准确地称为根际呼吸。所以,土壤呼吸是一个很复杂的过程,既包括一部分自养呼吸,也包括异养呼吸。

光合作用产物减去植物自养呼吸释放的碳,剩余部分为植物个体的增加量,即净初级生产量(NPP),或者说,$NPP = GPP - R_A$。当植物脱落其叶子、树枝、树根或整株死亡,大部分净初级生产量回到土壤,被微生物分解,最后残留在生态系统的碳成为生态系统净生产量(NEP),或者说,$NEP = NPP - R_H$。由于 $R_{eco} = R_A + R_H$,所以 $NEP = GPP - R_{eco}$。可以看出,如果一个生态系统处于一个稳定态,$NEP = 0$,即既不是碳汇,也不是碳源。由于人类的干扰和气候变化,目前全球陆地生态系统处于非稳定态,是一个碳汇。

GPP、NPP、NEP 和各个呼吸量均是表征生态系统碳循环及过程的重要参量。GPP 描述总的太阳能转换量,NPP 描述植物的生长量,NEP 描述生态系统碳的增长量,各个呼吸量描述了植物各个部分的碳释放量。

生态系统生态学的未来发展在于如何进一步从各个不同的时间和空间尺度深入了解生态系统的过程,从而用数学方法去描述这些过程,并模拟和预测各个过程。

5.3 生态系统的测量

生态系统的定量化研究始于对生态系统各个参数和过程的测量。描述生态系统过程的参数包括状态变量和流动变量。状态变量是描述生态系统存在状态的量,一般在短时间(小时到天)内不变化。状态变量包括植被结构,例如树木胸径、高度、叶面指数、树冠面积等;物种组成和多样性;生物量和体积;气象因子,例如空气温度和湿度、土壤温度和湿度、光辐射量等。流动变量是瞬时变化的量,包括生态系统的物质和能量流动。

从测量的间隔来说,生态系统的测量分为间断性监测,比如生物量的测量、土壤碳和养分含量的测量等,以及连续测量。现代传感器的开发使很多参量的瞬时连续测量成为可能。间断性的状态变量的测量相对比较容易,连续测量流动变量比较困难,是当前生态系统研究的主要方向。本文重点介绍这个方向。

5.3.1 光合作用的测量

叶片水平的光合作用可以用箱式(leaf chamber)系统法(比如,Li6400,LiCor,Lincoln,NE,USA)来测量(图 5.2)。箱式法能直接测量单片叶子的碳通量。CO_2 浓度通过箱式系统内置的红外线气体测量仪来测定。而通量是通过计算单位时间一定体积内的浓度变化来计算的。通过调节箱内温度、CO_2 浓度和光强度,箱式法能

图 5.2 叶片水平的光合作用测量

够测量光合作用对外界因子的响应及光合作用的重要参数,如气孔导度(Tang et al.,2006)。

密闭箱式法的原理是利用密闭箱内 CO_2 浓度单位时间的增加来测量 CO_2 通量。其基本公式是:

$$F = \frac{\Delta c}{\Delta t}\frac{V}{A} = \frac{\Delta c}{\Delta t}H \tag{5.1}$$

式中,F 是 CO_2 通量($\mu mol \cdot m^{-2} \cdot s^{-1}$),$\Delta c$ 是密闭箱内 CO_2 浓度在一定时间内的变化($\mu mol \cdot m^{-3}$),Δt 是间隔时间(s),V 是密闭箱的体积(m^3),A 是密闭箱覆盖的叶面或土壤的面积(m^2),H 是密闭箱的有效高度。需要注意的是单位,一般传感

器给出的单位是 ppm[①],需要通过气体方程转化为摩尔浓度 $\mu mol \cdot m^{-3}$。

5.3.2 呼吸作用的测量

植物树叶呼吸和树干呼吸的测量也可以通过箱式法(chamber)进行。树干呼吸一般是用一密闭箱扣住部分树干或在一定高度围绕着全部树干来测量 CO_2 通量。由于叶子白天以光合作用为主,树叶呼吸必须在夜间测量。通常也是用密闭箱扣住树叶来测量 CO_2 通量。碳通量是通过箱式系统内置的红外线气体测量仪来测定的。

土壤呼吸包含根系呼吸和微生物呼吸,土壤呼吸比其他呼吸更加复杂。目前还没有很好的办法将土壤呼吸细分为根系呼吸和微生物呼吸并分别进行测量。已被使用的方法包括:① 在野外将根系和土壤人工分开并分别测量呼吸量,② 利用根系呼吸和微生物呼吸在碳-13 和碳-14 同位素组成上的不同来区分根系呼吸和微生物呼吸,③ 野外根系去除法,即利用挖沟截断根系(trenching)或对树木的韧皮部进行环割(girdling)(Hanson et al.,2000;Tang et al.,2005b;Trumbore,2006)。这些方法各有优缺点。当前,土壤呼吸箱式测量法已经从人工手持式(Tang and Baldocchi,2005;Tang et al.,2008)发展到自动测量(如商业化的 Li 8100,LiCor Inc.),从单个箱发展到多个箱同时测量。从而既增加了时间尺度上的测量数据,又增加了对空间差异性的测量。

图 5.3 显示笔者实验室最近开发的土壤呼吸自动箱式测量仪,现在部署在哈佛森林(Harvard Forest)。这套系统包括一个数据记录仪(控制测量箱的移动并收集 CO_2 传感器的数据)、一个 CO_2 传感器(输出各个箱的 CO_2 传感器的浓度变化)以及多个测量箱。测量箱的自动移动(从盖住土壤表面进行测量到离开土壤表面)由压缩气体通过数据记录仪来控制。本系统一共有 6 个箱,每半小时完成

图 5.3 土壤呼吸的自动箱式测量法

6 个箱的循环。所以,每半小时可以得到多点的土壤呼吸数据。

笔者近几年新开发的土壤呼吸梯度测量法是一种与箱式法互补的测量法(Tang et al.,2003;Tang et al.,2005a;Tang et al.,2005b)。其原理是将微小的 CO_2 红外线测量仪直接埋在不同深度的土壤里(图 5.4),利用 CO_2 的扩散来测量各个深度的 CO_2 浓度,然后通过计算 CO_2 深度梯度及扩散率来算出碳通

---

① 1ppm=10^{-6}。

量。CO_2 深度数据能自动记录到数据记录仪里。其基本公式是 Fick 第一定律：

$$R = -D \frac{dC}{dz} \qquad (5.2)$$

式中，R 是碳通量（$\mu mol \cdot m^{-2} \cdot s^{-1}$），$D$ 是 CO_2 在土壤中的扩散率（$m^2 \cdot s^{-1}$），C 是 CO_2 在某一深度的浓度（$\mu mol \cdot m^{-3}$），z 是深度（m）。D 随着土壤湿度的变化而变化，并且决定于土壤的物理性质。

土壤呼吸梯度测量法的优点在于自动测量、没有对土壤产生干扰、能分层测量土壤中的 CO_2 通量以反映通量产生的真实过程，其缺点在于 CO_2 在土壤中的扩散系数测量和计算比较复杂并容易带来误差。

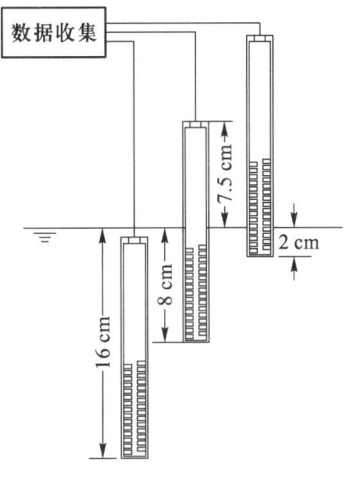

图 5.4 土壤呼吸梯度测量法基本示意图（修改自 Tang et al.，2003）

5.3.3 生态系统尺度碳交换的涡度相关测量法

涡度相关法（eddy covariance）已被广泛应用于测量生态系统和大气的 CO_2 交换。涡度相关法的发明及应用（Baldocchi et al.，1986；Wofsy et al.，1993）使在生态系统尺度上对碳通量的连续（每半小时）测量成为可能。目前全球已经有几百个涡度相关法碳通量监测站，分布在各种生态系统，组成了包括中国生态系统通量研究网（ChinaFLUX）（Paw U，2006；Yu et al.，2006）在内的全球通量网 FLUXNET（Baldocchi et al.，2001）。图 5.5 显示不同塔高的涡度相关测量。

图 5.5 不同塔高的涡度相关测量

涡度相关法是一种近似的、限制于特定气象和地形条件下的微气象测量法。其基本公式为：

$$F = \overline{w'c'} \tag{5.3}$$

式中,F($\mu mol \cdot m^{-2} \cdot s^{-1}$)是$CO_2$平均通量(一般为 30 min 平均),$w$ 是垂直方向的风速($m \cdot s^{-1}$),c 是 CO_2 瞬时浓度($\mu mol \cdot m^{-3}$),$\overline{w'c'}$ 是 w 和 c 协方差在 30 min 的平均值。

碳交换记录了生态系统 NEP。夜间没有光合作用,NEP = R_{eco}。日间的 R_{eco} 可以通过温度相关模型从夜间 R_{eco} 推导。因此,日间 GPP 可以被推导出来,GPP = NEP + R_{eco}。

涡度相关法提供了一种简便的自动通量测量法,能够全年连续运行,提供日尺度和年尺度的通量值。但是,其缺点包括夜间由于弱湍流和弱风速及 CO_2 在地面堆积带来的误差、要求大的均一地形以及无法在复杂地形下测量等。

随着传感器技术的飞速发展,越来越多的生态系统流动参数可以得到连续观测。比如,笔者的实验室最新安装了可以同时测量 CO_2、CH_4 和 N_2O 三种温室气体通量的涡度相关测量系统(图 5.6)。图中的白色箱内安装有可以测量 CH_4 和 N_2O 的可调式激光测量仪。

5.3.4 洲际尺度的标准化生态系统测量

美国最近启动了国家生态观测网络(The National Ecological Observatory Network,NEON),试图对生态系统各个重要参数在大洲级的尺度上开展长期(30 年以上)的标准化测量。该计划将美国按生态功能分为 20 个生态区,每个区设立 3 个

图 5.6　CO_2、CH_4 和 N_2O 三种温室气体通量的同时测量

站,在一共 60 个生态站上统一部署各类观测项目,包括连续观测和间隔观测。大部分连续观测的数据通过无线传感器直接传到数据中心,并瞬时通过网络传到总部,以实现数据的实时使用。生态系统物质和能量流是其重要的观测项目。这一长期的、大尺度的、充分运用当代高科技的生态系统监测计划代表了未来生态系统测量的方向。

5.4　生态系统的野外模拟实验

上面介绍的是对生态系统野外的非干扰的直接观测。不同于直接观测,野外

模拟实验是近20多年来发展起来的模拟技术,主要是在野外人为改变某一类环境因子,通过与对照组的比较,以研究生态系统对这一因子的响应,并服务于模拟模型的建立。野外模拟将实验室模拟直接搬到野外,并实施对一定参数的控制。

野外封闭温室是最早开展的模拟温度升高的实验,其缺陷是在升高温度的同时,改变了湿度、光照、风速、降雨等。开口式温室克服了一部分弱点,能够加热生态系统并减少其他干扰。图5.7显示了笔者主持的北极冻原生态系统温室加热研究,以了解永久冻土带溶化后温室气体的排放。

上述是被动的加热,但用加热管或红外灯能对生态系统主动加热,并控制温度维持在一定水平。

图5.7 北极冻原生态系统温室加热研究

主动加热能不改变或很少改变其他因子,从而能研究生态系统对温度的单一响应。加热方法包括用埋在土壤里的加热管直接加热土壤(Melillo et al.,2002)以及用架在一定高度的红外灯加热植被(Harte and Shaw,1995;Luo et al.,2001;Wan et al.,2002)。土壤加热能帮助我们直接研究土壤呼吸对温度的响应,但由于土壤加热没有加热植被,根呼吸是否响应于温度但又制约于地上植被很难解释。红外灯加热直接模拟未来气候变暖,但其缺陷是一般只能用于草原生态系统、很难用于高大的森林系统。

CO_2浓度升高是另一个影响植被的全球变化因子。CO_2浓度升高能刺激植物的生长,即CO_2施肥效应。野外CO_2模拟实验(FACE,free-air CO_2 enrichment experiment)模拟未来大气CO_2浓度升高对植被的影响(Hendrey et al.,1999;Gonzelez-Meller et al.,2004)。

大气氮沉降的增加是另一个影响生态系统的重要因子。在哈佛森林进行的长期氮增加模拟实验已开展20多年(Aber and Magill,2004;Magill et al.,2004)。最新的元分析(meta-analysis)结果表明,森林氮沉降减少了土壤呼吸(Janssens et al.,2010)。

生态系统的野外模拟实验的未来趋势是多因子的模拟实验,以获得各类参数的驱动作用及其敏感性,从而建立具备预测能力的生态系统模型,并植入到大尺度的地球系统模型中去。

5.5 生态系统的数学模型

对生态系统进行长期观测并模拟研究的目的是能够建立基于过程的数学模

型,从而能深入了解系统的过程并对未来进行预测及情景分析。大部分模型用一些容易测量的参数作为输入参数,比如气象因子和植被结构,以及其他可以通过遥感数据获取的数据。模型的输出包括植物的生长、碳通量和碳储量等。生态系统的数学模型非常多,这里简单介绍一下碳循环的模型。

5.5.1 Farquhar 光合作用模型

Farquhar 模型是一个基于过程的光合作用模型(Farquhar et al.,1980)。Farquhar 模型将光合作用分为不受光能限制和受光能限制两种情景。其基本模型结构是一种 Michaelis-Menten 方程,即一条趋近于饱和的增长曲线。

光能饱和时:
$$A = V_{cMax} \frac{C - \Gamma_*}{C + K_C(1 + OK_O)} \tag{5.4}$$

光能有限时:
$$A = J \frac{C - \Gamma_*}{4.5C + 10.5\Gamma_*}, \qquad J = f(J_{Max}) \tag{5.5}$$

式中,A 是叶面尺度的光合作用量,V_{cMax} 是最大碳转化率,J_{Max} 是最大电子传递率,Γ_* 是 CO_2 补偿点(当碳转化率为 0),C 和 O 是细胞间的 CO_2 和 O_2 浓度(受控于气孔导度),K_C 和 K_O 是 Michaelis-Menten 参数。

Farquhar 模型中的众多参数需要在野外实测中进行标定。另外,该模型是叶片尺度上的模型,如果要用它计算生态系统尺度的 GPP,需要进行尺度推移(upscaling),需要考虑叶子的空间异质性及树冠层中光辐射的差异。叶片尺度的箱式法测量结果以及 Farquhar 模型的模拟结果可以与涡度相关法推导出的 GPP 互相比较。当前大多数区域尺度或全球尺度的生态系统动态模型中的光合作用都是基于 Farquhar 模型而建立的(例如,Sellers et al.,1996)。

5.5.2 呼吸作用模型

呼吸作用还没有开发出基于过程的模型,大多数模型来源于植物呼吸作用与温度的响应关系:

$$R = \beta_0 e^{\beta_1 T} \tag{5.6}$$

式中,R 为呼吸量,T 为温度,β_0 和 β_1 为参数。

公式(5.6)也可以改写成:

$$R = \beta_0 Q_{10}^{T/10}, \quad Q_{10} = e^{10\beta_1} \tag{5.7}$$

这就是著名的呼吸作用的 Q_{10} 模型。这里的 Q_{10} 有实际的含义,即它是温度每上升 10℃,呼吸量增加的倍数,通常被称为温度敏感性。β_0 称为基础呼吸,即当温度为 0℃时的呼吸量。

作为一个经验参数,Q_{10} 随生态系统类型和物种的变化而变化(Tang et al.,2005c;Tang et al.,2009),但在大尺度模型中,Q_{10} 常常被简化成一个定值 2.0,

即温度每上升 10℃,呼吸量增加一倍。

5.5.3 大尺度的综合模型

生态系统大尺度模型能够模拟生态系统的过程并预测未来的变化。其输入数据来自气象数据和遥感数据,比较著名的模型包括 TEM(Raich et al.,1991;Melillo et al.,1993),CASA(Potter et al.,1993),FOREST-BGC(Running and Coughlan,1988),等等。这些模型描述不同类型生态系统的光合作用、各类呼吸作用、碳和养分的传输、植物的生长和土壤有机物的分解,等等。通过对这些生态系统过程的描述,可以输出各类想要了解的参数。这些大模型虽然非常复杂,但都是由一些小的基本模块组成,比如应用 Farquhar 光合作用模型、Q_{10} 呼吸作用模型等。

生态系统大尺度模型的未来发展趋势是充分利用快速发展的对生态系统过程的认识,结合地球系统的其他过程,并耦合气象过程,以实现下一代的地球系统模型。

■ 主要参考文献

Aber J D and Magill A H. 2004. Chronic nitrogen additions at the Harvard Forest (USA): The first 15 years of a nitrogen saturation experiment. Forest Ecology and Management, 196: 1 – 5.

Baldocchi D, Falge E, Gu L H, et al. 2001. FLUXNET: A new tool to study the temporal and spatial variability of ecosystem-scale carbon dioxide, water vapor, and energy flux densities. Bulletin of the American Meteorological Society, 82: 2415 – 2434.

Baldocchi D D, Verma S B, Matt D R, Anderson D E. 1986. Eddy-correlation measurements of carbon dioxide efflux from the floor of a deciduous forest. Journal of Applied Ecology, 23: 967 – 976.

Farquhar G D, Caemmerer S V, Berry J A. 1980. A biochemical-model of photosynthetic CO_2 assimilation in leaves of C3 species. Planta, 149: 78 – 90.

Gonzelez-Meller M A, Taneva L, Trueman R J. 2004. Plant respiration and elevated atmospheric CO_2 concentration: Cellular responses and global significance. Annals of Botany, 94: 647 – 656.

Hanson P J, Edwards N T, Garten C T, Andrews J A. 2000. Separating root and soil microbial contributions to soil respiration: A review of methods and observations. Biogeochemistry, 48: 115 – 146.

Harte J, Shaw R. 1995. Shifting dominance within a montane vegetation community—Results of a climate-warming experiment. Science, 267: 876 – 880.

Hendrey G R, Ellsworth D S, Lewin K F, Nagy J. 1999. A free-air enrichment system for exposing tall forest vegetation to elevated atmospheric CO_2. Global Change Biology, 5:

293 – 309.

Janssens I A, Dieleman W, Luyssaert S, et al. 2010. Reduction of forest soil respiration in response to nitrogen deposition. Nature Geoscience, 3:315 – 322.

Luo Y Q, Wan S Q, Hui D F, Wallace L L. 2001. Acclimatization of soil respiration to warming in a tall grass prairie. Nature, 413:622 – 625.

Magill A H, Aber J D, Currie W S, et al. 2004. Ecosystem response to 15 years of chronic nitrogen additions at the Harvard Forest LTER, Massachusetts, USA. Forest Ecology and Management, 196:7 – 28.

Melillo J M, Mcguire A D, Kicklighter D W, Moore B, Vorosmarty C J, Schloss A L. 1993. Global climate-change and terrestrial net primary production. Nature, 363:234 –240.

Melillo J M, Steudler P A, Aber J D, et al. 2002. Soil warming and carbon-cycle feedbacks to the climate system. Science, 298:2173 – 2176.

Paw U K T. 2006 Unifying biomicrometeorological measurements. Agricultural and Forest Meteorology, 137:121 – 122.

Potter C S, Randerson J T, Field C B, Matson P A, Vitousek P M, Mooney H A, Klooster S A. 1993. Terrestrial ecosystem production: A process model based on global satellite and surface data. Global Biogeochemical Cycles, 7:811 – 841.

Raich J W, Rastetter E B, Melillo J M, et al. 1991. Potential net primary productivity in South America: Application of a global-model. Ecological Applications, 1:399 – 429.

Running S W and Coughlan J C. 1988. A general-model of forest ecosystem processes for regional applications: 1. Hydrologic balance, canopy gas-exchange and primary production processes. Ecological Modelling, 42:125 – 154.

Sellers P J, Randall D A, Collatz G J, et al. 1996. A revised land surface parameterization(SiB2) for atmospheric GCMs . 1. Model formulation. Journal of Climate, 9:676 – 705.

Tang J, Baldocchi D D, Qi Y, Xu L. 2003. Assessing soil CO_2 efflux using continuous measurements of CO_2 profiles in soils with small solid-state sensors. Agricultural and Forest Meteorology, 118:207 – 220.

Tang J, Baldocchi D D. 2005. Spatial-temporal variation in soil respiration in an oak-grass savanna ecosystem in California and its partitioning into autotrophic and heterotrophic components. Biogeochemistry, 73:183 – 207.

Tang J, Baldocchi D D, Xu L. 2005a. Tree photosynthesis modulates soil respiration on a diurnal time scale. Global Change Biology, 11:1298 – 1304.

Tang J, Misson L, Gershenson A, Cheng W X, Goldstein A H. 2005b. Continuous measurements of soil respiration with and without roots in a ponderosa pine plantation in the Sierra Nevada Mountains. Agricultural and Forest Meteorology, 132:212 – 227.

Tang J, Qi Y, Xu M, Misson L, Goldstein A H. 2005c. Forest thinning and soil respiration in a ponderosa pine plantation in the Sierra Nevada. Tree Physiology, 25:57 – 66.

Tang J, Bolstad P V, Ewers B E, Desai A R, Davis K J, Carey E V. 2006. Sap fluxupscaled canopy transpiration, stomatal conductance, and water use efficiency in an old growth forest in the Great Lakes region of the United States. Journal of Geophysical Research-Biogeosciences, 111, G02009, doi: 10. 1029 /2005JG000083.

Tang J, Bolstad P V, Desai A R, Martin J G, Cook B D, Davis K J, Carey E V. 2008. Ecosystem respiration and its components in an old-growth northern forest. Agricultural and Forest Meteorology, 148: 171 – 185.

Tang J, Bolstad P V, Martin J G. 2009. Soil carbon fluxes and stocks in a Great Lakes forest chronosequence. Global Change Biology, 15: 145 – 155.

Trumbore S. 2006. Carbon respired by terrestrial ecosystems-recent progress and challenges. Global Change Biology, 12: 141 – 153.

Wan S, Luo Y, Wallace L L. 2002. Changes in microclimate induced by experimental warming and clipping in tallgrass prairie. Global Change Biology, 8: 754 – 768.

Wofsy S C, Goulden M L, Munger J W, et al. 1993. Net exchange of CO_2 in a midlatitude forest. Science, 260: 1314 – 1317.

Yu G R, Wen X F, Sun X M, Tanner B D, Lee X, Chen J Y. 2006. Overview of ChinaFLUX and evaluation of its eddy covariance measurement. Agricultural and Forest Meteorology, 137: 125 – 137.

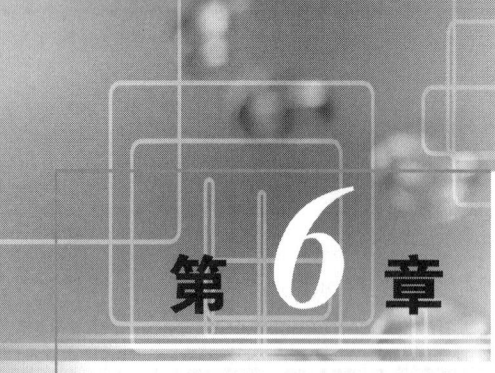

第6章

模拟森林生长、生产力和碳动态:从末次冰川期到未来

彭长辉
加拿大魁北克大学生态学模拟和碳科学实验室

本文分为以下三部分,对模拟森林生长、生产力和碳动态详细阐述:① 模型概述;② 3 个模型应用实例;③ 当前的挑战和机遇。

6.1 模型概述

冰芯研究数据显示,近 45 万年以来,大气中 CO_2 浓度在 $(180\sim280)\times10^{-6}$ 之间上下波动,而末次冰川期即距今 2 万年至今,尤其是工业革命以来,人类活动导致大气中 CO_2 浓度远远超过以往波动值,目前已经达到 370×10^{-6},预计 21 世纪末将达到 700×10^{-6}(IPCC,2007)。大气中 CO_2 浓度上升所导致的气候变化直接影响到生态系统的功能和结构,同时由于气候变化改变干扰因子(如火、风等活动规律)而对两者产生间接影响,由此导致生态系统的碳平衡和生物多样性发生改变,进而影响到生态系统的稳定性和服务功能的可持续性。气候变化与生态系统以多种方式进行相互作用。目前,气候变化对生态系统的影响研究中主要采用 3 种方法:长期跟踪观测、模拟实验和模型模拟(Melillo,1999)。而研究气候变化对生态系统未来的影响只能通过模型模拟来实现。

模型是对一个真实系统的抽象和简化。模型的使用途径可以分为两种:概念模型和数学模型,前者用以描述系统各组分之间的相互关系;后者是用数学方程对系统各组分进行参数估算,并将这些参数编入计算机语言,形成可执行的程序。森林的数学模型大体可分为经验模型和机理模型两大类。近 5 年来,又形成了一种新的模型——混合模型,它是前两种模型的综合体。现实中为何需要模型?原因有三:① 我们过去和当前的知识和观测结果没有得到充分的利用;② 对森林的长期观测研究费用高并且其可持续性难以保证;③ 当前的各种实验技术无法直接应用于复杂的环境变化的研究中。实际上,模型作为一种工具可以增加我们的知识,帮助我们做出管理决策,并能使大众更好地认识地球系统。

经验模型是指利用大量的样地实测数据来建立各参数之间的回归关系,其中以第一个全球生产力模型——MIAMI mode(Lieth,1975)最为著名。Lieth 于 1975 年利用全球 52 个站点的数据首次建立全球 NPP(净初级生产力)模型,以量化年平均温度和降水量与 NPP 之间的关系。其方程式如下:

$$NPP_T = 3\,000/[1+e(1.315-0.119T)] \text{ 或 } NPP_P = 3\,000(1-e-0.000664P)$$

式中,NPP 为净初级生产力($g \cdot m^{-2} \cdot 年^{-1}$),$T$ 为年平均温度(℃),P 为年降雨量(mm)。MIAMI mode 对全球 NPP 的估测结果为 $63 \times 10^{15} g\,C \cdot 年^{-1}$。

机理模型或过程模型是用以反映关键的生态系统过程或者用来模拟碳循环中一些相互作用过程(如光和、呼吸、分解和养分循环等)之间的关联关系。一个综合过程模型含有以下几个主要过程:能量平衡、碳平衡、养分平衡和水平衡。目前的过程模型以空间尺度划分可以分为:① 器官尺度模型,例如:Farquhar's Models(Farquhar et al.,1980),FOEST-BGC(Running and Coughlan,1988),MAESTRO(Wang and Jarvis,1990),BIOMASS(McMurtrie et al.,1990);② 个体尺度上的生态生理学模型,例如:ECOPHYS(Rauscher et al.,1990),TRE-GRO(Winstein and Yanai,1994),TREE-BGC(Korol et al.,1994);③ 群落模型,例如:JABOWA(Botkin et al.,1972),FORET(Shugart and West,1977),ZELIG(Smith and Urban,1988),LINKAGE(Pastor and Post,1985);④ 林分或生态系统模型,例如:PnET(Aber and Federer,1992),CENTURY(Parton et al.,1987),TRIPLEX(Peng et al.,2002);⑤ 景观模型,如:FIRE-BGC(Keane et al.,1996),LANDIS(He et al.,1996);⑥ 全球模型,如:BIOME3(Haxeltine and Prentice,1996),MAPSS(Neilson,1995),IBIS(Foley et al.,1996)。

经验模型和过程模型都有各自的优缺点。经验模型可以描述实测量与参数之间的最佳相关关系,输入值简单并且易于构建,缺点是预测能力有限,没有考虑机理过程,无法预测环境压力和气候变化所产生的后果;过程模型包括生理生态学原理并能对变化的环境进行长期的预测,然而绝大多数过程模型仅作为研究工具不适合做生态系统管理,另外,模型本身复杂需要大量的信息和输入值。基于以上原因产生了混合模型,它可以将经验模型和过程模型的优点有机结合起来,并具有广泛的应用前景。

6.2 三个模型应用实例

下面讲述模型在现实中的应用。

6.2.1 新开发碳-植被耦合模型的逆向应用

实例一,新开发碳-植被耦合模型的逆向应用——利用古生态学数据重建过去气候与碳储量即结合古环境数据与模型来了解过去和预测未来碳储量。末次冰川期以来,地球陆地生态系统碳储量发生何种变化,自20世纪90年代以来,一直是生态学研究的一个重点。但是由于研究方法不同,科学家们对末次冰川期以来碳储量的估测结果存在很大差异,由无变化到增加 1 350 Pg C。过去研究结果的不确定性在于对温度和降水的估算不精确。

本研究有两个目的。其一,改进和验证已有陆地碳储量模型,通过反演的方法降低其不确定性;其二,估算冰期和间冰期期间地球陆地生态系统植被和碳动态。下面介绍本研究组开发的过去陆地生态系统碳模型(past terrestrial carbon model,PCM)。

研究结果于2009年发表在 *Global Change Biology* 上。该模型包括3部分(图6.1)。新颖之处在于利用孢粉来推算植被类型进而估算过去气候变化。基本思路是假定一系列气候模式,然后通过我们的模型把植被类型模拟出来,再与当时的孢粉数据所指示的植被类型进行比较,如果两者得出的植被类型相吻合,则证明假定的气候模式是可靠的,如果不符,则进行下一轮模拟,直至得到合理的结果。本研究所采用的孢粉、二氧化碳以及植被生物量和土壤碳密度数据均来自于国际数据库。模拟过程中输入参数的变幅,选择最敏感的参数,如1月份

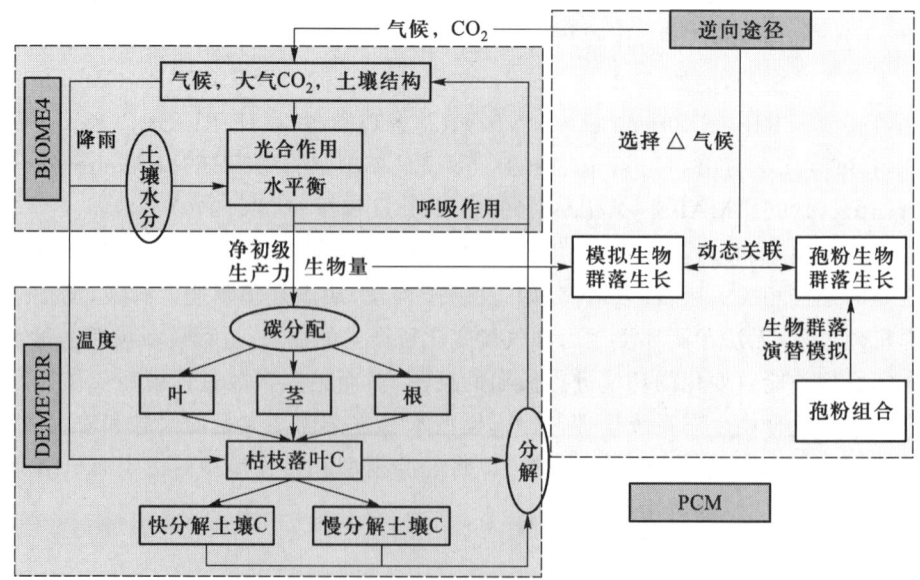

图 6.1 陆地生态系统碳模型构架图(BIOME4:Kaplan et al.,2001,DEMETER:Foley,1995,PCM:Wu et al.,2009)

和7月份的温度、降水和二氧化碳浓度。我们将模拟的结果与现有的1 491个欧亚大陆和非洲大陆孢粉数据进行比较,模拟结果达到优秀的占61%,合格水平的占91%。之后,将预测和观测的气候参数进行比较,两者吻合度极好。而预测和实测的植被和土壤碳密度之间存在一定的差异,但是也达到可接受水平。

此项研究的下一步工作是将碳储量估算模型由欧亚大陆和非洲大陆推广到全球尺度。首先,比较三个不同时段即当前、6 000年前和21 000年前植被、凋落物和土壤碳储量。然后,估算全球尺度碳储量,但目前这项工作仍在进行当中。为了验证模型的可靠性,我们用当今的数据对所开发的PCM模型进行验证,结果表明该模型能够成功地模拟多数的花粉生物量、当代气候和平均的陆地碳生物量参数。由此证明,该模型可以利用过去的花粉数据对历史碳储量进行估算。然而,此模型仍存在不足。因为,它没有考虑氮反馈,并且,在方法上也有待于改进。

6.2.2 用TRIPLEX Model模型模拟森林生长和碳动态

模型的第二个应用实例:用TRIPLEX Model模型模拟森林生长和碳动态。该模型已经有8年的发展历史。2000—2002年,模型开发完成;2003—2005年,模型在加拿大和美国进行验证;2004—2006年,模型在中国进行应用;2006—2008年,开发出新的模块,包括碳通量、火、溶解性碳等;2008年至今,开发水体生态系统模型和管理模型。TRIPLEX Model本身是一个混合模型,可以用于预测森林生长和碳、氮动态。它是在已有的3个著名模型3-PG(Landsberg and Waring,1997)、TREEDYN3.0(Bossel,1996)和CENTURY4.0(Parton et al.,1987,1993)基础上开发出来的。它可以弥补森林生长模型、生产模型和碳平衡过程模型的缺陷,并可用于森林管理决策、计算森林碳收支和估测气候变化对森林生态系统的影响。TRIPLEX1.0模型具有以下特征:① 主要输入参数包括:月气候数据、树木和林分参数、叶面积指数、土壤质地和地理位置;② 包含碳库、氮库、水库和通量的平衡;③ 时间步长,对碳通量和分配的估算的最小时间为月,对树木生长和碳、氮和水的收支估算的最小时间为年;④ 输出参数,树高、胸径、基部面积、净初级生产力、生物量和土壤碳、氮和水的动态;⑤ 模拟策略,采用C++语言编写,便于修改和更新。TRIPLEX1.0模型的结构如图6.2所示,该模型的操作界面为窗口模式,操作过程简单。

模型开发出来后,需要进行严格验证。验证过程的第一步是通过运行模型来调整已有的参数,使之与实测数据有较好的吻合,并将参数固定下来;第二步是利用另外一套实测数据对模型验证,验证时首先需要明确待验证参数,然后要收集大量的可用于模型验证的数据。Waring和Running(1998)列出过程模型应该验证的参数:叶面积指数、净初级生产力、树干生物量、叶凋落量、叶片氮含量、树高、胸径和蓄积量。而验证参数的数据来源包括温室或模拟实验数据、固定标准地数据、森林调查数据、通量数据、遥感数据、孢粉数据等。以加拿大安大

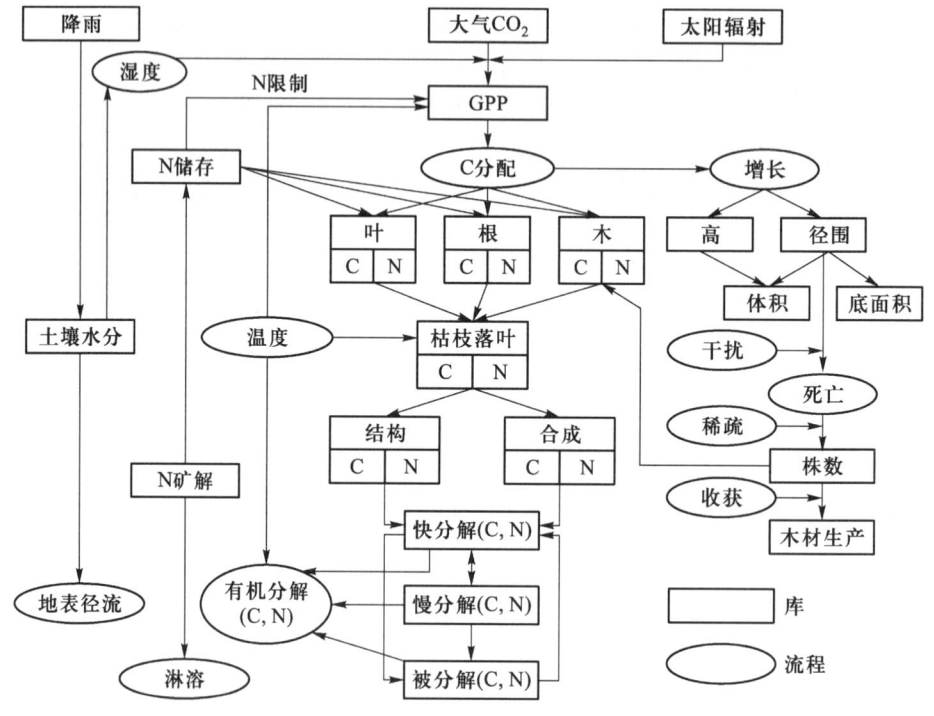

图 6.2　TRIPLEX1.0 模型的结构图

略省为实例研究地点,该地区有 12 块单块面积为 0.08 hm² 的永久标准地,森林类型为 Jack pine(*Pinus banksiana* Lamb.)。1952—1982 年,每 5 年进行一次森林清查,测定的内容包括:树高、胸径和密度。TRIPLEX Model 的校正和验证过程如下:首先利用 1952 年的数据对模型参数进行校正,然后利用另外 5 次实测的数据来验证模型。将模拟结果与实测值进行比较(图 6.3)。结果表明,除对材积的模拟值偏高外,其他三个指标拟合效果较好。

下一步是在景观尺度上模拟森林生长和碳动态——以 Lake Abitibi 示范林为例。在景观尺度上模拟需要大量的实测数据,包括森林清查资料、土壤理化性质资料和气候资料。我们对 49 块标准地上 3 个树种的森林清查数据和模拟数据进行对比,发现模型拟合效果很好。接下来,比较景观尺度上模拟结果和遥感观测结果发现,两者之间存在一定的差异。原因在于,扩大到景观尺度后,研究地的面积达到 130 万 hm²,导致空间异质性加大。我们用地统计学的方法检验模型模拟结果,得出卡帕统计法(Kappa Statistic)的 $K=0.55$,表明模拟结果较好($0.55<K<0.7$)。因此,我们可以利用该模型对森林的树高、胸径、生物量、生产力、土壤碳和土壤质地进行模拟。研究发现,树高高的区域胸径随之增大,而生物量大的地方生产力减小,土壤碳储量随土壤质地的空间异质性增大而发生显著改变。对该处森林的碳收支估算表明,该区域森林总固碳量为 3.0Mt C,

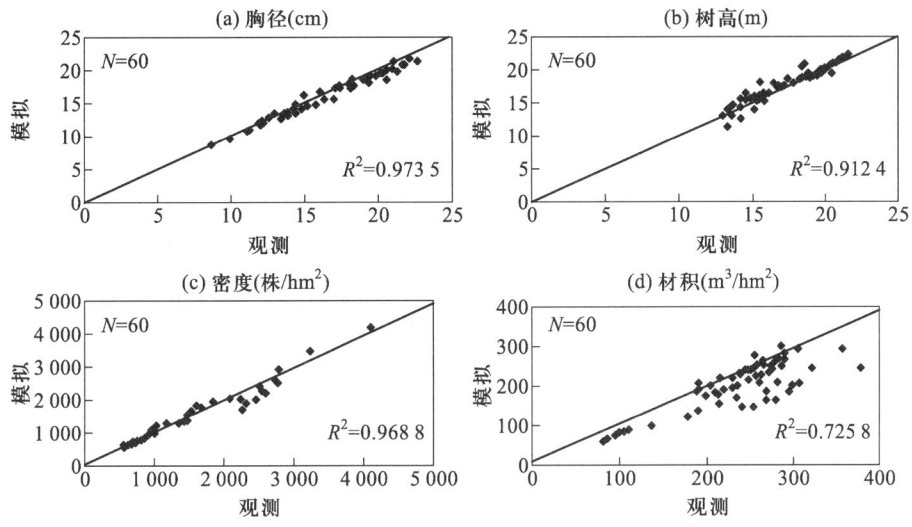

图 6.3 模拟结果与实测值的比较结果

凋落物和土壤释放 2.0 Mt C,森林采伐移走 0.1 Mt C,净固碳量约为 0.9 Mt C。

TRIPLEX Model 模型本身仍在不断完善和发展。例如 TRIPLEX Model 模型的子模型 TRIPLEX Model-flux,由最初的以月为时间步长的单叶模型发展到以日为时间步长的双叶模型。为了验证 TRIPLEX Model-flux 模型,我们在加拿大碳通量网上选择两个林型,分别为 110 年生的黑云杉林和 75 年生的混交林,用模型模拟的碳通量数据与两地实测数据进行比较,结果显示,无论在半小时尺度还是日时间尺度上,模型的总体拟合效果极好,但无法精确模拟出极端值。

事实上,模型模拟的结果与实测结果永远存在差异,差异大小取决于模型参数估计、计算机程序质量和实测值质量。因此,有必要采用模型与数据融合的方法,改进参数的估算,提高数据的精度。生态学研究充满不确定性,而模型的不确定性更大。Friedlingstein 等(2006)综合了 11 个模型对 1850—2100 年全球陆地碳储量动态变化的估测结果,发现不同模型对未来碳储量的估算差异显著,主要是由于模型本身的不确定性造成的。而模型的不确定性主要来自以下几个方面:基本模型结构、初始条件、模型参数、数据输入、对自然和人类干扰过程的解析、尺度转换问题和对生态系统过程认识的局限。其中模型参数的改进是经常遇到的问题。下面介绍如何改进模型参数。

通过模型-数据融合的方法改进参数估算。模型-数据融合的实现需要三个条件:首先,模型需要能够描述基本的物理、化学和生物学过程;其次,需要实验观测结果;最后,需要有最适的工具。传统的方法是获取数据,确定参数和驱动变量,利用相关软件运算后,得到一些输出变量。现在可以采用反向思维,也就是通过结果来估算参数。这就是模型-数据融合的方法。该方法的优点在于能够更好地估算参数。因为,有些参数无法获得或者即使可以获得也需要花费大量的人力物力。模型-数据融合方法的应用范围包括:① 模型估算,② 模型结构的验证,③ 不确定性分析,④ 取样策略的评估,⑤ 前景预测。

6.2.3 TRIPLEX Model-flux 模型模拟

下面介绍模型-数据融合方法的应用实例。我们的目标首先是用该方法估测一些参数;然后用通量塔的实测数据验证 TRIPLEX Model-flux 模型模拟的效果;最后对模型参数带来的不确定性进行评估。本研究组参加北美碳计划,从中挑选 7 个森林碳通量站台,TRIPLEX Model-flux 模型流程图如图 6.4 所示。

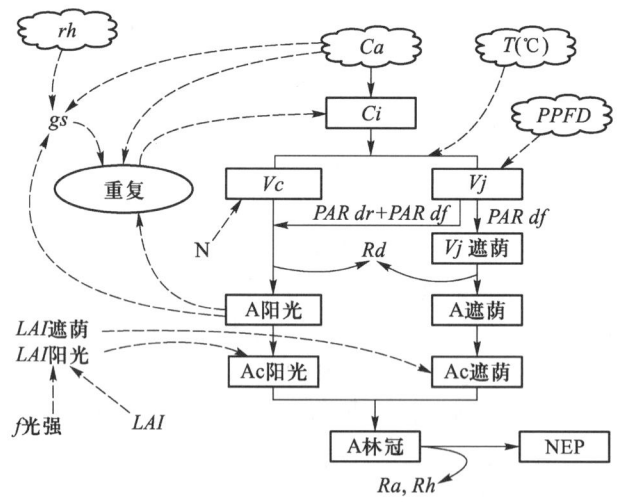

图 6.4　TRIPLEX Model-flux 模型流程图(Zhou et al.,2008)

模型-数据融合过程如下(图 6.5):

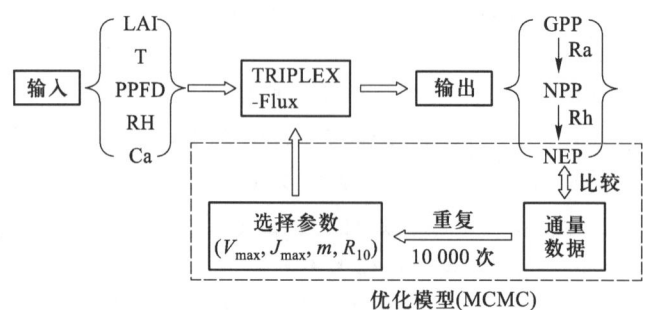

图 6.5　模型-数据融合过程

本研究选择 5 个输入参数,即叶面积指数、温度、胞间二氧化碳浓度、相对湿度和林分密度。基本思想是将 5 个参数输入模型,运行得到 GPP、NPP 和 NEP

的结果,之后将 NEP 的结果与通量塔的实测数据进行比较,两者之间必然存在差异。因此,我们选择 4 个敏感参数,采用迭代方法对模型的运算过程进行调整,直至模拟结果与实测结果达到理想的吻合。需要指出的是,模型的参数是动态的,不仅有季节变化而且还有林型的变化。迭代运算过程中所选择的 4 个敏感参数分别是:25℃时碳羧化率值、气孔导度系数、10℃时植物呼吸率和光饱和率。接下来对这 4 个敏感参数进行极大似然估计,分析结果显示,这 4 个敏感参数随季节和林型不同而发生变化。通过对这 4 个敏感参数的改进,将所得结果与改进前的结果和实测结果进行比较,发现参数改进后与实测结果吻合较好。由此,我们得到如下结论:参数优化可以显著提高 NEP 的估算精度,降低误差;4个参数的季节性变化表现为阔叶林大于针叶林;由于阔叶林 4 个参数对季节变化更为敏感,所以,我们认为气候变化对阔叶林碳平衡的影响大于针叶林。

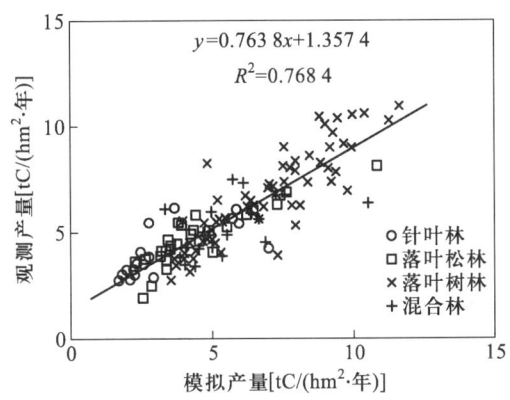

图 6.6 模拟的净初级生产力(NPP)与实测净初级生产力(NPP)的比较结果

陆地生态系统碳库不是恒定的,它会随环境条件的变化而发生变化。过去几年,我们已经对中国森林碳储量和中国陆地生态系统土壤碳储量进行估算。但是对未来碳储量的估算研究较少。因此,有必要采用模型模拟的方法研究中国东北森林生态系统碳平衡对未来气候变化的响应。本项目的主要目的:其一是利用国内大量的实测数据验证我们研究小组在加拿大开发的 TRIPLEX Model 的模拟效果;其二是模拟森林 NPP 和碳平衡。我们用模型模拟的 NPP 与中国东北 133 个实测 NPP 进行比较,得到较好的拟合结果(图 6.6)。然后,我们又对东北 4 个林型土壤碳库进行模拟,与实测结果基本一致。

我们依据 2005 年 IPCC 报告预测未来 100 年的 3 种情景模式:① A2 模式,即温度升高 4℃,二氧化碳浓度增加到 850×10^{-6};② A1 模式,即温度升高 3℃,二氧化碳浓度增加到 700×10^{-6};③ B1 模式,即温度升高 2℃,二氧化碳浓度增加到 550×10^{-6}。研究中,确定 NPP 的绝对值没有意义,因为当前的情况仍然不清楚。因此,我们选择相对变化即用百分比来表示。我们首先考虑温度和降水量的变化,而不考虑二氧化碳浓度的变化,发现 NPP 的变化缓慢;当考虑二氧化碳的施肥效应后,NPP 大幅增加,由此确定二氧化碳浓度升高对 NPP 的增加具有明显的促进作用。在只考虑气候变化的情况下,东北森林在 A1 和 B1 模式下均表现为碳汇,而在 A2 模式下为碳源;在既考虑气候变化又考虑二氧化碳施肥效应后,3 种情景模式下,东北森林均为碳汇。因为,二氧化碳浓度升高促进NPP,抵消土壤呼吸损失的碳。对模型模拟的时间动态结果进行分析表明,在只考虑气候变化的情况下,未来 100 年生物量呈上升趋势,土壤碳储量呈下降趋势;考虑到二氧化碳的施肥效应后,未来 100 年生物量呈快速上升趋势,土壤碳库表现为先下降后增加的趋势(图 6.7)。主要是由于植物生产力增加后产生大量凋落物补充到土壤碳库,进而抵消由温度升高而造成的大量的土壤碳损失。

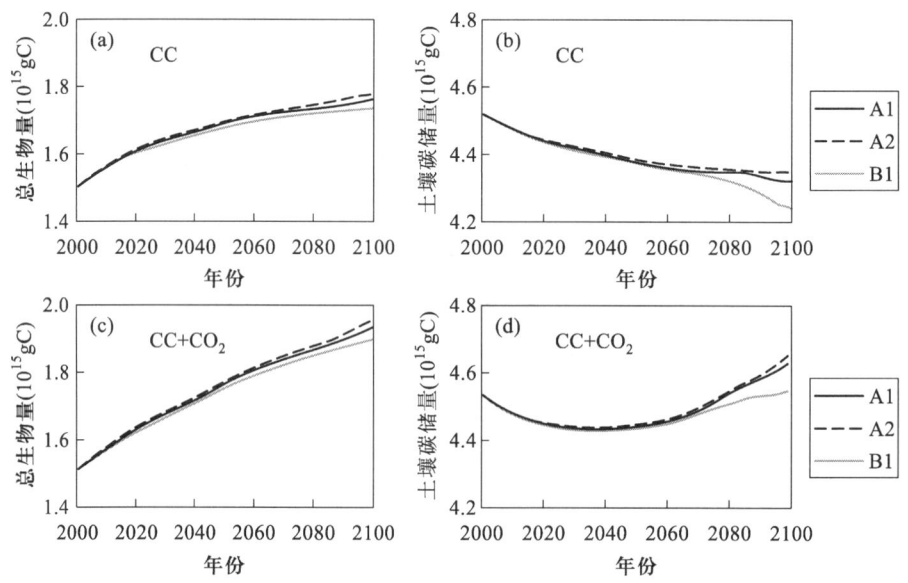

图 6.7　3 种不同气候情景模式(A1、A2、B1)下模拟的总生物量(Pg C=10^{15} g C)和土壤碳储量(Pg C)的时间动态

本项研究表明,TRIPLEX1.0 Model 模拟的森林生长、NPP、总生物量和土壤碳储量与中国东北地区实测的结果基本一致,证明该模型可以用于模拟区域尺度上北方和温带森林生长和碳动态。此外,分析结果还表明,中国东北地区森林生态系统对未来气候变化和二氧化碳浓度上升反应敏感。因此,预测未来全球变化对森林生态系统的影响需要各种因素,而不能用简单的回归模型来模拟。

6.3　生态学模型研究面临的机遇和挑战

最后部分介绍生态学模型研究面临的机遇和挑战。对生态系统理解的不确定性主要集中在以下几个方面:植物组织碳分配;养分反馈;生态系统水平上的二氧化碳施肥效应；自然和人为干扰模式变化；泥炭地和沼泽地的碳动态野外观测；其他温室气体（如 CH_4 和 N_2O）的测定和模拟。TRIPLEX 模型本身也需要进一步改进。首先，需要持续地验证模型对地下生物量和土壤碳、氮和水的模拟效果；其次，继续开发新的子模型（如 TRIPLEX-Fire，TRIPLEX-DOC，TRIPLEX-Management，TRIPLEX-Aquatic），目的是将生态系统的各种干扰（如火、采伐、虫害和病害）考虑进来，同时将土地利用和森林经营管理规划纳入模型当中；最后，开发 TRIPLEX-Aquatic 模型，把陆地生态系统和水体生态系统结合起来。目前，对生态系统碳收支的估算，最大的不确定性来自于对干扰和淋溶造成的碳转运的估算。在多数陆地生态系统模型中没有考虑可溶性有机碳（DOC）。Neff 和 Asner（2000）估计从生态系统凋落物层和有机质层淋溶出来的 DOC 为 $10\sim 85\ g\cdot m^{-2}\cdot 年^{-1}$。目前，我们开发相关模块，将 DOC 的模拟结合到模型中。火可对森林碳储量造成显著影响，加拿大北方森林平均每年因火灾而造成的碳释放量占全年 NPP 的 $10\%\sim 30\%$。我们目前正在开发 TRIPLEX-Fire Model 以评估火的影响。虫害的爆发也会导致大量的碳损失。Kurz 等（2008）发表在 *Nature* 上的文章表明，在最严重的年份，加拿大不列颠哥伦比亚省昆虫灾害大爆发造成的碳释放量相当于加拿大 1959—1999 年期间，年平均火灾导致的碳释放量的 75%，并与 20 世纪 80 年代和 90 年代因全球变化而造成的 NPP 增量相当。在景观尺度上模拟，不仅需要考虑森林，而且需要考虑湖泊。因此，在碳循环模型中需要将森林与湖泊耦合起来，研究两者之间能量交换和物质循环。这也正是本研究组当前开发的一个研究模型模块（TRIPLEX-Aquatic）。该模块主要模拟可溶性有机物（DOM）和可溶性无机碳（DIC）以及颗粒有机物（POM）的输入和输出。我们用该模块模拟加拿大魁北克北部一个面积为 $0.58 km^2$ 的湖泊，分水岭涵盖的面积为 $1.22 km^2$ 的碳通量和可溶性有机碳（DOC）值。我们的主要目的是分析 DOC 对湖泊碳通量会产生何种影响，结果显示，考虑 DOC 输入后，湖泊为碳源，不考虑 DOC 输入，则为碳汇。因此，当考虑湖泊生态系统碳通量时，需要将周围的森林生态系统对其影响纳入其中。推而广之，在更大尺度上模拟陆地碳平衡时，需要模拟其中各种生态系统类型。

最后，列出本人的科学研究心得，从事科学研究需要做到"5P"：① Purpose（明确目标）；② Passion（热情执著）；③ Principle（坚持原则）；④ Practice（敢于实践）；⑤ Partnership（忠于团队）。对于做模型研究的人而言，需要"To keep the model as simple as possible, as complex as necessary（模型应该是能简单则简单，绝不追求不必要的复杂性）"，"To see what everyone is seeing, but to think what nobody is thinking（留心观察，敢于思索）"。

■ 主要参考文献

Aber J D and Federer C A. 1992. A generalized, lumped-parameter model of photosynthesis, evapotranspiration and net primary production in temperate and boreal forest ecosystems. Oecologia, 92:463 - 474.

Bossel H. 1996. TREEDYN3 Forest Simulation Model. Ecol. Model., 90:187 - 227.

Botkin D B, Jamak J F, Wallis J R. 1972. Some ecological consequences of a computer model of forest growth. J. Ecol., 60:849 - 873

Farquhar G D, Caemmerer S. von and Berry J A. 1980. A biochemical model of phtosynthetic CO_2 assimilation in Leave of C3 Species. Planta, 149:78 - 90

Foley J A, Prentice I C, Ramankutty N, Levis S, Pollard D, Sitch S, Haxeltine A. 1996. An integrated biosphere model of land surface processes, terrestrial carbon balance, and vegetation dynamics. Global Biogeochem Cycles, 10:693 - 709.

Friedlingstein P, et al. 2006. Climate-carbon cycle feedback analysis: Results from the C4MIP model intercomparison. Journal of Climate, 19:3337 - 3353.

Haxeltine A, Prentice I C. 1996. BIOME3: An equilibrium terrestrial biosphere model based on ecophysiological constraints, resources availability, and competition among plant function types. Global Biogeochem Cycles, 10:693 - 709.

He H S, Mladenoff D J and Crow T R. 1999b. Linking an ecosystem model and a landscape model to study individual species response to climate change. Ecological Modelling, 112:213 - 233.

IPCC(Intergovernmental Panel on Climate Change. Climate Change). 2007. The Physical Science Basis: Fourth Assessment Report of the Intergovernmental Panel on Climate Change. Cambridge University Press.

Keane R E, Morgan P and Running S W. 1996. FIRE-BGC—A mechanistic ecological process model for simulating fire succession on coniferous forest landscapes of the Northern Rocky Mountains. USDA Forest Service Intermountain Research Station, Ogden, Utah.

Korol R L, Running S W and Milner K S. 1994. Incorporating intertree competition into an ecosystem model. Can. J. For. Res., 25:413 - 424.

Kurz W A, Dymond C C, Stinson G, Rampley G J, Neilson E T, Carroll A L, Ebata T and Safranyik L. 2008. Mountain pine beetle and forest carbon feedback to climate change. Nature, 452:987 - 990.

Landsberg J J and Waring R H. 1997. A generalised model of forest productivity using simplified concepts of radiation-use efficiency, carbon balance and partitioning. For. Ecol. Manag., 95:209 - 228.

Lieth H. 1975. In: Lieth H and Whittaker R H (eds.). Primary Productivity of Biosphere. New York: Springer-Verlag:237 - 263.

McMurtrie J, Rook D and Kelliher F. 1990. Modelling the yield of *pinus radiata* on a site limited by water and nitrogen. For. Ecol. Manage., 30:381 - 413.

Melillo J M. 1999. Warm,warm on the range. Science,283:183

Neff J C and Asner G P. 2000. Dissolved organic carbon in terrestrial ecosystems: Synthesis and a model. Ecosystems,4:29 – 48.

Pastor J,Post W M. 1986. Influence of climate,soil moisture,and succession on forest carbon and nitrogen cycles. Biogeochemistry,2:3 – 27.

Neilson R P. 1995. A model for predicting continental-scale vegetation distribution and water balance. Ecol. Appl.,5:362 – 385.

Parton W J,Schimel D S,Cole C V,Ojima D S. 1987. Analysis of factors controlling soil organic matter levels in Great Plains grasslands. Soil Sci. Soc. Am. J.,51:1173 – 1179.

Peng C H,Liu Jinxun,Dang Qinglai,Apps Michael J and Jiang Hong. 2002. TRIPLEX:A generic hybrid model for predicting forest growth and carbon and nitrogen dynamics. Ecological Modelling,153:109 – 130.

Running S W and Coughlan J C. 1988. A general model of forest ecosystem processes for regional applications,I. Hydrologic balance,canopy gas exchange and primary production processes. Ecol. Model.,42:125 – 154.

Rauscher H M,Isebrands J G,Host G E,Dickson R E,Dickmann D I,Crow T R,Michael D A. 1990. ECOPHYS:An ecophysiological growth process model for juvenile poplar. Tree Physiology,7:255 – 281.

Shugart H H,West D C. 1977. Development of an Appalachian deciduous forest succession model and its application to assessment of the impact of the chestnut blight. J. Environ. Manage.,5:161 – 179.

Smith T M and Urban D L. 1988. Scale and the resolution of forests structure pattern. Vegetatio,74:143 – 150.

Wang Y P and Jarvis P G. 1990. Description and validation of an array model—MAESTRO. Agric. For. Meteorol.,51 :257 – 280.

Waring R H and Running S W. 1998. Forest Ecosystems:Analysis at Multiple Scales. San Diego:Academic Press.

Weinstein D A and Yanai R D. 1994. Integrating the effects of simultaneous multiple stresses on plants using the simulation model TREGRO. J. Environ. Qual.,23:418 – 428.

Zhou X, Peng Changhui, Dang Qing-Lai, Sun Jianfeng, Wu Haibin, Hua Dong. 2008. Simulating carbon exchange in Canadian Boreal forests I. Model structure, validation, and sensitivity analysis. Ecological Modelling ,219 :287 – 299.

第 7 章

木本植物入侵对稀树草原的影响：土壤碳的空间分布、不确定度及采样策略

刘峰[①] 武昕原[②] 白娥[③] Thomas Boutton[②] Steven R. Archer[④]

[①] Department of Forest and Wildlife Ecology, University of Wisconsin-Madison, Madison WI 53706 USA

[②] Department of Ecosystem Science and Management, Texas A&M University, College Station, TX 77843 USA

[③] 中国科学院沈阳应用生态研究所，沈阳，110016，中国

[④] School of Natural Resource and the Environment, University of Arizona, Tucson, AZ 85721 USA

7.1 引言

木本植物对干旱半干旱地区草原和稀树草原的入侵是全球范围内普遍发生的现象(Archer, 1995; Van Auken, 2000; Briggs et al., 2005)，在北美洲南部、南美洲的阿根廷、非洲、澳大利亚等都有广泛的报道(Knapp et al., 2008; Ghersa et al., 2002; Schlesinger et al., 1990; Smith et al., 1987; Robinson et al., 2008)。在我国的内蒙古地区，由于放牧压力的增大，也出现了旱生灌木小叶锦鸡儿(*Caragana microphylia*)在典型草原上分布的增加(Li et al., 1988)。研究表明，木本植物入侵对景观中的空间格局、物种组成及元素循环等都有显著的影响(Knapp et al., 2008; Schlesinger et al., 1996; Boutton et al., 1998; Archer, 2009)。由于草原和稀树草原覆盖了地球表面陆地面积的大约40%，占陆地生态系统净初级生产力的30%~35%(Field et al., 1998)，所以木本植物对这些地区的入侵会对区域性甚至全球性的生物地球化学循环具有重要的影响(Houghton et al., 1999; Asner et al., 2004)。而在全球变化的研究如火如荼的今天，研究木本植物入侵对生态系统碳预算及动态的影响就尤为重要(Liu et al., 2010)。

在美国大平原南部,得克萨斯州南部的 Rio Grande 河谷,原本由 C4 草本植物完全覆盖的草原,近年来由于 C3 木本植物的入侵,其木本植物群落的盖度显著增加(Archer,1995;Van Auken,2000)。基于航拍图、树木年轮、植物群落调查及土壤有机碳稳定同位素比率($\delta^{13}C$,‰)的研究都表明,在过去的几十年到一百年左右的时间内,该地区木本植物的覆盖率增加了大约 50%～150%(Archer,1990;Flinn et al.,1994;Boutton et al.,1998)。木本植物入侵的过程是从固氮植物甜牧豆树(*Prosopis glandulosa*)在草原上的定居开始的。甜牧豆树的定居改变了它周围的小气候及土壤状况,从而促使其他林下灌木在其树冠下的定居(Archer et al.,1988),这就形成了包含多个木本植物树种的灌丛(cluster)。随着灌丛的成长与扩展,它们在合适的土壤条件下会聚合成面积大于 100 m² 的林丛(grove,Stokes,1999;Bai et al.,2010)。

土壤特性和地形对木本植物群落在景观尺度的分布和扩展有强烈的影响(Archer,1995,图 7.1)。正如图 7.1(b)所示,高地(upland)是由大小不一的木本植物斑块和开阔草地(grassland)组成,而低地(lowland)则是被树木完全覆盖的林地(woodland)。尽管我们对木本植物群落增长的范围有了比较准确的了解,但是对其增长的速率、方式和格局都缺乏深入的了解。历史照片的研究表明,木本植物群落在景观中不同斜坡上的动态大为不同。有些地点的盖度在过去 50 年间增加了 >100%,而在另外有些地点木本植物群落和草地间的边界则维持相对不变。我们把这两种边界分别叫做动态边界(dynamic boundary)和稳定边界(static boundary)。植物入侵的常见原因如气候变化、大气中 CO_2 浓度的变化、干扰机制的变化(主要是放牧和对火的压制)及氮沉降等都不能解释这些相邻地点在木本植物群落动态上的明显不同(Van Auken,2009)。此外,这些地点在管理措施和土壤物理化学特性上也没有明显不同(Stroh,1995;Stokes,1999)。鉴于干旱地区植被变化与地面径流之间的强烈关联性(Tongway et al.,2001;Wilcox et al.,2003),我们假设这些木本植物群落的分布及其在动态受地形变化及与之相关的地表径流的影响,那么这些群落在相邻地点的不同动态就反映了这些地点的不同生态水文特征。为了验证我们的假设及理解控制植被动态的环境因子,我们利用地形湿度指数(topographic wetness index)来量化景观中不同地点的生态水文特征,从而分析它与植被动态的关系。湿度指数的大小是由坡度和上游集水区的大小决定的,它代表了一个地点潜在的土壤相对湿度(Beven and Kirkby,1979;O'Loughlin,1981),它的值随集水区的增大而变大,随坡度变大而变小。

木本植物对干旱半干旱草原及稀树草原的入侵会导致土壤有机碳(土壤碳,下同)、氮的含量及其空间异质性发生明显的变化(Burke,1989;Jackson and Caldwell,1993;Schlesinger et al.,1996;Boutton et al.,1998)。由于这些入侵的广泛性及土壤碳在全球碳循环中的重要作用,准确评估入侵对土壤碳含量和动

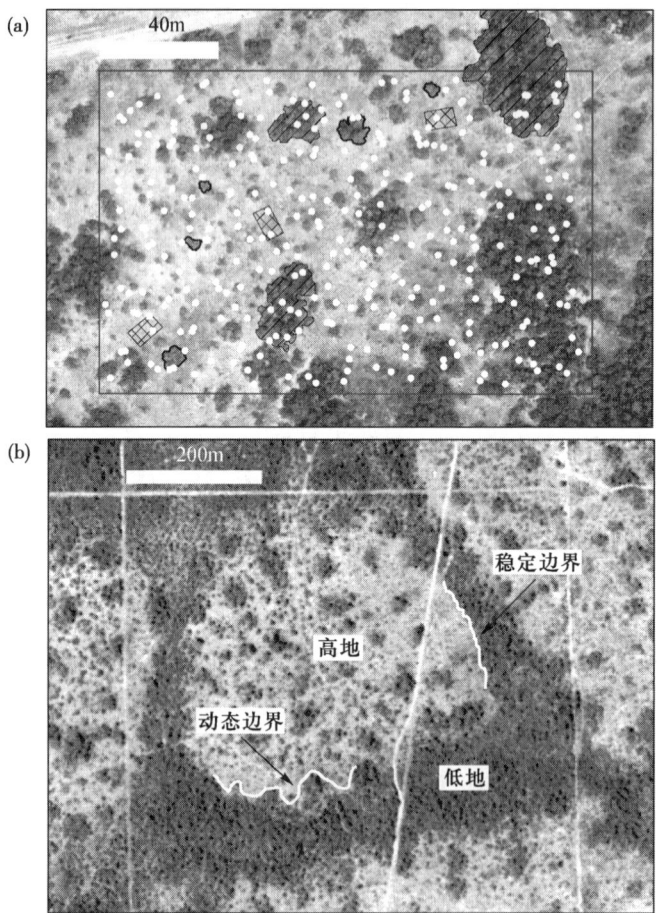

图7.1 研究样地的航拍图。(a)高地样地(160m×100 m)的红外航拍图。白点代表随机取样点,标记的小样地分别是3个林丛、5个灌丛和3个草地样方。(b)稀树草原景观的 NAPP(National Aerial Photography Program,美国国家航空摄影计划)航拍图。图中标示出了有大小不等斑块的高地和由封闭树冠覆盖的低地林地及林地的不同动态的边界

态在不同空间尺度上的影响就显得尤为迫切。许多研究发现,木本植物的入侵会导致土壤碳的增加(Schlesinger et al.,1996;Asner et al.,2003;McCulley et al.,2004),而另外有些研究却发现,土壤碳没有明显变化或降低了(Gill and Burke,1999;Jackson et al.,2002)。要确定这些研究结果的不一致是真实存在的还是由于估计误差导致的,就需要我们准确理解木本植物入侵如何影响土壤碳的空间分布,从而如何影响对碳含量的估计。此外,要准确评估木本植物入侵对大空间尺度上碳循环的影响,需要我们能够在这些复杂景观中具备准确测定

土壤有机碳含量的能力,还需要能够把在小空间尺度上得到的结果进行尺度推绎(scaling)到大的空间尺度上。

对土壤碳的准确估计有赖于对其空间分布格局和变化幅度(variability)的掌握程度(Conant and Paustian,2002;Legendre et al.,2004)。在大的空间尺度上直接进行大规模的土壤采样来估计碳含量既耗费时间又花费巨大,因而不可行。所以对土壤碳变化幅度及其不确定度(uncertainty)的深刻理解有助于优化采样方式,进而能在相对准确的估计碳含量的同时尽可能地降低花费。对木本植物入侵后土壤碳的空间异质性进行定量研究的例子已经有很多了(Jackson and Caldwell,1993;Schlesinger et al.,1996;Bekele and Hudnall,2006;Throop and Archer,2008),但是还没有研究土壤碳的变化幅度及不确定度如何影响其含量估计的先例。在本研究中,我们首先利用土壤有机碳稳定性同位素比率(δ^{13}C)来分析土壤碳在木本植物群落中的空间分布格局,然后估测土壤碳的空间变化幅度及不确定度,在此基础上进一步评估不同采样方式在估计土壤碳含量上的准确程度,进而对优化采样策略提出一些建议。土壤碳的δ^{13}C经常被用来研究植被变化,特别是涉及C3、C4植物转换的植被变化。C3植物的δ^{13}C值大约是$-27‰$,而C4植物(一般都是草本植物)的δ^{13}C值大约是$-13‰$(Boutton et al.,1998)。在过去大约100年的时间内,我们的研究地点经历了从完全的C4草原到C3木本植物群落和C4草地镶嵌的过程。所以土壤碳δ^{13}C值不但能够提供从C4到C3转变的直接证据,还能够用来估计土壤碳中入侵的木本植物贡献比率是多少(Boutton et al.,1999)。在本研究中,我们通过测定木本植物群落内部δ^{13}C值的空间分布来推断土壤有机碳的空间格局及木本植物在其中的贡献比例。

本研究的目的在于探讨稀树草原中木本植物入侵的动态、空间格局及其对土壤碳含量和异质性的影响,进而探索有效的采样方式和策略。具体来说,我们试图:① 探讨入侵的木本植物群落动态与地表水文特征之间的关系;② 调查入侵的木本植物群落内土壤有机碳的空间分布格局;③ 评估土壤有机碳在木本植物入侵景观中的不确定度及其对碳含量测定的影响,并探讨如何优化采样方式和策略来提高土壤碳含量估计的准确度;④ 估量稀树草原景观中土壤有机碳的空间尺度及其与入侵植被的关系。

7.2 数据和方法

7.2.1 研究地点概况

研究地点位于美国得克萨斯州南部的 La Copita 研究站,在 Corpus Christi 以西大约 65 km,海拔为 75~90 m。当地属于亚热带气候,冬季温暖湿润,夏季炎热干旱。年平均降水量约为680mm,5月和9月是每年的降雨高峰期。年平均气温22.4℃。该地区从19世纪以来,就有连续的放牧经营活动。在20世纪80年代早期转变为研究站后,仅有少量渐进放牧经营活动(progressive grazing)。

研究区的景观由高地(upland)和低地(lowland)组成,从高地到低地是大约小于3%的缓坡。在有些低地的底部,还有偶尔能被雨水淹没的盆地(playa)。高地主要是沙质土壤(按美国的土壤分类系统属于 Typic and Pachic Argiustolls),而低地和盆地主要是黏质土壤(按美国的土壤分类系统属于 Pachic Argiustolls)。高地的植被由不同大小的木本植物群落斑块分布在开阔的C4草地当中(图7.1)。木本植物群落包括灌丛(一般小于100 m^2)和林丛(一般大于100 m^2)。灌丛通常在中间有一棵甜牧豆树,周围由多种下层灌木环绕。林丛多由灌丛向四周扩张及合并而成(Archer,1995;Bai et al.,2009),所以林丛通常有多株甜牧豆树。不同于灌丛可以在不同的土壤条件下存在,林丛只存在于土壤中黏化层(argillic horizon,土壤下层中黏土聚集的一层)缺失的地点(Archer 1995)。林丛与灌丛的下层灌木种类非常相似,常见种包括:*Zanthoxylum fagara*(花椒属)、*Celtis pallid*(朴属)、*Condalia hookeri*(鼠李科一属)、*Diospyros texana*(柿树属)和 *Ziziphus obtusifolia*(枣属)等。低地植被是由连续覆盖的木本植物组成的林地(woodland)。低地林地和高地灌丛及林丛的物种组成也很相似,甜牧豆树同样是优势种。椭圆形的盆地占据稀树草原景观中地形最低的部分,有时会被雨水淹没一段时间。随盆地位置的不同,其植被可以是从相对开放的草地到完全封闭的林地之间的任何类型。

7.2.2 数据采集与实验室分析

2002年1月,我们在高地设立了一个160 m×100 m的大样地,样地又划分为10 m×10 m的方格。每个方格角点的地理位置用GPS(Trimble Pathfinder Pro XPS)进行准确测量并用钢筋条和PVC塑料管做标记。在每一个小方格内,随机选取两个点做土壤取样点(图7.1a)。测量取样点与方格角点的距离以便计算取样点的准确位置。同时记录取样点的植被覆盖情况,分别记录为草地、灌丛或林丛。

除随机样点外,我们还在高地生境中选取了3个林丛、5个灌丛和3块草地样方。三个林丛的大小及位置代表了面积的从大到小和地形的从高到低。每一个林丛又被分成5 m×5 m的小方格,小方格角点的位置同样用GPS测量和标记。在每个小方格中随机选取2个点作为土壤取样点。在每个林丛中还设立3条大致从中心到边缘的树与树之间的样线。同时把样线中的下列位置作为土壤取样点:① 样线经过的树的树干处,② 每棵树从树干到树冠边缘的中心点,③ 每个树冠的边缘。土壤取样点的地理位置通过测量它们与已知位置的方格角点的距离决定。3 个林丛分别设立了 67、37 和 24 个土壤取样点。在 5 个灌丛中的每一个都设立 3 条从灌丛中心到灌丛边缘的呈放射状的样线。样线间角度大致平均分布,约 120°左右。每条样线在下列相对位置处设立土壤取样点:① 灌丛的近似中心,② 从中心到边缘距离的 1/3,③ 从中心到边缘的 2/3,④ 边缘内 15 cm,⑤ 边缘外 15 cm,⑥ 边缘外相当于灌丛中心到边缘距离的 1/3 处,⑦ 边缘外相当于灌丛中心到边缘距离的 2/3 处。除样线上的取样点外,在每个灌丛内还随机选取了 3 到 4 个土壤取样点,也就是说,每个灌丛有大约 25 个土壤取样点。每个灌丛中设立 5 个地理位置参考点,利用 GPS 确定它们的精确位置,然后通过测量土壤取样点和位置参考点间的距离就可以计算出土壤取样点的精确位置。此外,我们还设立了 3 个 6 m×10 m 的草地样方。每个样方又划分为 2 m×2 m 的小方格。每个方格内随机选取 4 个点作为土壤取样点。土壤点的准确位置也通过类似于大样地内的方式确定。

此外,2004 年我们在研究地点的另外一个区域从高地最高点顺斜坡延伸到低地盆地设立了一条长 309 m 的样线(图 7.2)。我们设立样线的目的是,使它能更好地代表植被和土壤随地形梯度的变化,从而能估量植被和土壤的空间尺度。在样线上每隔 1 米设定土壤取样点,样线的准确位置由 GPS 随样线每隔 5 米测定。样线穿过稀树草原景观中所有的 5 种群落类型:C4 草地、灌丛、林丛、低地林地和盆地。每个群落类型中土壤取样点的数量如下:草地 66 个,灌丛 18 个,林丛 59 个,林地 125 个,盆地 41 个。此外,我们还在每个取样点收集了土壤表面的凋落物,同时收割禾草和杂草,分离后分别称干重获得它们的生物量。除此之外,我们还测量了在样线两侧各 2 m 之内的灌木基径(basal diameter)和 6 m 之内的乔木基径(基径>5 cm 的木本植物都看做是乔木)。

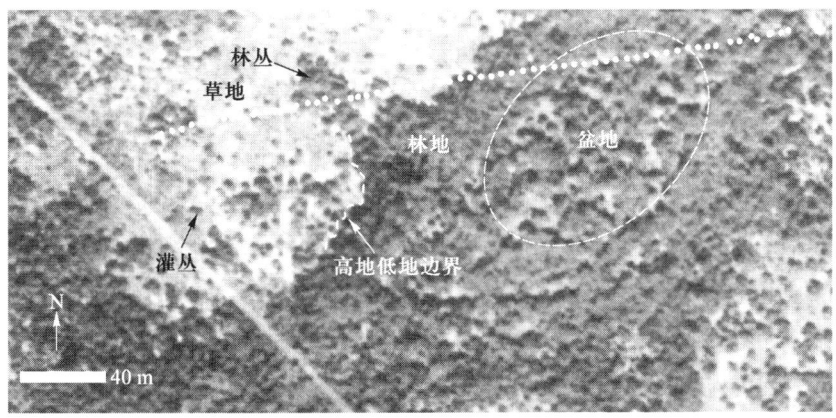

图 7.2　稀树草原景观的航拍图标示随斜坡设立的样线(改编自 Liu et al.,2010)

在每个土壤取样点用直径 2.24 cm 的土壤采样器采取 3 个土壤样本(0~15 cm)。3 个土壤样本分别用来测定:① 土壤容重和土壤质地(土壤颗粒机械组成),② 土壤有机碳、总氮和碳稳定同位素比率($\delta^{13}C$),③ 土壤中根的生物量。测定碳和氮的土壤样品置于恒温干燥箱中烘干(温度保持在 60 ℃,连续烘 48 h),经过 2 mm 目筛,然后粉碎研磨后制成备用样品。利用盐酸蒸气(HCl)去除碳酸盐后并烘干。样品经元素分析仪(Carlo Erba EA – 1108,CE Elantech)和稳定同位素比率质谱仪(Delta Plus,Thermo Finnigan)联动来测定有机碳、总氮和 $\delta^{13}C$。我们将测量得到的土壤碳、氮的百分比结合土壤容重转换成密度($g \cdot m^{-2}$, 0~15 cm)来代表土壤的碳含量。土壤质地通过吸管法测定。将土壤样品用水气联合系统冲洗后(410 μm 的滤网),将根收集,然后置于恒温干燥箱中烘干至少 72h(60℃),称重后得到总干物质重,再将其干烧成灰,然后,将总干物质重减去燃烧后剩下灰的重量,即得到根的净生物量。

1995 年 NAPP 黑白航空照片(比例尺 1∶40000)和 2003 年彩色红外航空照片(0.25 m 分辨率)被用来进行植被的分类和定量分析。1995 年的照片用来进行地形湿度指数的研究,2005 年的照片用来进行土壤碳估计的不确定度分析。照片经过校正处理后,在 ERDAS 中进行无监督分类(unsupervised classification)。高地植被最终被分成 3 类:草地、灌丛($<100\ m^2$)和林丛($>100\ m^2$)。1995 年照片的分类又被聚合成 4 m^2 的分辨率来和湿度指数的分辨率匹配。

7.2.3 数据分析

所有的常规数据分析在 SPSS(Version 12.0)中完成。单因素方差分析(one-way ANOVA)及事后比较(post hoc comparison)被用来比较土壤中有机碳在不同群落类型中的含量(利用 309 m 样线数据)。为了去除空间自相关(spatial autocorrelation)的影响,我们在 SAS 中建立了一个广义混合模型(generalized mixed model)来运行方差分析及比较,模型中包含了一个空间协方差的部分来去除空间自相关的影响。事后比较采用 Tukey 方法来纠正。土壤碳和环境及植被变量之间的线性相关系数(Pearson 相关系数)及空间相关系数(Mantel 检验)通过免费软件包 PASSaGE 来计算(Rosenberg,2001)。此外,我们还利用样方方差分析(quadrat variance methods)的方法来估量植被和土壤变量的空间尺度。样方方差分析计算聚块之间的方差,该方差随聚块大小的变化就可以被用来估量变量的空间尺度。一般情况下,方差峰值时的聚块大小就可以看做是该变量的空间尺度。有关样方方差分析的详细解释可参见 Dale (1999)。在本研究中,我们采用三项局部样方分析(3TLQV,three term local quadrat variance)来估量土壤和植被变量的空间尺度。

为了测定高地景观中土壤有机碳估计中的不确定度,我们采用了地统计学的统计方法和条件随机模拟(conditional stochastic simulation)的方法。高地样地中的320个随机样点被用来作为原始数据来测定土壤碳估计中的不确定度。顺序指示模拟(sequential indicator simulation,SIS)是条件随机模拟的一种,它的优点是不对随机变量的分布函数做任何参数估计,而是采用分段的指示变量来模拟随机变量的分布函数。关于一般地统计学方法和条件随机模拟的更多信息可以参见 Isaaks 和 Srivastava(1989)及 Rossi 等(1993)。我们利用 GSLIB(Deutsch and Journel,1998)软件包在 1 m×1 m 像元的分辨率上来运行 SIS,产生了 500 个可相互代替的、等价的模拟结果。每个模拟结果有着和原始数据相同的汇总数据和空间结构。也就是说,在每一个像元上就会有 500 个土壤碳的模拟数据,这些模拟数据的标准差就代表了在该像元上土壤碳估计的不确定度。我们对土壤碳的采样数据采用了 11 个截止值来构建指示变量,指示变量的协方差图(variogram)以及方差模型的拟合都在 VARIOWIN(Pannatier,1996)软件中完成。将土壤碳的不确定度和植被分类图叠加就可以得到不同植被群落类型中不确定度的频度分布。

根据土壤碳不确定度的分布及其与木本植物群落的关系,我们进一步以高地大样地为例,实验了不同的采样方法在估计土壤碳含量上的准确程度。在高地样地中,各个不同群落类型小样地的采样密度是非常大的(包括 3 个林丛、5 个灌丛和 3 个草地小样地),它们分别达到了:林丛约 800 株/hm^2,灌丛约 500 株/hm^2,草地约 1 000 株/hm^2。对这些小样地中土壤碳进行克瑞金插值(Kriging)可以产生与实际值非常相近的土壤碳含量。也就是说,可以把这些克瑞金插值的结果作为检验我们采样方法估计碳含量准确度的参考数据。我们分别对 3 种群落类型进行随机取样来估计土壤碳含量,结果与参考数据对比后得到的误差就可以从另一个方面来估量每一类型中土壤碳的不确定度有多大。此外,为了探讨各种不同采样方式在景观水平上估计土壤碳含量的有效性,我们还把克瑞金插值后的这些群落类型根据各类型在大样地中的实际比例扩展到 160 m×100 m,然后对其进行采样实验。我们实验了 3 种不同的采样方法:① 完全随机取样,② 在草地、灌丛和林丛中进行相同密度的分层随机取样,③ 在草地、灌丛和林丛中进行不同密度的分层随机取样,灌丛、林丛中的密度是草地采样密度的两倍。不同方法获得的碳含量数据和参考数据进行对比后的误差大小就可以用来评估这几种采样方法的有效程度,同样也利于对优化采样策略的思考。

7.3 结果

7.3.1 不同群落类型中土壤碳的含量

样线所经过的不同的植被类型中土壤有机碳的含量是不同的(图 7.3)。低地林地和盆地中碳含量最高,林丛和灌丛次之,草地中的碳含量最低。木本植物群落(灌丛、林丛、林地、盆地)中土壤碳的标准差也比草地中的要大。土壤有机碳的 $\delta^{13}C$ 值越小,就代表其从 C3 植物中来源的碳的比例越高。灌丛、林丛和林地中土壤碳的 $\delta^{13}C$ 值显著小于草地和盆地,而草地和盆地则没有明显的差别,尽管盆地中也有木本植物的存在。

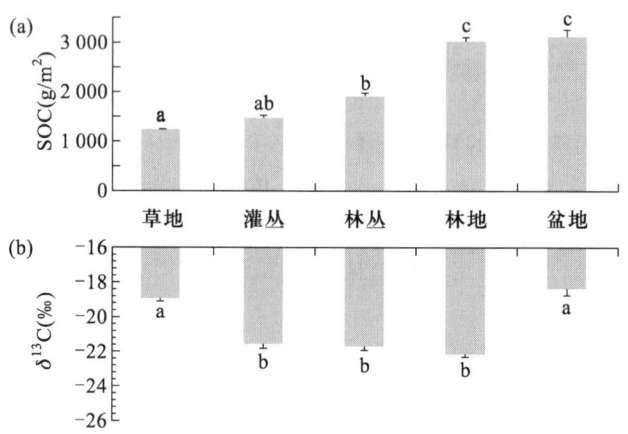

图 7.3　不同群落类型中土壤有机碳(SOC)及其 $\delta^{13}C$ 值的比较。(a) 土壤有机碳在不同群落中均值的比较。(b) 土壤碳 $\delta^{13}C$ 平均值在不同群落中的比较。不同字母代表均值之间具有显著区别

7.3.2　地形湿度指数与植被动态

我们利用地形坡度和集水区面积大小计算得到的湿度指数来观察它们和植被动态的关系。通过比较不同植被类型和地点湿度指数的频度分布,可以评估它们之间在地表水文特征上的不同。结果表明,高地和低地的湿度指数频度分布是不同的,但是其总的趋势是呈现正态分布,即越湿和越干呈现的频率越低(图 7.4)。

高地中不同群落类型中的湿度指数的平均值非常相近(8.19、8.18 和 8.24),其频度分布之间也没有明显的差别[图 7.4(a)]。高地和低地间的湿度指数均值(平均值分别为 8.20 和 9.24)及其频度分布都有明显的不同[图 7.4(b)]。在系列历史航空照片上可以很直观地看到木本植物群落与草地之间的边界变化情况(Stroh,1995),动态边界和稳定边界经常相邻很近,且有非常相似的土壤条件。但它们的湿度指数有明显的差别,动态边界的湿度指数明显大于稳定边界[图 7.4(c)]。

7.3.3　木本植物群落内部土壤碳的空间格局

土壤碳在景观尺度上变化很明显,其在木本植物斑块中的含量明显高于

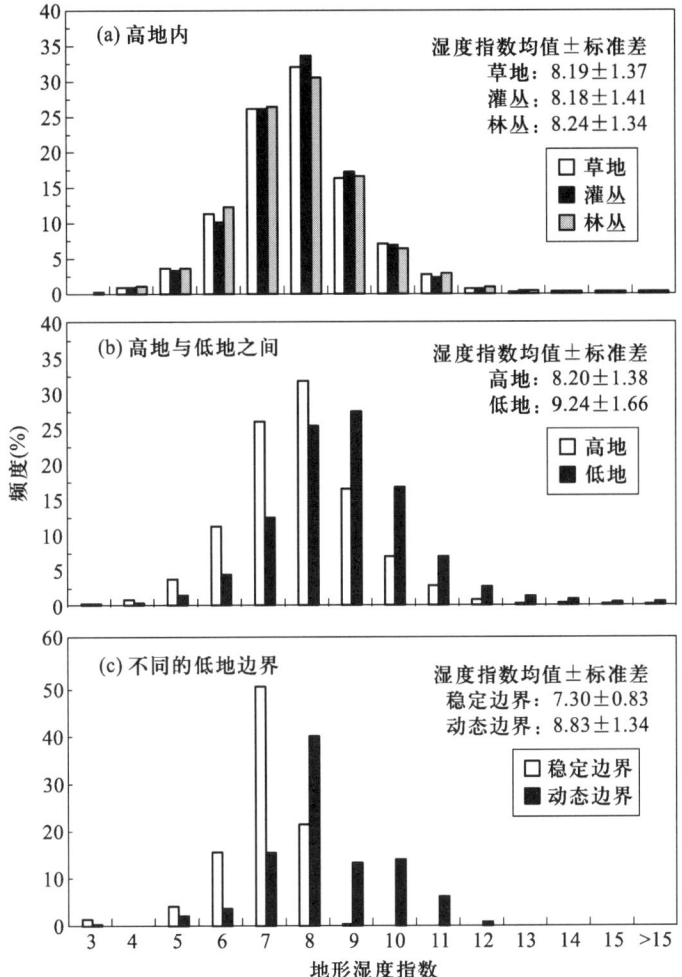

图 7.4 地形湿度指数的频度分布在不同地点之间的比较。(a) 高地内不同群落类型之间；(b) 高地与低地之间；(c) 不同类型的低地边界之间（改编自 Wu and Archer，2005）

在草地中的含量。而在灌丛内，土壤碳的 $\delta^{13}C$ 值在灌丛中心最低，并且沿着中心到树冠边缘的梯度增加[图 7.5(a)]。灌丛内部的 $\delta^{13}C$ 值明显低于灌丛边缘及其外部的草地，而灌丛边缘和外部草地的 $\delta^{13}C$ 值没有明显的区别，并且和草地 $\delta^{13}C$ 的平均值非常接近。与灌丛相类似，在林丛内部，土壤碳的 $\delta^{13}C$ 值也随其在甜牧豆树树冠中的相对位置发生变化。在树干根部的 $\delta^{13}C$ 值最小，但和树冠中部没有明显差别，它们都明显小于树冠边缘及草地中的 $\delta^{13}C$ 值[图 7.5(b)]。

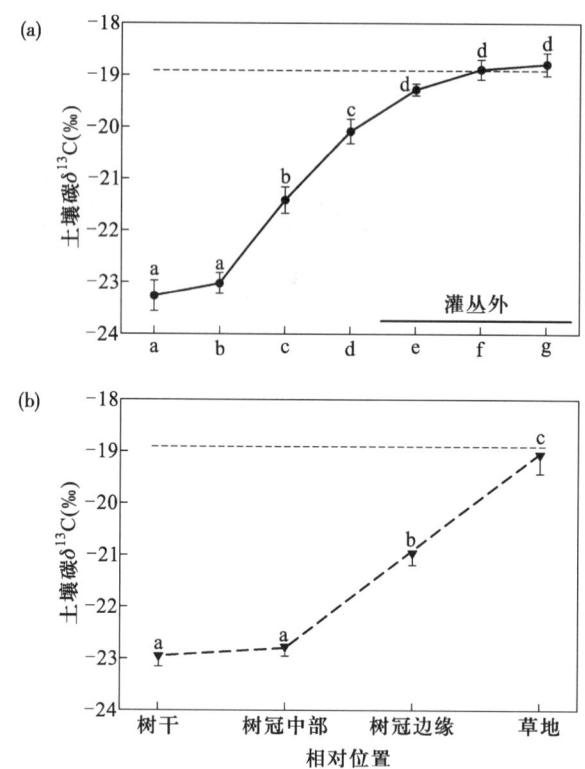

图 7.5 土壤碳的 $\delta^{13}C$ 平均值在灌丛和林丛中样线不同位置的比较。(a) 灌丛中 $\delta^{13}C$ 均值随样线相对位置的变化。横轴的 a—g 代表了采样点在样线上的相对位置,从灌丛的中心到外部的草地。(b) 林丛中土壤碳的 $\delta^{13}C$ 均值随树干相对位置的变化。水平虚线代表了草地的 $\delta^{13}C$ 均值。图中的不同字母代表均值之间的显著区别(改编自 Bai et al., 2010)

7.3.4 土壤有机碳与其他变量的关系

土壤有机碳与土壤和植物变量具有不同强度的线性相关及空间相关(表 7.1)。在所研究的变量中,根生物量和凋落物与土壤碳的线性相关程度最强。Mantel 检验的结果也表明它们与土壤碳具有较强的空间相关。杂草、禾草生物量和灌木基茎面积与土壤碳时间没有显著相关。但是,乔木的基茎面积和土壤碳有显著的线性和空间相关。土壤容重和土壤碳有显著的线性和空间相关,但其线性相关为负相关。对这些土壤和植物变量的样方方差分析表明,它们都有明显的空间尺度(图 7.6)。土壤碳有一个大约 45 m 的非常明显的尺度(样方方差分析的峰值表明了变量的空间尺度)。与此相类似,根生物量、凋落物、及灌木和乔木的基径面积也有一个大约在 45 m 的空间尺度。除此之外,土壤碳及根生物量还有一个小的约 10 m 的空间尺度。灌木基径面积的小的空间尺度大约是 5 m。

表 7.1 土壤有机碳和土壤及植物变量之间的线性相关和空间相关系数
（改编自 Liu et al.,2010）

	与土壤碳的相关系数	
	Pearson's r	Mantel's r
根生物量($g \cdot m^{-2}$)	0.51**	0.33**
凋落物($g \cdot m^{-2}$)	0.54**	0.31**
杂草生物量($g \cdot m^{-2}$)	−0.36	0.01
禾草生物量($g \cdot m^{-2}$)	−0.08	−0.05
灌木基茎面积($cm^2 \cdot m^{-2}$)	0.29**	0.19
乔木基茎面积($cm^2 \cdot m^{-2}$)	0.47*	0.23**
土壤容重($g \cdot cm^{-3}$)	−0.48**	0.23**

* $p<0.05$，** $p<0.01$。

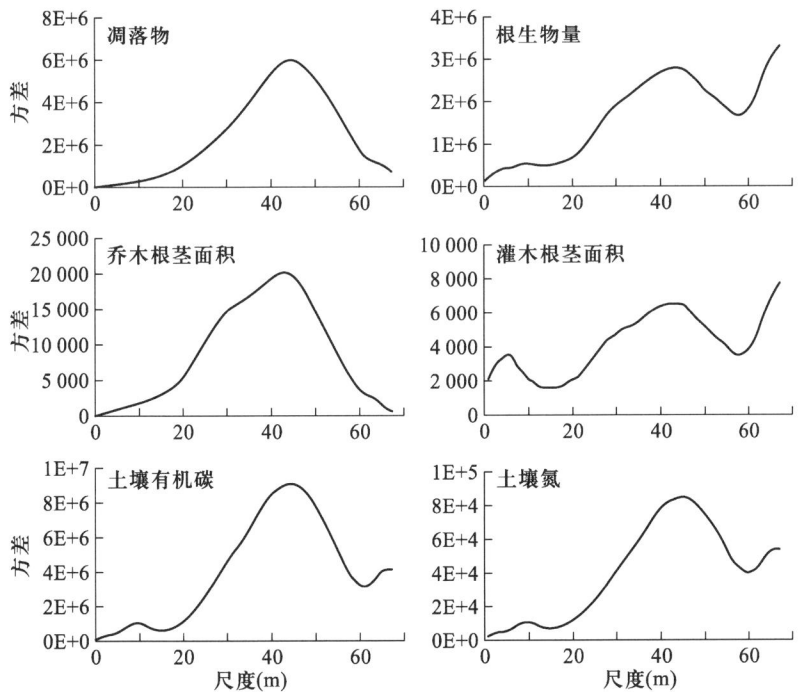

图 7.6 土壤和植物变量的三项局部样方分析结果（three term local quadrat variance）。方差的峰值就表明了变量的空间尺度（改编自 Liu et al.,2010）

7.3.5 土壤碳的不确定度和采样策略

为了估测一个景观或者地区的土壤碳储量,我们不仅需要知道其变化幅度,也要知道在估计土壤碳时的不确定度。所以理解土壤碳估计时的不确定度及与入侵木本植物的关系会有助于设计更加有效的采样方式。500 次 SIS 模拟结果在每个点上的平均值就可以看做是对该点土壤碳估计的均值,而 500 个模拟结果的标准差就代表了在那个点上土壤碳不确定度的大小。图 7.7 描绘了高地的不同群落类型中有机碳均值及其不确定度的频度分布。草地和灌丛中土壤碳含量比林丛中的要低,并且其分布相对集中与 $1\,200 \sim 1\,400\ g \cdot m^{-2}$ 之间,而林丛中土壤碳的含量分布范围相对要广得多[图 7.7(a)]。基于 SIS 模拟的结果,草地和灌丛的土壤碳的不确定度非常相似,只是灌丛中土壤碳在约 $250\ g \cdot m^{-2}$ 标准差的附近区域比草地的频度要高。林丛中土壤碳的不确定度要明显高于草地和灌丛,而且其不确定度在空间上不同地点的变化幅度也比草地和灌丛要高[图 7.7(b)]。

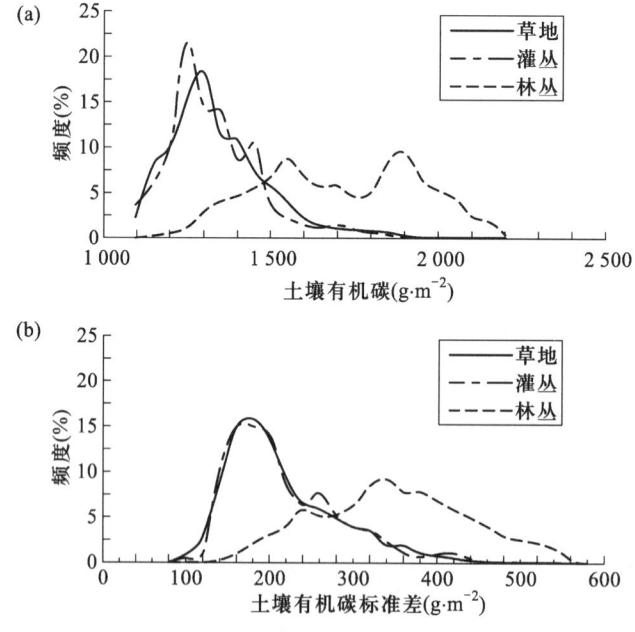

图 7.7 高地中不同群落类型间 SIS 模拟结果的土壤有机碳均值(a)及不确定度的频度分布(b)(改编自 Liu et al.,2011)

随机取样在 3 种不同的群落类型中估计土壤碳的误差随采样密度增大而降低[图 7.8(a)],但在任一采样密度下,估计误差按从大到小的排列总是:灌丛>林丛>草地。草地和林丛中土壤碳估计的误差在密度达到约 50 株/hm^2 时出现拐点(约 4%误差),而灌丛中土壤碳的估计误差则随采样密度的增大而一直降低,没有明显的拐点出现。

对比不同采样方式在估计假定景观中土壤碳含量的误差发现,完全随机采样的误差最大,等密度分层随机采样的误差较小,而不等密度(木本植物群落中密度是草地的两倍)的分层随机采样误差最小[图7.8(b)]。在任一密度下,其误差按从大到小的排列如下:随机采样＞等密度分层随机采样＞不等密度分层随机采样。

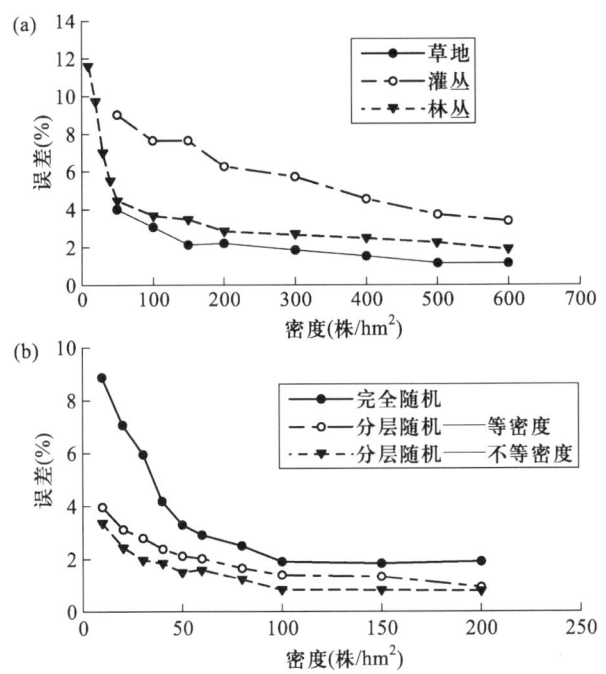

图7.8 不同采样方式在估计土壤碳含量时的误差。(a)随机取样在高地的3种群落类型中估计土壤碳含量的误差;(b)不同的采样方式在估计假定的高地景观中土壤碳含量时的误差(改编自Liu et al.,2011)

SIS模拟的结果和随机取样在3种群落类型中估计误差的结果在灌丛的不确定度上有所不一致:SIS模拟的结果表明,土壤碳的不确定度从大到小排列是:林丛＞灌丛＞草地[图7.7(b)];而在3种群落类型进行随机取样的结果表明,土壤碳估计的误差由大到小是:灌丛＞林丛＞草地[图7.8(a)]。鉴于这种不一致并考虑到灌丛内部土壤有机碳有很强的空间分布特征[图7.5(a)],我们对如何准确估计灌丛中土壤碳的含量进行了多种采样方式的比较(表7.2)。结果表明,利用灌丛中心到边缘的样线进行采样比完全的随机采样更准确。一般来讲,利用样线在灌丛树冠中间的点估计比利用中心或边缘的点要准确。在一个灌丛中取样2~3个点比在多个灌丛中每个只取1个点要更准确一些。总体上来讲,对于其内部有很强空间分布特征的灌丛来说,利用其空间格局来取样比随机取样要更加准确。

表 7.2 多种采样方式在估计灌丛中土壤碳含量时的误差比较(改编自 Liu et al.,2011)

采样数量	采样方案	估计误差(%)
1	随机	25.54
	(b 或 c)	18.68
2	随机	20.61
	(b 或 c)——2 个灌丛	13.85
	(b,c)	11.15
3	随机	17.58
	(b 或 c)——3 个灌丛	12.66
	(b,c,d)	9.25
4	随机	15.66
	(b 或 c)——4 个灌丛	9.71
	(b 和 c)——2 个灌丛	7.95
	(a,b,c,d)	9.31
5	随机	11.21
	(b 或 c)——5 个灌丛	10.53
	(b,c)和(b,c,d)	6.98
6	随机	10.84
	(b 或 c)——6 个灌丛	9.19
	(b 和 c)——3 个灌丛	6.62
	(b,c,d)——2 个灌丛	7.5

7.4 讨论

7.4.1 植被动态及地表水文过程的影响

在我们的研究地点,木本植物群落盖度的增加是在相对较短的时间内发生的(Boutton et al.,1998),其增加的范围及在景观中的空间分布非常不平衡(Archer,1995)。高地中不同群落类型间的湿度指数没有明显区别,这说明地表水文因子不是决定这些群落类型的主要因素。这和以前进行的其他研究的结论是相符的。其他的研究表明:① 甜牧豆树的定居好像主要是由其种子的散布和火烧格局而决定的(Archer,1995);② 林下灌木的入侵和定居是由甜牧豆树的定居而促进的(Archer et al.,1988);③ 土壤下层(> 40 cm)的黏土含量的不同决定了木本植物的生长速率(Miller et al.,2001)及木本植物群落扩张的范围(Stokes,1999)。灌丛(有土壤黏土层)和林丛(土壤黏土层缺失)的湿度指数没有显著区别,这说明地表水文学特征并不是决定高地中群落类型的主要因素。

而在景观和坡度尺度上,我们研究地点的高地与低地之间有明显不同的湿度指数,地表径流是决定植物群落类型的一个重要因素。这和以往研究发现的干旱地区的地表径流与植被之间密切相关是一致的(Wilcox et al.,2003)。野外测定的土壤湿度数据随地形从高到低而逐渐增加:盆地>林地>林丛>灌丛>草地(Bai et al.,2008,图 7.2),这从另一个方面证实了地表水文特征沿地形坡度上对群落类型分布的重要性。此外,我们还发现低地林地的动态边界和稳定边界的湿度指数频度分布明显不同,同样说明了地表水文特征在边界动态中的重要作用。关于这些边界的更详尽的研究没能发现它们之间在土壤物理属性上有明显区别(Stroh,1995;Stokes,1999)。林地边界的不同动态可能反映了它们所处斜坡具有不同的集水区及坡度。对林地边界历史动态的研究发现也支持这一点,林地动态边界在较湿润的年份会向上扩张,而在较干燥的年份则向下收缩(Archer et al.,1988)。综合湿度指数的研究及以前的研究结果表明,高地中木本植物群落斑块主要受土壤下层物理特性的影响(Archer,1995),而沿地形坡度上的群落动态和林地边界的变化主要受地表水文过程的影响。这些结果显示了群落动态及其影响因子的尺度依赖性(scale dependent)。

7.4.2 土壤碳的空间分布

木本植物的入侵到底会如何影响土壤碳含量及其空间格局?如何在大的空间尺度上准确估计木本植物入侵后的土壤碳含量?回答这些问题除了要了解土壤碳及入侵植被的空间格局和尺度外,还需要评估这些空间格局和异质性如何影响对碳含量的准确估计。

稀树草原中木本植物的入侵通过影响物种组成、凋落物质量、土壤微生物及地表水文过程等各个方面来对生态系统碳循环产生影响(Archer et al.,1988;Hibbard et al.,2001;Liao and Boutton,2008;Ravi et al.,2007)。入侵的木本植物在定居后,一般通过多种方式影响其树冠下的土壤及林下灌木层,从而在土壤中形成"营养物质富集岛"(island of fertility,Virginia,1986)。与我们的研究结果类似,在美国大平原的南部,多项研究都表明入侵的木本植物群落中土壤碳的含量要高于相邻的草地(Liao et al.,2006;Knapp et al.,2008)。入侵的木本植物除了影响土壤碳的含量外,还影响土壤碳的空间分布(Jackson and Caldwell,1993;Schlesinger et al.,1996;Bekele and Hudnall,2006)。灌丛及林丛内部的土壤碳 δ^{13}C 值从树冠中心到边缘表现出强烈的空间分布特征,这与美国亚利桑那州甜牧豆树入侵形成导致的土壤碳的空间分布非常相似(Throop and Archer,2008)。树干处 $\delta^{13}C$ 的值最小,说明从 C3 木本植物来源的土壤碳比例最高,这与木本植物入侵的时间长短有关。而木本植物入侵的时间是与甜牧豆树的年龄是互相对应的(Wheeler et al.,2007;Boutton et al.,2009)。土壤碳和根生物量及凋落物的线性相关和空间相关系数都非常高。此外,土壤碳的空间尺度与根生物量、凋落物及乔木的基茎面积非常类似,并且它们约 45 m 的空间尺度大致与样线上木本植物群落中心到草地中心的距离相似。这都从另一个方面间接表明,木本植物群落斑块是影响土壤碳空间格局的主要因素。土壤碳和根生物量及灌木基茎面积还有一个更小的空间尺度(5～10 m),我们认为这很可能是由斑块内部的木本植物个体的影响所致。土壤碳在空间上的多尺度造成了对土壤碳估计进行尺度推绎的复杂性。再加上生态系统过程与格局之间的关系经常是尺度依赖的(O'Neill et al.,1986;Levin,1992),所以在跨尺度研究和估计土壤碳含量及其空间分布的时候一定要非常谨慎。

7.4.3 土壤碳的不确定度及采样策略

许多研究发现,木本植物对干旱半干旱草原的入侵会导致土壤碳的增加(Knapp et al.,2008;Boutton et al.,2009),而另外有些研究却发现,土壤碳没有发生明显变化甚至会降低(Jackson et al.,2002)。为了评估木本植物入侵在区域及全球尺度上对元素循环的影响,就需要评估这些不一致是真实存在的还是由于估计误差导致的。而这就需要首先深入理解木本植物入侵景观中土壤碳的不确定度的空间分布以及它对土壤碳含量的估计有何影响。

生态变量的不确定度的大小与采样密度、样地设计及样点的空间分布有关(例如,Buscaglia and Varco,2003;Conant et al.,2003)。SIS 模拟是估计生态学变量不确定度的一种有效方式(Rossi et al.,1993;Goovaerts,2001;Juang et al.,2004)。本研究 SIS 模拟的结果表明,木本植物群落内部的土壤碳比草地中有更高的不确定度。而高不确定度就导致需要更多的土壤采样才能相对准确地估计土壤碳含量。在不同群落类型中的随机取样的结果也验证了这一点。但是随机取样的误差与 SIS 模拟得到的不确定度在灌丛上是不一致的。SIS 模拟的结果说明,林丛中土壤碳的不确定度最大,灌丛次之[图 7.7(b)];而随机取样的误差则表明,灌丛中的估计误差最大,林丛中次之[图 7.8(a)]。我们认为,这种不一致可以由以下两点来解释。① 我们的随机取样密度(100 m² 两个取样点,SIS 模拟是基于随机取样点)可能还没能足够描述灌丛内部的不确定度。高地中的灌丛一般都比较小,大概是 10～65 m²。我们在每 100 m² 取两个点很难准确描述灌丛中土壤碳的空间特征。② 灌丛中土壤碳的空间分布有很强的梯度特征,从灌丛中心到边缘有明显的梯度变化[图 7.5(a)]。其他地区的甜牧豆树灌丛也表现出了类似的空间分布(Throop and Archer,2008)。这种很强的空间格局导致随机取样的估计准确程度很差,我们在灌丛中的采样实验也说明了这一点(表7.2)。在灌丛中的取样实验还表明,在每个灌丛中取2~3个样品比在每个灌丛只取1个样品要准确。同时选取尽量多的灌丛比在少数灌丛中取很多的样能更准确地估计土壤碳含量。这和Legendre等(2004)建议的在有空间自相关的情况下选取尽量多和尽量远的样地的原则是一致的。以上结果表明,在确定采样设计和密度的时候,要充分考虑变量的空间分布特征,在有条件的时候要尽量先进行实验性的采样来首先检测变量的空间格局,然后再对其空间格局的具体情况进行采样设计。一般来讲,根据不同斑块内空间格局的不同进行分层随机取样要比完全随机取样要准确;对有强烈梯度格局的斑块要尽量考虑采用结构性的采样(例如样线等),避免随机采样。

木本植物在干旱半干旱地区的入侵具有对全球元素循环产生重大影响的潜力(Houghton et al.,1999;CCSP,2007)。我们在美国大平原南部木本植物入侵的稀树草原景观中的研究结果展示了评估木本植物入侵对生态系统碳循环影响的重要性和复杂性。我们发现,入侵植物群落的动态受多种具空间尺度依赖性的环境因素和生态过程的影响。地表水文学特征对高地群落类型的动态没有明显影响,而对坡度上群落分布及林地边界的动态有重要的决定作用。木本植物的入侵不但增加了土壤碳的含量,并且决定了它的空间格局与异质性。土壤碳的空间尺度、分布格局都与入侵的木本植物息息相关,这不仅表现在群落斑块内部碳的空间分布,也表现在土壤碳和根生物量、凋落物及乔木基茎面积具有类似的空间尺度。木本植物的入侵增加了土壤碳的不确定度,随之加大了土壤碳含量估计的误差。不同采样方式的实验展示了不确定度的空间格局对估计误差的影响,同时我们也提出了一些优化采样设计的策略。鉴于木本植物入侵在不同地区的复杂性及环境因子的不同,我们提出的采样设计在其他地区并不一定适用。但希望我们的研究方法与结果及从中总结出的优化采样设计和策略对以后类似的相关研究及实践应用能起到一定的启发作用。

主要参考文献

Archer S. 1990. Development and stability of grass woody mosaics in a subtropical savanna parkland, Texas, USA. Journal of Biogeography, 17:453-462.

Archer S. 1995. Tree-grass dynamics in a *Prosopis*-thornscrub savanna parkland—Reconstructing the past and predicting the future. Ecoscience, 2:83-99.

Archer S. 2009. Rangeland conservation and shrub encroachment: New perspectives on an old problem. Pages *in* Toit J d, Kock R and Deutsch J, editors. Rangelands or Wildlands? Livestock and Wildlife in Semi-Arid Ecosystems. Oxford: Backwell Publishing: 53-97.

Archer S, Scifres C, Bassham C R and Maggio R. 1988. Autogenic succession in a subtropical savanna—Conversion of grassland to thorn woodland. Ecological Monographs, 58:111-127.

Asner G P, Archer S, Hughes R F, Ansley R J and Wessman C A. 2003. Net changes in regional woody vegetation cover and carbon storage in Texas Drylands, 1937 – 1999. Global Change Biology, 9:316 – 335.

Asner G P, Elmore A J, Olander L P, Martin R E and Harris A T. 2004. Grazing systems, ecosystem responses, and global change. Annual Review of Environment and Resources, 29:261 – 299.

Bai E, Boutton T W, Liu F, Wu X B and Archer S R. 2008. Variation in woody plant $\delta^{13}C$ along a topoedaphic gradient in a subtropical savanna parkland. Oecologia, 156: 479 –489.

Bai E, Boutton T W, Liu F, Wu X B and Archer S R. 2010. Spatial patterns of soil $\delta^{13}C$ reveal grassland-to-woodland successional processes. Organic Geochemistry, 11:004.

Bai E, Boutton T W, Wu X B, Liu F and Archer S R. 2009. Landscape-scale vegetation dynamics inferred from spatial patterns of soil $\delta^{13}C$ in a subtropical savanna parkland. Journal of Geophysical Research, 114: G01019

Bekele A and Hudnall W H. 2006. Spatial variability of soil chemical properties of a prairie-forest transition in Louisiana. Plant and Soil, 280:7 – 21.

Beven K J and Kirby M J. 1979. A physically based, variable contributing area model of basin hydrology. Hydrological Sciences Bulletin, 24:43 – 69.

Boutton T W, Archer S R and Midwood A J. 1999. Stable isotopes in ecosystem science: Structure, function and dynamics of a subtropical savanna. Rapid Communications in Mass Spectrometry, 13:1263 – 1277.

Boutton T W, Archer S R, Midwood A J, Zitzer S F and Bol R. 1998. $\delta^{13}C$ values of soil organic carbon and their use in documenting vegetation change in a subtropical savanna ecosystem. Geoderma, 82:5 – 41.

Boutton T W, Liao J D, Filley T R and Archer S R. 2009. Belowground carbon storage and dynamics accompanying woody plant encroachment in a subtropical savanna. Pages in Lal R. and Follett R. editors. Soil carbon sequestration and the greenhouse effect. Soil Science Society of America, Madison, WI. 181 – 205.

Briggs J M, Knapp A K, Blair J M, Heisler J L, Hoch G A, Lett M S and McCarron J K. 2005. An ecosystem in transition: Causes and consequences of the conversion of mesic grassland to shrubland. Bioscience, 55:243 – 254.

Burke I. C. 1989. Control of nitrogen mineralization in a sagebrush steppe landscape. Ecology, 70:1115 – 1126.

Buscaglia H J and Varco J J. 2003. Comparison of sampling designs in the detection of spatial variability of Mississippi Delta soils. Soil Science Society of America Journal, 67:1180 – 1185.

CCSP. 2007. The First State of the carbon cycle report(SOCCR): The North American

Carbon Budget and Implications for the Global Carbon Cycle National Oceanic and Atmospheric Administration, National Climatic Data Center, Asheville, NC, USA.

Conant R T and Paustian K. 2002. Spatial variability of soil organic carbon in grasslands: Implications for detecting change at different scales. Environmental Pollution, 116: S127 – S135.

Conant R T, Smith G R and Paustian K. 2003. Spatial variability of soil carbon in forested and cultivated sites: Implications for change detection. Journal of Environmental Quality, 32: 278 – 286.

Dale M R T. 1999. Spatial Pattern Analysis in Plant Ecology. Cambridge: Cambridge University Press.

Deutsch C V and Journel A G. 1998. GSLIB: Geostatistical software library and user's guide(2nd ed). New York: Oxford University Press.

Field C B, Behrenfeld M J, Randerson J T and Falkowski P. 1998. Primary production of the biosphere: Integrating terrestrial and oceanic components. Science, 281: 237 – 240.

Flinn R C, Archer S, Boutton T W and Harlan T. 1994. Identification of annual rings in an arid-land woody plant, *Prosopis glandulosa*. Ecology, 75: 850 – 853.

Ghersa C M, Fuente E d l, Suarez S and Leon R J C. 2002. Woody species invasion in the Rolling Pampa grasslands, Argentina. Agriculture, Ecosystems & Environment, 88: 271 –278.

Gill R A and Burke I C. 1999. Ecosystem consequences of plant life form changes at three sites in the semiarid United States. Oecologia, 121: 551 – 563.

Goovaerts P. 2001. Geostatistical modelling of uncertainty in soil science. Geoderma, 103: 3 – 26.

Hibbard K A, Archer S, Schimel D S and Valentine D W. 2001. Biogeochemical changes accompanying woody plant encroachment in a subtropical savanna. Ecology, 82: 1999 –2011.

Houghton R A, Hackler J L and Lawrence K T. 1999. The US carbon budget: Contributions from land-use change. Science, 285: 574 – 578.

Isaaks E H and Srivastava R M. 1989. An Introduction to Applied Geostatistics. New York: Oxford University Press.

Jackson R B, Banner J L, Jobbagy E G, Pockman W T and Wall D H. 2002. Ecosystem carbon loss with woody plant invasion of grasslands. Nature, 418: 623 – 626.

Jackson R B and Caldwell M M. 1993. Geostatistical patterns of soil heterogeneity around individual perennial plants. Journal of Ecology, 81: 683 – 692.

Juang K W, Chen Y S and Lee D Y. 2004. Using sequential indicator simulation to assess the uncertainty of delineating heavy-metal contaminated soils. Environmental Pollution, 127: 229 – 238.

Knapp A K, Briggs J M, Collins S L, Archer S R, Bret-Harte M S, Ewers B E, Peters D P, Young D R, Shaver G R, Pendall E and Cleary M B. 2008. Shrub encroachment in North

American grasslands: Shifts in growth form dominance rapidly alters control of ecosystem carbon inputs. Global Change Biology, 14:615 – 623.

Legendre P, Dale M R T, Fortin M J, Casgrain P and Gurevitch J. 2004. Effects of spatial structures on the results of field experiments. Ecology, 85:3202 – 3214.

Levin S. A. 1992. The problem of pattern and scale in ecology. Ecology, 73:1943 – 1967.

Li B, Yong S P and Li Z H. 1988. Vegetation in the basin of Xilin River and its utility. Research of Grassland Ecosystem, 3:84 – 183.

Liao J D and Boutton T W. 2008. Soil microbial biomass response to woody plant invasion of grassland. Soil Biology & Biochemistry, 40:1207 – 1216.

Liao J D, Boutton T W and Jastrow J D. 2006. Storage and dynamics of carbon and nitrogen in soil physical fractions following woody plant invasion of grassland. Soil Biology & Biochemistry, 38:3184 – 3196.

Liu F, Wu X B, Bai E, Boutton T W and Archer S R. 2010. Spatial scaling of ecosystem C and N in a subtropical savanna landscape. Global Change Biology, 16:2213 – 2223.

Liu F, Wu X B, Bai E, Boutton T W and Archer S R. 2011. Quantifying soil organic carbon in complex landscapes: An example of grassland undergoing encroachment of woody plants. Global Change Biology, 17:1119 – 1129.

McCulley R L, Archer S R, Boutton T W, Hons F M and Zuberer D A. 2004. Soil respiration and nutrient cycling in wooded communities developing in grassland. Ecology, 85:2804 – 2817.

Miller D, Archer S R, Zitzer S F and Longnecker M T. 2001. Annual rainfall, topoedaphic heterogeneity and growth of an arid land tree(*Prosopis glandulosa*). Journal of Arid Environments, 48:23 – 33.

O'Loughlin E M. 1981. Saturation regions in catchments and their relations to soil and topographic properties. Journal of Hydrology, 53:229 – 246.

O'Neill R V, DeAngells D L, Waide J B and Allen T F H. 1986. A Hierarchical Concept of Ecosystems. Princeton: Princeton University Press.

Pannatier Y. 1996. VARIOWIN: Software for Spatial Data Analysis in 2D. New York: Springer-Verlag.

Ravi S, D'Odorico P and Okin G S. 2007. Hydrologic and aeolian controls on vegetation patterns in arid landscapes. Geophys. Res. Lett., 34.

Robinson T P, van Klinken R D and Metternicht G. 2008. Spatial and temporal rates and patterns of mesquite(*Prosopis* species) invasion in Western Australia. Journal of Arid Environments, 72:175 – 188.

Rosenberg M S. 2001. PASSaGE: Pattern analysis, spatial statistics, and geographic Exegesis. version 1.1. Tempe, AZ.

Rossi R E, Borth P W and Tollefson J J. 1993. Stochastic simulation for characterizing ecological spatial patterns and appraising risk. Ecological Applications, 3:719 – 735.

Schlesinger W H,Raikes J A,Hartley A E and Cross A E. 1996. On the spatial pattern of soil nutrients in desert ecosystems. Ecology,77:364 – 374.

Schlesinger W H,Reynolds J F,Cunningham G L,Huenneke L F,Jarrell W M,Virginia R A and Whitford W G. 1990. Biological feedbacks in global desertification. Science,247:1043 – 1048.

Smith T M and Goodman P S. 1987. Successional dynamics in an *Acacia nilotica-Euclea divinorum* Savannah in Southern Africa. Journal of Ecology,75:603 – 610.

Stokes C J. 1999. Woody plant dynamics in a south Texas savanna:Pattern and process. Texas A&M University,College Station.

Stroh J C. 1995. Landscape development and dynamics of a subtropical savanna parkland,1941 – 1990. [Dissertation]. Texas A&M University,College Station.

Throop H L and Archer S R. 2008. Shrub(*Prosopis velutina*)encroachment in a semi-desert grassland:Spatial-temporal changes in soil organic carbon and nitrogen pools. Global Change Biology,14:2420 – 2431.

Tongway D J,Valentin C and Seghieri J. 2001. Banded Vegetation Patterning in Arid and Semiarid Environments:Ecological Processes and Consequences for Management. New York:Springer-Verlag.

Van Auken O W. 2000. Shrub invasions of North American semiarid grasslands. Annual Review of Ecology and Systematics,31:197 – 215.

Van Auken O W. 2009. Causes and consequences of woody plant encroachment into western North American grasslands. Journal of Environmental Management,90:2931 – 2942.

Virginia R A. 1986. Soil development under legume tree canopies. Forest Ecology and Management,16:69 – 79.

Wheeler C W,Archer S R,Asner G P and McMurtry C R. 2007. Climatic/edaphic controls on soil carbon/nitrogen response to shrub encroachment in desert grassland. Ecological Applications,17:1911 – 1928.

Wilcox B P,Breshears D D and Allen C D. 2003. Ecohydrology of a resource-conserving semiarid woodland:Effects of scale and disturbance. Ecological Monographs,73:223 – 239.

Wu X and Archer S. 2005. Scale-dependent influence of topography-based hydrologic features on patterns of woody plant encroachment in savanna landscapes. Landscape Ecology,20:733.

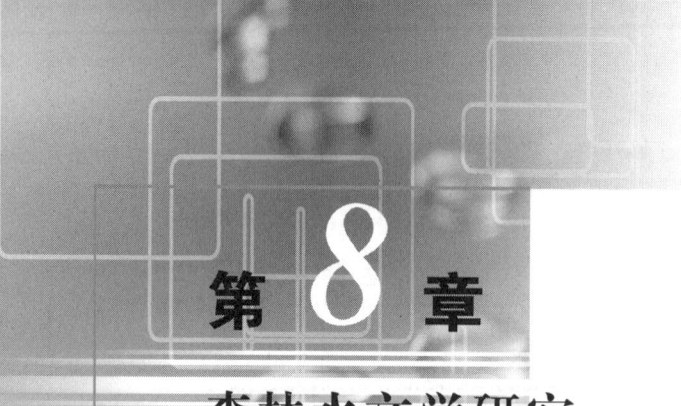

第 8 章

森林水文学研究——中国植被恢复和气候变化对水资源的影响

孙阁
美国农业部林务局南方全球变化研究中心

森林是陆地生物圈最重要的组成部分,而水是生态系统中最活跃的环境因子,在许多情况下还是限制因子。同时,森林和水是人类生存重要的两大资源,是一个国家经济发展、社会繁荣的基础。20世纪60年代,随着西方工业化国家环境资源问题日显突出,对于森林-气候-洪水关系的研究更加引起科学界的关注,作为一门学科,研究森林对水分循环、尤其是流域尺度的水文调节作用得到迅速发展,逐渐从森林生态学中独立出来与其他学科交叉发展成了森林水文学。森林水文学是森林生态学与陆地水文学、森林气象学和森林土壤学相结合的产物。现代森林水文的研究(如开展小流域配对实验)可追溯至20世纪初,森林水文学发展成熟的重要标志是1962年美国人John Hewlett(1932—1998)撰写的 *Principle of Forest Hydrology* 和 Richard Lee(1926—)的 *Forest Hydrology* 的问世(Hewlett,1982)。之后的30年间,森林水文学主要关注森林经营和土地利用变化对流域水文包括水质的影响,为建立森林最佳管理措施提供了理论指导。在21世纪,由于人口迅猛增长和大量释放温室气体造成的气候变化,世界各国不论贫富水资源危机均逐渐加剧(孙阁,2011a),已严重威胁人类梦想的可持续发展进程。人们又开始重新认识森林巨大的生态水文、稳定气候的服务功能(Ryan et al.,2010;Bonan,2008),可以说,森林水文学研究进入了一个难得的黄金时代(Moore-Myers et al.,2009)。

撰写本文的目的主要是向读者介绍世界上森林水文的研究结果,探讨在气候变化条件下森林和水的基本关系,试图对中国大面积造林和再造林的水文作用问题有所启示。这里讨论的核心内容包括:中美森林水资源问题;多尺度森林植被-水关系研究;气候变化对森林生态系统的影响;生态水文学基本原理对中国植被恢复和可持续发展的启示。

8.1 研究森林-水资源关系的重要性

水资源危机水平可采用水需求和水供给的比值来评价。全球存在水胁迫的地区主要分布在干旱和半干旱地区(图 8.1)。可以看出,水胁迫遍存在,这一情况在中东和印度等地区比较突出,这些地区人口相对较多,导致水资源供应紧张。中国北方地区区域性水资源胁迫较高,人均占有水量远远低于联合国设定的警戒线(1 000 m^3·年$^{-1}$)。

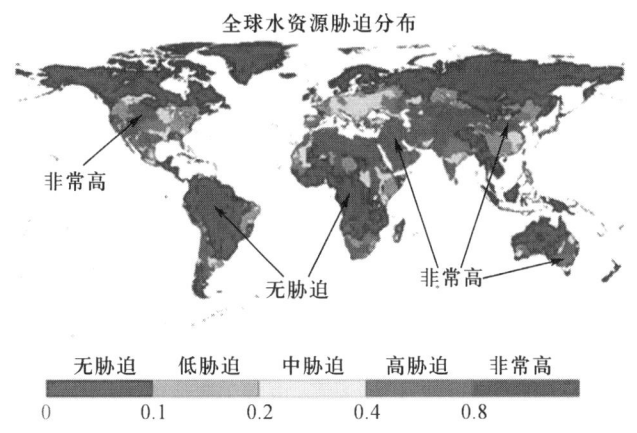

图 8.1 (见彩图)世界范围内水资源胁迫状态除了与自然因素(降水、蒸发散)相关,还与人口密度相关(来自 World Water Council)

水是控制生态系统过程和功能的关键因素。在全球尺度上,生态系统总生产力(GEP)、净生产力(NEP)(Law et al.,2002;Sun et al.,2009)和生物多样性都与降水量、潜在蒸发散和实际蒸发散有很好的相关关系(Sun et al.,2009,2011)。许多综合性的生态系统模型都把水文循环作为主要成分(图 8.2)。事实上,国际上许多优秀的长期生态实验站,如美国的 Coweeta 和 Hubard Brooks 都是从水分循环研究开始的。提供稳定的水量和良好的水质是森林流域生态系统服务功能的基础(魏小华和孙阁,2009),而流域生态系统服务功能保证了其他生态系统服务功能(如碳汇)的实现(Sun et al.,2011)。

水常常是影响可持续发展的关键性限制因子。水多、水少、水质好坏都是水资源管理关心的问题。尤其是在干旱半干旱地区,比如中国华北地区,已经出现了严重的农业和生活用水短缺现象。这就引出来两个近年来充满挑战也备受争议的问题,一个就是基于中国大规模植树造林基础上的生态修复对区域水资源变化的影响,另外一个是气候变化(包括气温和降水)对水资源时空分布格局的影响。这两个问题由于研究对象时空的复杂性,导致了结论的不确定性和多样性。

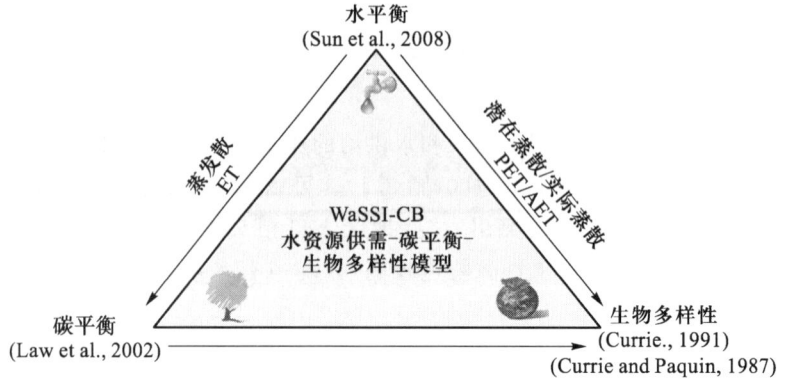

图 8.2　生态系统水量平衡、碳循环和生物多样性密切相关（Sun et al.，2011）

8.2　中美两国森林水资源主要关心的问题

　　由于人类活动较少，森林流域提供的水质最佳，水源地一般都在海拔高、降水量大、森林覆盖度好的山区。据估算，美国森林覆盖率约为30%，其中50%的水源都来自这些森林地区（Brown et al.，2008；Furniss et al.，2010）。美国从20世纪初就非常有远见地颁布了森林保护法律，目的是给后代提供充足的木材和水资源。而中国真正重视森林经营和保护是在1998年洪水发生后才开始，整整落后了一个世纪。美国从20世纪30年代开始在全国不同的气候带建立研究实验站长期研究森林的水文生态效应。

　　气候变化直接或间接影响着水的供给和需求情况（气候变化的同时，水文也在变化）。美国西部径流变化也受到气候变化的严重影响，主要体现在雪盖融化期变化、树木死亡、病虫害和疾病增加等。例如，全球变暖带来的季节节律变化，导致4—5月份积雪提前融化，径流量大，这时植被需水量少；而夏季蒸发量大，人类和植物需水量大时，径流量反倒较小，从而造成了供需矛盾。另外，气候变化带来的灾害性天气事件，如美国加利福尼亚州西部森林大火、东南部地区飓风、近年来区域性的大旱等，更是直接改变了脆弱的森林生态系统和水生态系统。据WaSSI水文模型（Sun et al.，2008a）预测，到2050年，最严重的气候变化情形将导致气温升高，部分地区降水减少，可使美国全国流域产水量平均减少25%（图8.3）。

　　另外，美国的高速人口增长带来的城市化（超市、大型购物中心和住房面积增加）和土地利用变化等引发了一系列生态和社会问题。根据美国1981—2000年人口普查资料对未来人口变化进行的预测，2001—2020年美国西部地区和佛

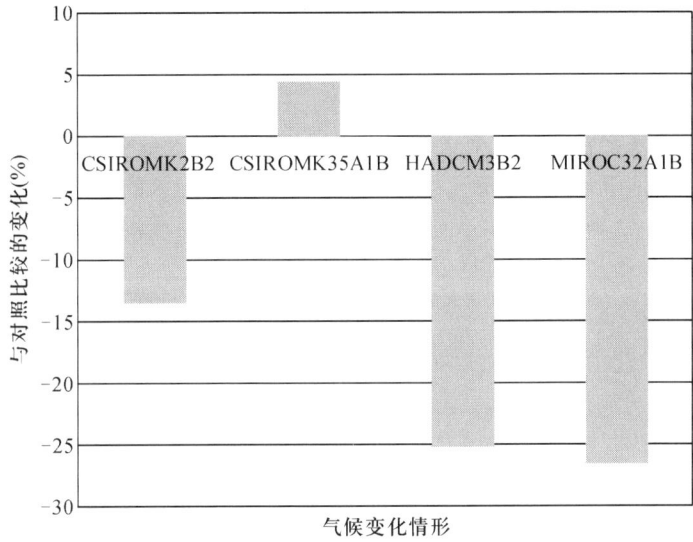

图 8.3　4 种气候变化情形对美国水资源的影响(Furness et al.,2010)

罗里达州等地区增长幅度较大,人口的快速增长对水资源供给提出了严峻的挑战,在大城市压力指数增加更加明显。美国林务局当前的工作重心之一是调整森林经营方式以应对气候变化,保证稳定的水资源供给和其他生态系统服务功能。

相对于美国,中国面临的一个直接问题是较低的森林覆盖率。中国国家林业局 2009 年 11 月发布的第七次全国森林资源清查(2004—2008)结果显示,全国森林面积为 1.95 亿 hm^2,森林覆盖率为 20.36%,其中人工林保存面积为 0.62 亿 hm^2,为世界首位。虽然森林覆盖率在逐年提高,但森林真正发挥其生态与环境效益,通常要在数十年甚至百年之后。这次清查同时包含了中国森林生态效益定量调查,仅固碳释氧、涵养水源、保育土壤、净化大气环境、积累营养物质及生物多样性保护等 6 项生态服务功能年价值达 10.01 万亿元。可以看出,中国森林经营目的已经发生改变,不仅仅是为提供木材,更多关注的是森林涵养水源、固碳释氧和保护生态环境等生态和社会效益。

中国面临着严重的水资源危机,典型的水生态问题包括:水土流失面积大,遍布全国大中小城市,农村地区的水污染有加重的趋势。还有干旱和半干旱地区水资源短缺问题,以及非干旱区的季节性水短缺问题、洪涝问题,再有就是贫穷问题。如何处理好吃饭和环境保护之间的关系等很多课题,都有待探索。我们的母亲河黄河时有干涸,入海径流在 2000 年断流天数最多超过了 200 天(Zhang et al.,2008a,2008b)。黄河变干,主要是受人为影响,上游用水增多、灌溉用水增加等使下游来水减少。通过调节,最近几年径流有所增加。

更加触目惊心的是我们的城市可利用水资源的变化。图 8.4 显示的是北京大兴地区2001—2007年地下水位变化情况,平均每年下降1.3m,主要是过度开采地下水造成的。冬季地下水位回升一些,夏季再次降低,地下水位总体上呈递减趋势。北京现在大部分的水来自地下水。这就提出一个很严峻的问题:北京的地下水在未来会消失吗?有人估计地下水可以用3～5年时间。北京现在已经是在用深层地下水,并出现了城市用水和周边农业用水的争水现象,如北京从石家庄那边调水,导致部分农民放弃灌溉。这是水资源危机的典型表现。

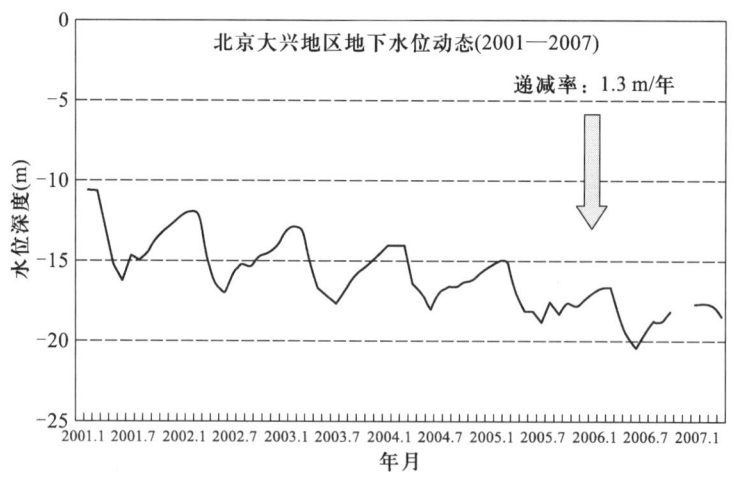

图8.4 北京大兴地区浅层地下水位变化趋势

据估计,中国的森林覆盖率在古代可能超过了60%。人口增长和森林变化的趋势正好相反,森林的减少主要是人类活动增加造成的。造成森林减少的具体原因有:社会经济变化对木材需求增加,粗放的土地管理(土地利用变化、湿地减少、水资源枯竭),气候变化等。值得庆幸的是,我们已经开始认识到自己过去的错误,并积极地去修复,补偿我们对自然的亏欠。1998年中国发生历史罕见大洪水后,森林-水关系的大讨论反映了我们的学者和政府已经在反思人与自然的关系。随后,大规模的天然林保护工程开始启动。大规模的森林重建,退耕还林还草,天然林保护区划定,三北防护林植被恢复,在世界的反响都很大。

据联合国粮食及农业组织(FAO)估计,在2000—2005年期间,中国是森林面积增加最多的国家,达400万 hm^2,世界上其他主要森林覆盖区的森林面积大多在减少,比如南美亚马孙地区和东南亚印度尼西亚的热带雨林面积在减少。但越来越多的学者开始关注,中国大规模植树造林的生态效益到底有多大?森林重建与恢复对水资源的影响如何(Sun et al.,2006)?对固碳效应的影响如何?这些至今尚没有可靠的评价标准和体系。此外,如何造林,也是一个值得关注的问题。选什么树?种在哪里?真需要种树吗?为什么许多地方不种草或者灌木?大面积种树种草后的生态后果(立地、流域、区域尺度)是什么?一个典型的争议案例就是在中国内蒙古沙漠地区是选择种树还是选择种草问题,这一措施是否可持续?这种问题已出现在 2009 年的全国高考地理试题中,其重要性可见一斑。笔者在中国黄土高原考察时也看到,在降水量小于 400 mm 的甘肃定西,种上油松后,地面出现干化现象,水土保持的作用并不大(Chen et al.,2010)。

8.3 森林水文学研究的主要科学问题

森林水文学研究的主要科学问题是:森林能不能增加降水?森林能不能影响天然泉水和河川径流?森林能不能减少洪水(Eisenbies et al.,2007;Burt and Swank,2002;Bradshaw,2007)?事实上,这些问题已经探讨了数十年,虽然科学家对一些问题还不能准确回答,但是对一些基本问题已达成了共识(Ice and Stednick,2004;Sun et al.,2008b)。1965 年第一届国际森林水文学会议召开,标志着现代森林水文学研究的开始,这是一次划时代的会议,其多个报告就涉及当代社会还在关心的议题。

8.3.1 森林植被-水文关系

8.3.1.1 森林对降水的影响

植树造林能增加降水吗?中外学者争议多年。基于植被-气候反馈的模拟结果,Jackson 等(2005)在 *Science* 上发表文章,认为森林固碳需要消耗大量的水,增加蒸腾量。但是假如美国能造林的地区全部造上林,夏季降水量的增加也不会明显,原因是在温带地区靠森林增加的空气湿度,尚达不到形成云的状态,也就形成不了降水。Pielke 等(2007)权威气候学家系统总结了世界各地区域性土地利用/覆盖影响降水的研究结果,指出过去三十年的研究表明,城市地区的"热岛现象"改变了当地能量平衡,使得边界层也发生了变化,外加空气中增加的气溶胶悬浮物质,影响了降水的强度和频率。在草地或农地上造林会减少地面反射率,增加叶面积指数、地面粗糙度、植物根系深度和陆地水文循环;地表物理性质的变化会改变近地表能量平衡,从而改变温度和湿度。在造林能降低地表温度、提高空气湿度这一结论上,多数野外观测和计算模型模拟研究结果相似。但是,对降水的影响,模拟结果并不一致(Liu et al.,2008)。资料表明,植被的作用取决于地理位置、区域大气特征、造林面积大小以及地表生物物理特征。例如,在海洋环绕的热带地区砍伐森林对热带气旋的影响可能比在离海洋较远的陆地地区砍伐森林的影响要大。某一地方的降水过程取决于当地、区域和大尺度的大气特征。总之,森林对降水的影响有待进一步研究(Makarieva et al.,2009)。

植树造林能增加河川总径流和枯水期流量吗?答案基本是否定的。Andreassian(2004)总结了世界各地两百多个小流域配对实验结果,表明森林采伐一般会增加径流,而造林会减少径流(图8.5)。值得指出的是,由于气候、地质、土壤厚度、实验处理方式的不同,森林植被变化对水文的影响程度不同。例如,图8.5中同样皆伐森林,水文响应最高可达800 mm/年,而在有些流域却没有明显反应。

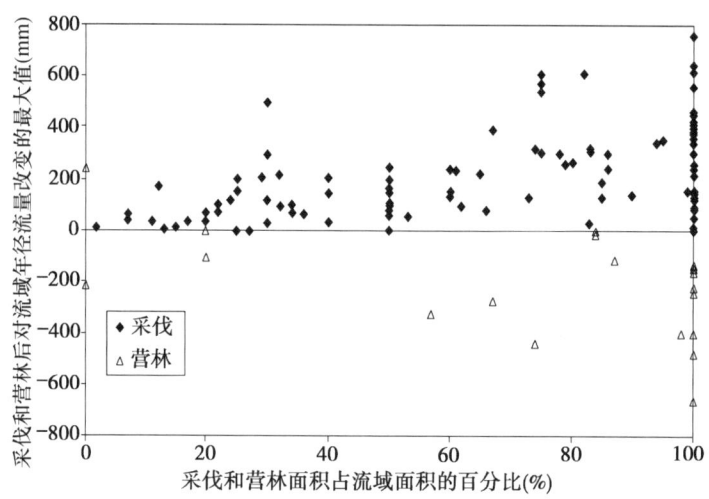

图8.5　采伐和营林措施对径流的影响(Andreassian,2004)

图8.6是北京大兴地区一片杨树人工林年水量平衡图。从中可以看出,2006年蒸发散为520 mm,降水量为447 mm,必须通过灌溉树木才能活;2007年蒸发散为549 mm,降水量为635 mm,基本平衡;2008年是个湿润年,降水量也基本平衡。北京地区造林的目的是绿化,对地下水一点补给也没有,种植灌木或草可能会提供更多的水,这一结论可以为管理部门规划决策提供科学数据,这是研究的意义所在,也为干旱/半干旱区应对未来气候变暖和蒸发散增加提供了科学依据。

美国杜克大学的Jackson等(2005)的研究表明,植树造林减少了径流量,随人工林林龄的增加,径流减少的百分比也增加。树龄6～10年的流域,与对照流域相比,年径流量平均减少了155 mm,减少42%;树龄10～20年的流域,年径流量平均减少227 mm,减少52%。在南非,有的实验小流域会发生百分之百的河川径流减少的现象,就是说过去常流水的地方造上林后就不流了。一般来讲,森林采伐对大的洪水影响不大,但能减少小洪水事件洪峰,因为森林能减少坡面漫流,减小暴雨径流,增加土壤储水能力。这一水文功能和地理状况,与所处的气候区、土壤理化特征都密切相关。值得指出的是,多数文献所说的森林采伐与我们常说的"乱砍滥伐"、对森林掠夺性的破坏有本质的不同。流域实验对森林土壤扰动不大。

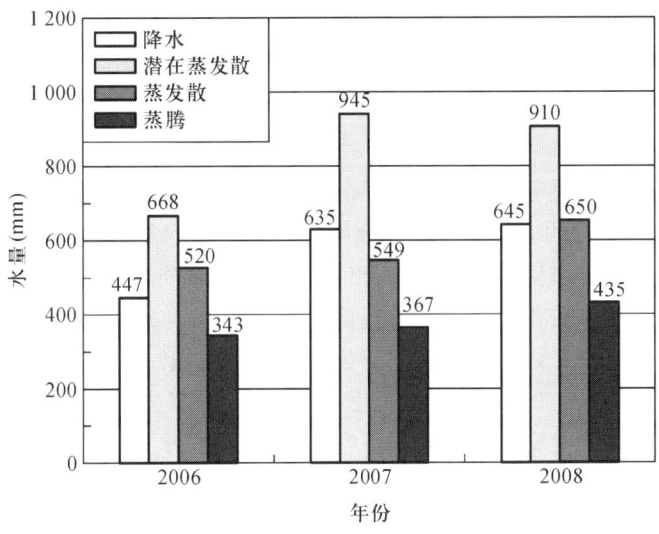

图 8.6 北京大兴地区一片杨树人工林年水量平衡图

美国是世界上较早开展系统长期定位森林水文研究的国家。下面对世界上著名的 Coweeta 水文实验站(Coweeta Hydrologic Laboratory)做简要介绍(图 8.7),以其主要研究结果为例,说明森林植被变化对水文的影响。该站隶属于美国农业部林务局南方研究站。坐落于北卡罗来纳州的西部(N35°03′,W83°27′)。站属面积 2 270 hm²,海拔 700～1 600 m,年平均温度 13℃,年平均降水 1 800 mm (海拔 700 m)至 2 500 mm(海拔 1 600 m),年蒸发散 550～900 mm。主要植被为落叶阔叶树,包括胡桃、黄杨、槭树等。在 1934 年建站时主要考虑到该地区地形上

图 8.7 (见彩图)Coweeta 水文实验站流域实体模型
(图中的绿色部分为对照流域,其他颜色代表不同的实验处理)

具有界限分明的流域边界,位于国有林区。在19世纪初,86%的森林曾被掠夺性砍伐。该站从1934年开始至今有连续的气象数据,是美国气象站中重要的站点之一,为研究气候变化提供了重要资料。当前,该站还有二十几个小流域同时进行径流观测。

该站长期定位研究表明,山地毁林农耕对水文、水质影响最大。据1940—1951年在山区进行的农耕对比实验表明,破坏土壤使洪峰流量显著增加。森林经营时的修路会增加流域产沙量,而仅砍伐树木对水质影响不是很大。同时,森林砍伐对物种多样性和森林蒸发散造成了显著影响。另外,森林类型的变化也会显著影响径流的变化。森林树种变化,如由落叶树转化成针叶树(white pine)的流域,径流减少约20%。树种变化的影响在季节中,以冬季减少最多(图8.8)。径流减少的主要原因是冬季落叶树的叶子都落了,而针叶树截留降水更多。落叶树种上草后,由于施肥后的草地生产力较高,径流量变化不大;但使用除草剂杀死草后,径流量显著增加(图8.9)。

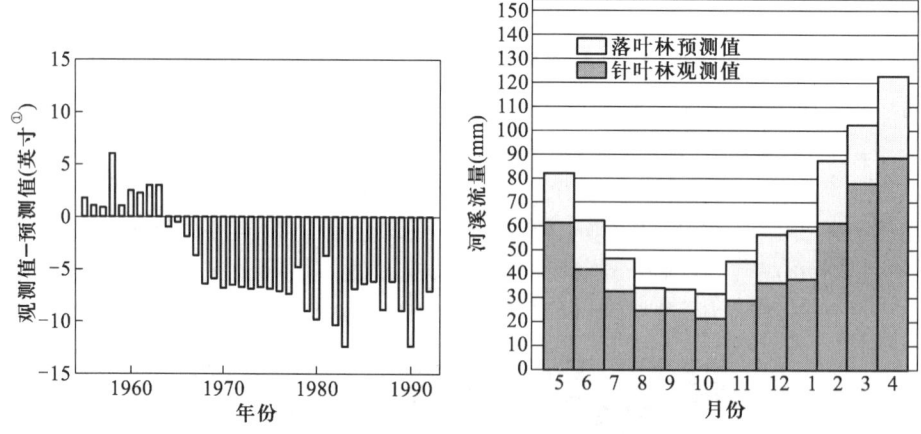

图8.8 落叶林替换为针叶林后流域径流量减少,冬季最明显(Burt and Swank,2002)

对研究区域46年在同一林分的径流量观测资料的分析,是通过对该林分两次重复采伐阶段(每个阶段23年)进行对比分析的结果。第一阶段:森林采伐后第一年的年径流量约36 cm,采伐后径流很大,但随着森林的恢复,径流量逐渐减少,23年后径流量仅为5 cm(图8.10)。当该林分在23年后再次被采伐时,第二次采伐后的径流量又达到与第一次采伐后径流量相似的水平(约37 cm,图8.10)。另外,森林采伐后对湿地地下水位有明显影响。据Sun等(2000)研究,第一年采伐后,由于蒸发量变小,地下水位明显比非采伐地浅。第二年为湿润年,变化不明显,第三年为干旱年,地下水位变化明显。计算机模型模拟结果与

---

① 1英寸≈2.53 cm。

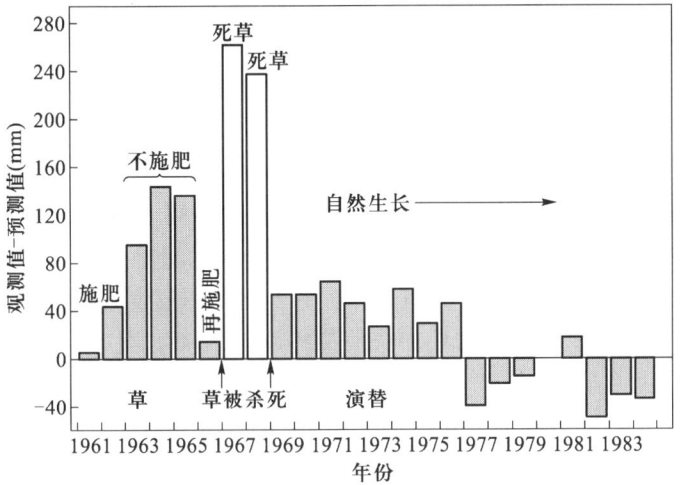

图 8.9 落叶树换成草地后对流域径流的影响(Burt and Swank,2002)。

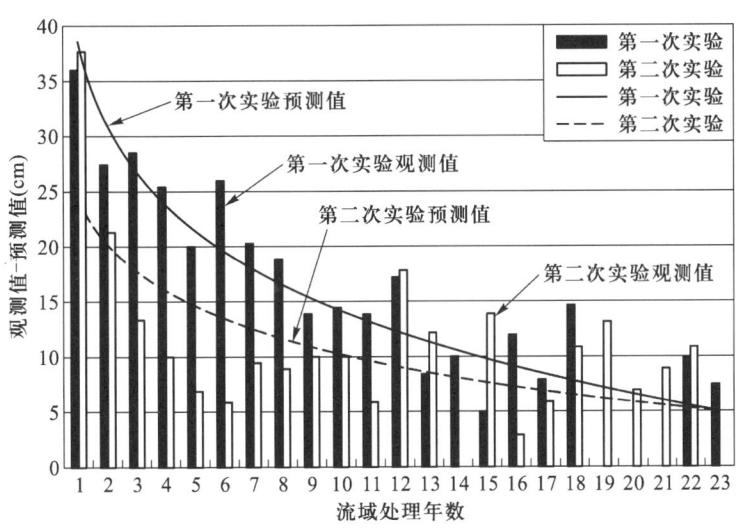

图 8.10 间隔 23 年的第一次森林采伐实验和第二次森林采伐实验,采伐后森林恢复的 23 年间,每年流域径流变化观测值与预测值(Sun et al.,2004)

观测结果吻合(Lu et al.,2009)。对北卡罗来纳州火炬松种植园采伐的林地和不采伐的林地的日总蒸发散进行比较的研究表明,有森林的地区蒸散快,蒸散值高;采伐后的地区,蒸散值低(Sun et al.,2010)。在科罗拉多河流域干旱地区,400~600 mm 年降水区域,假如森林全部采伐,产水量将增加 100mm(MacDonald and Stednick,2003)。

8.3.1.2 气候变化对森林水资源的影响

全球气温在升高(尤其是最近 30 年来)是一个不争的事实。最新气候观测数据显示,2000—2009 年是 19 世纪 80 年代有气温记录以来最热的 10 年。据国际气候变化权威机构 IPCC(http://www.ipcc.ch/)预测,由于受人类活动的影响,到 21 世纪末,全球平均气温将再升高 $1.0\sim3.6\,℃$。但这还不是气候变化的全部内涵,温度升高还伴随着气候的其他变量在空间上的变化。主要表现在:① 大气层底层温度升高,大气层上层温度降低;② 两极地区比赤道附近温度升高得快;③ 陆地比海洋温度升高得快;④ 冬季比夏季温度升高得快;⑤ 夜晚比白天温度升高得快;⑥ 水文循环加快使高纬度地区降水增加,而亚热带地区降水减少。

气候变异增加,表现为大暴雨增多,历时增加,无雨或小雨的日子也增多,干旱程度增强。未来气候变化和其他胁迫因素,如 CO_2、CH_4、NO_x、O_3 等温室气体浓度增加、土地利用变化、海平面上升、外来物种入侵等都会直接或间接影响包括森林水资源在内的森林生态系统功能(图 8.11,表 8.1)。

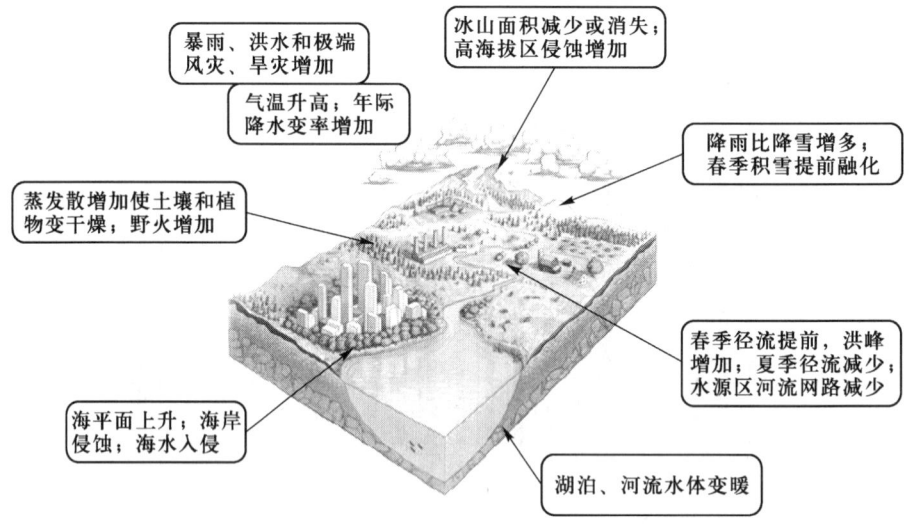

图 8.11　气候变化对流域生态系统的影响示意图(美国林务局,2009)

8.3.2　森林水文学原理对于气候变化下中国森林经营的启示

随着中国经济高速发展、国力增强、生活质量不断提高,人们对于森林功能(如碳汇、改善环境等)的认识增强,当前中国林业进入了全面发展的黄金时期。为减少 CO_2 净排放,对缓解气候变化做出自己的贡献,中国已承诺要在今后十年再增加林地面积 4 000 万 hm^2,每年全民植树两亿多棵。这样大规模的造林活动举世瞩目。建立在科学基础上的营林理念就更显重要。

表 8.1 气候变化对森林水资源和流域生态系统服务功能的影响

气候变化类型	影响区域	生态系统的响应	对生态系统服务功能的影响
气温升高	高海拔、高纬度及内陆区域升温最大，沿海地区升温最低	蒸发散增加，总河川径流量减少，减少季节性河流径流历时。由于火灾、洪灾、崩塌等大的干扰造成的水土流失增加。湖水温度增加，地表水生产力增加，土壤有机质分解速率增加，年内土壤变干时间提前	对水生生境，尤其是冷水鱼类环境产生不良影响。水供应量和质量降低。饮用水水处理费用增加。水库蓄水量减少。冷水水生栖息地减少，温水水生生境增加。灌溉用水需求增加
频率高、时间长的干旱	区域变异性大	夏季气温高、土壤湿度低、大的火灾发生频率增加、森林死亡，降低了植被覆盖率，短期内增加了产水量，容易导致水灾。河流中大的倒木短期增加，但长期来看，呈减少趋势。减少了地下水补给	降低了自然洪水调节功能，对基础设施和发达地区造成危害。土壤生产力下降。干扰了文化娱乐活动。有毒的蓝绿藻类在湖泊和水库出现频率增加。改变了溪流和湖泊养分输入和自循环。地下水的枯竭增强
降水频率和季节的改变	多雨和高纬度地区变得潮湿，干燥和低纬度地区变得干燥。夏季降水在一些地区可能增加，而在另外一些地区则可能下降	改变径流格局和总量，并改变河道的形状，同时影响径流的洪峰流量和泥沙量。干旱严重程度发生变化，植被也因此发生变化。而且，改变土壤侵蚀率和地下水补给率，河流基流相应发生变化	增加或减少水供应。与水沙变化相关的水质变化复杂。增加或减少水电发电能力。生态变化随土壤、溪流、湖泊和湿地水量变化而变化

森林水文学在过去一个世纪的研究成果对中国森林经营有很多启示。首先，要科学认识森林植被的生态学作用，不能忽视也不能片面夸大。忽视森林的水文作用必然导致"穷山恶水"；而过分夸大森林的水文调节作用，也会在生产上适得其反。如在中国西北地区，片面强调植树的作用，从而出现"土壤干化"和"小老头树"现象，不仅没有达到植被恢复的生态学目的，还会造成新的水土流失。人们已逐渐认识到，造林不等于造水，造林不等于修建绿色水库；再造林可

能会减少土壤侵蚀,但对大的洪水影响有限;在降水充沛的地区,自然恢复可能是重建生态系统最好的方法(Cao,2008)。气候变化为森林经营、实现森林的生态效益提出了严重挑战。中国的森林多为中幼林,人工植被占主导植被类型,对气候变化引起的极端土壤干旱、病虫害扩散的适应性较差。未来的森林经营中有关树种组成、植树密度、营林目标都要有所调整。要想成功实现恢复森林生态系统的结构,最大限度发挥森林的多重服务功能,不同尺度生态水文规律必须得到尊重。

■ 主要参考文献

魏晓华,孙阁.2009.流域生态系统过程与管理.北京:高等教育出版社.

孙阁.2011.森林植被恢复和气候变化对生态系统水量平衡的影响.现代生态学讲座(V):宏观生态学与可持续性科学.邬建国,李凤民主编.北京:高等教育出版社.

Andreassian V. 2004. Waters and forests: From historical controversy to scientific debate. Journal of Hydrology, 291:1-27.

Bonan G B. 2008. Forests and climate change: Forcings, feedbacks, and the climate benefits of forests. Science, 320:1444-1449.

Bradshaw C J A, Sodhi N S, Peh K S-H and Brook B W. 2007. Global evidence that deforestation amplifies flood risk and severity in the developing world. Global Change Biology, 13:2379-2395.

Brown T C, Hobbins M T and Ramirez J A. 2008. Spatial distribution of water supply in the coterminous United States. JAWRA Journal of the American Water Resources Association, 6(44):1474-1487.

Burt T and Swank W T. 2002. Forest and floods? Geography Review, 15:37-41.

Cao S. 2008. Why large-scale afforestation efforts in China have failed to solve the desertification problem. Environ. Science Technology, 42:1826-1831.

Chen L, Wang J, Wei W, Fu B and Wu D. 2010. Effects of landscape restoration on soil water storage and water use in the Loess Plateau Region, China. Forest Ecology and Management, 259:1291-1298.

Eisenbies M H, Aust W M, Burger J A and Adams M B. 2007. Forest operations, extreme events, and considerations for hydrologic modeling in the Appalachians—A review. For. Ecol. Manage., 242:77-98.

Furniss M J, Staab B P, Hazelhurst S, Clifton C F, Roby K B, Ilhadrt B L, Larry E B, Todd A H, Reid L M, Hines S J, Bennett K A, Luce C H, Edwards P J. 2010. Water, climate change, and forests: Watershed stewardship for a changing climate. Gen. Tech. Rep. PNW-GTR-812. Portland, OR: U.S. Department of Agriculture, Forest Service, Pacific Northwest Research Station. 75.

Hewlett J D. 1982. Principles of Forest Hydrology. Athens: The University of Georgia

Press.

Ice G G and Stednick J D. 2004. A Century of Forest and Wildland Watershed Lessons. Society of American Foresters. Bethesda, Maryland. 287.

Jackson R B, Jobba'gy E G, Avissar R, Roy S B, Barrett D J, Cook C W, Farley K A, le Maitre D C, McCarl B A and Murray B C. 2005. Trading water for carbon with biological carbon sequestration. Science, 310: 944 - 947.

Law B E, Falge E, Gu L, Baldocchi D D, et al. 2002. Environmental controls over carbon dioxide and water vapor exchange of terrestrial vegetation. Agricultural and Forest Meteorology, 113: 97 - 120.

Liu Y, Stanturf J and Lu H. 2008. Modeling the potential of the Northern China Forest Shelterbelt in improving hydroclimate conditions. Journal of the American Water Resources Association, 44(5): 1176 - 1192.

Lu J, Sun G, McNulty S G and Comerford N. 2009. Sensitivity of pine flatwoods hydrology to climate change and forest management in Florida, USA. Wetlands, 29(3): 826 - 836.

MacDonald L H and Stednick J D. 2003. Forests and Water: A State-of-the-Art Review for Colorado. CWRRI Completion Report No. 196.

Moore-Myers J A, Sun G and Vose J M(Eds.). 2009. Proceeding of the 2nd International Conference on Forests and Water in a Changing Environment. Raleigh, NC. September 14 - 16.

Makarieva A M, Gorshkov V G and Li B L. 2009. Precipitation on land versus distance from the ocean: Evidence for a forest pump of atmospheric moisture. Ecological Complexity, 6: 302 - 307.

Pielke Sr R A, Adegoke J, Beltr A, AN-PRZEKURAT C A, Hiemstra J, Lin J, Nair U S, Niyogi D and Nobis T E. 2007. An overview of regional land-use and land-cover impacts on rainfall. Tellus, 59B: 587 - 601.

Ryan M G, Harmon M E, Birdsey R A, Giardina C P, Heath L S, Houghton R A, Jackson R B, McKinley D C, Morrison J, Murray B C, Pataki D E and Skog K E. 2010. A synthesis of the science on forests and carbon for U. S. Forests. Ecological Society of America, Issues in Ecology. 13: 1 - 16

Sun G, Riekerk H, Kornak L V. 2000. Groundwater table rise after forest harvesting on cypress-pine flatwoods in Florida. Wetlands, 20(1): 101 - 112.

Sun G, Zhou G, Zhang Z, Wei X, McNulty S G and Vose J M. 2006. Potential water yield reduction due to reforestation across China. Journal of Hydrology, 328: 548 - 558.

Sun G, McNulty S G, Moore Myers J A and Cohen E C. 2008a. Impacts of multiple stresses on water demand and supply across the Southeastern United States. Journal of American Water Resources Association, 44(6): 1441 - 1457.

Sun G, Liu S, Zhang Z and Wei X. 2008b. Forest hydrology in China: Introduction to the featured collection. Journal of American Water Resources Association, 44(5): 1073 - 1075.

Sun G, Sun O J and Zhou G. 2009. Water and carbon dynamics in selected ecosystems in China. Agricultural and Forest Meteorology, 149: 1789 – 1790.

Sun G, Noormets A, Gavazzil M J, McNulty S G, Chen J, Domec J-C, King J S, Amatya D M and Skaggs R W. 2010. Energy and water balance of two contrasting loblolly pine plantations on the lower coastal plain of North Carolina, USA. Forest Ecology and Management, 259: 1299 – 1310.

Sun G, Caldwell P, Noormets A, Cohen E, McNulty S G, Treasure E, Domec J-C, Mu Q, Xiao J, John R and Chen J. 2011. Upscaling key ecosystem functions across the Conterminous United States by a Water-Centric Ecosystem Model. Journal of Geophysical Research: Biogeoscience, 116: 1 – 16.

Zhang L, Dawes W R and Walker G R. 2001. Response of mean annual evapotranspiration to vegetation changes at catchment scale. Water Resources Research, 37: 701 – 708.

Zhang X P, Zhang L, McVicar T R, Van Niel T G, Li L T, Li R, Yang Q K and Liang W. 2008a. Modeling the impact of afforestation on mean annual streamflow in the Loess Plateau, China. Hydrological Processes, 22: 1996 – 2004.

Zhang X P, Zhang L, Zhao J, Rustomji P and Hairsine P. 2008b. Responses of streamflow to changes in climate and land use/cover in the Loess Plateau, China. Water Resources Research, 44: W00A07.

第9章

水生态系统危机的挑战和可持续水资源管理

刘秦勤
美国加利福尼亚州水资源局

9.1 前言

水是生命之源,是人类生存的物质基础和必要条件。水资源可持续利用是人类面临的一大挑战。随着人口增长和经济的发展,对水资源的需求量也在增加,水资源供求和生态环境的矛盾也日益突出,尤其是水资源的短缺、水生态环境的污染已成为全球关注的热点。社会经济可持续发展的核心是自然资源的可持续利用,水资源既是人类社会生存和发展不可替代的稀缺自然资源,又是生态和环境的基本要素。中国人多水少,水资源时空分布不均与生产力的布局不匹配。美国加利福尼亚州也面临着同样严峻的水资源分布和短缺的形势。现以加利福尼亚州为例,对生态服务和可持续水资源的综合管理进行概述和探讨,以提供值得我们研究和借鉴的管理系统的理念、方法及信息。

9.2 水资源与生态系统危机

9.2.1 严峻的水资源形势

水资源是自然资源和战略性的经济资源,是生态环境和可持续社会经济发展的控制性要素,是一个国家综合国力的重要组成部分。随着人口增加和经济发展的加快,人类社会对水资源需用量大幅度增加,生态环境和水供求矛盾日益尖锐而导致的"水危机"相继出现,从而使人们逐渐认识到"水是人类生存和发展不可替代的、有限的、易破坏的自然环境和经济资源"。加上近年来,全球气候变暖,极端水旱灾害事件的频发与并发使水资源环境形势更为严峻。

与世界大多数地区相比,加利福尼亚州面临着更为严峻的水资源形势。加利福尼亚州(图9.1)是美国人口最多的州(约占美国人口的10%)。加利福尼亚州的经济在世界的排名为前6到8位。严峻的水环境形势和水资源时空和供求分布不均,不仅使其经济面临着更大的危机,而且对美国和世界的经济都会产生巨大的负面影响。加利福尼亚州北部萨克拉曼多(Sacramento)水流域是其水资源的主要源头,中央谷和南加利福尼亚州不但缺乏水资源,而且是加利福尼亚州人口最多、农业和工业及城市用水量最大的区域。加利福尼亚州北水南调工程的建立和调控是解决水资源供求和时空分布不均问题的关键。在北水南调过程中,北加利福尼亚州萨克拉曼多水流域提供了约80%的水,通过湾区三角洲的输水系统枢纽和加利福尼亚州输水系统到达中央谷和南加利福尼亚州,供给所需要的农业、工业及城市用水。

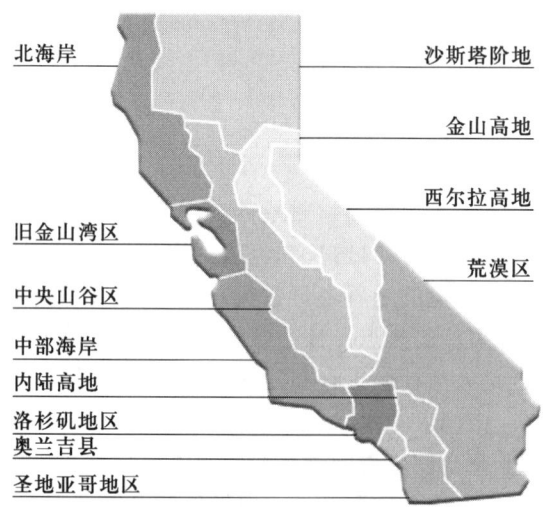

图9.1 加利福尼亚州地域分布图

9.2.2 水资源和生态系统危机

加利福尼亚州水资源生态系统面临的严重危机包括:地震、水灾、地球变暖、水环境的污染、湿地生态系统严重退化、本土物种濒危和生境退化、外来物种入侵(Service,2007;Jassby,2008;NRC,2010a;DWR,2009b)。*Science*曾对加利福尼亚州水资源生态系统面临的严重危机做了专题报道(Service,2007),并预测了加利福尼亚州由三角洲大堤损坏所带来的水资源危机,而三角洲大堤所形成的输水系统是北水南调的枢纽(图9.2和图9.3)。加利福尼亚州因为几十年经济的高速发展和对自然界的过度开发及对水资源的极大需求(图9.4)而受到了大自然的严惩,所面临的水资源危机包括了三角洲输水系统和水利工程的损坏以及海水倒灌带来的水环境的污染(图 9.5)。水资源与生态环境相互作用、相互影响,已经成为加利福尼亚州经济可持续发展的两大制约性因素。对于水资源必须合理开发、有效保护、可持续利用。这样,经济才能得到持续健康的发展(NRC,2004;NRC,2010b)。

图 9.2 三角洲大堤所形成的输水系统(Service,2007)

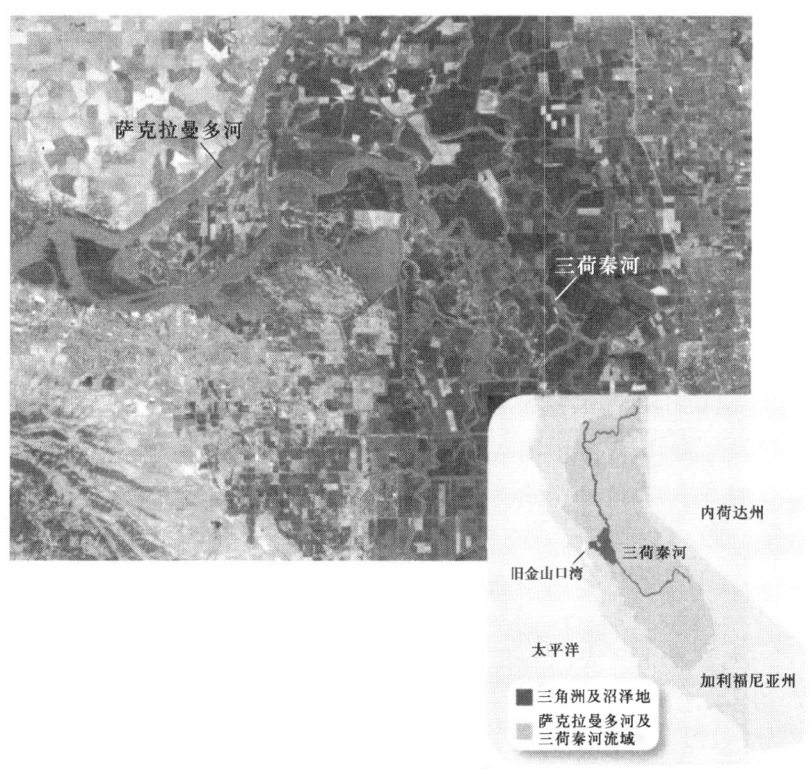

图 9.3 三角洲输水系统是北水南调的枢纽(Service,2007)

加利福尼亚州三角洲水域有 500 多个种类的物种及生境,有很多种濒危物种和栖息地,大面积的农田和防护大堤,还有主要的北水南调输水系统的枢纽和水上运输及公共交通运输系统。近年的科学研究(Jassby,2008)表明,三角洲水域水质变劣和人数增长具有密切的相关性(图 9.6,Jassby,2008);而且外来入侵物种(*Corbula*)进食绿藻类引起了光合产物急剧下降而带来了食物链效应(图

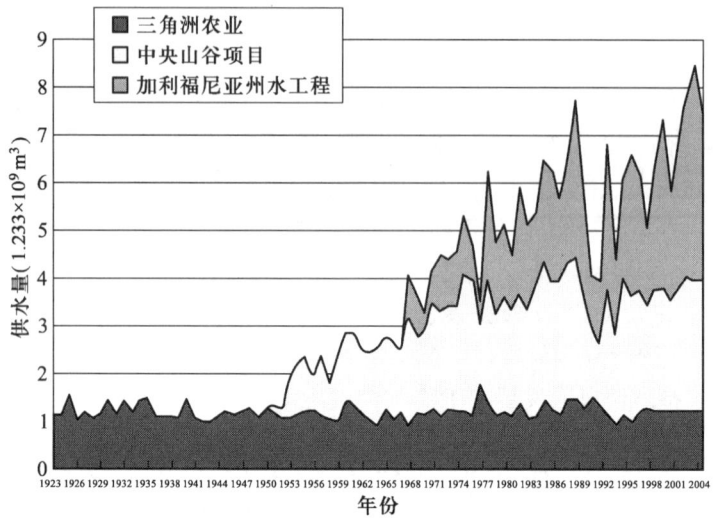

图 9.4 加利福尼亚州和美国国家联邦水利工程
(SWP&CVP)近年供水量剧增(Service,2007)

9.7,Cloern,2007)。这些水域生态系统环境的改变带来了本土生物资源的消减趋势;特别是三角洲浮游鱼类的消减(图9.8)而引发了濒危物种的保护对输水系统输水的限制。

政府间生态研究合作团队作了对加利福尼亚州三角洲水域浮游鱼类包括濒危物种消减趋势的起因可能性的探讨(IEP POD Conceptual Model);三角洲输水系统水外调是可能的因素之一。濒危物种和水生态系统的危机加剧了加利福尼亚州的水资源危机,也引发了以濒危物种法而限制三角洲输水系统输水(NRC,2010a),以缓解环境用水和农用水以及城市用水之间的冲突及对水生态系统和濒危物种的负面效应。对濒危物种的保护而限制三角洲北水南调工程的输水极大地影响了加利福尼亚州3 000多万人口的供水和上亿美元的农业用水。

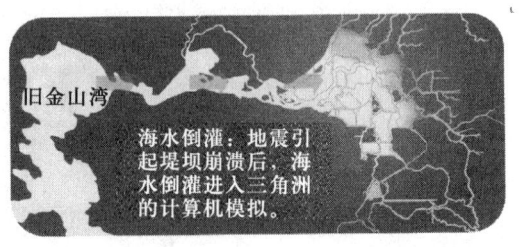

图 9.5 海水倒灌带来的水环境污染的模型
(Service,2007)

气候变化对水资源的影响和威胁包括:温度增加、融雪水流失、干旱、洪涝、海平面上升等。这些因素也加剧了水资源的危机(DWR,2009a)。面对环境用水和农用水以及城市用水之间的冲突和生态系统的危机,对水资源可持续利用途径和生态服务的探讨是水资源综合管理的关键议题。

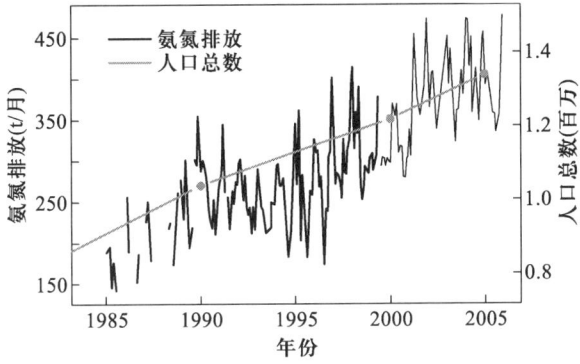

图 9.6　水质变劣和人数增长的相关性(Jassby,2008)

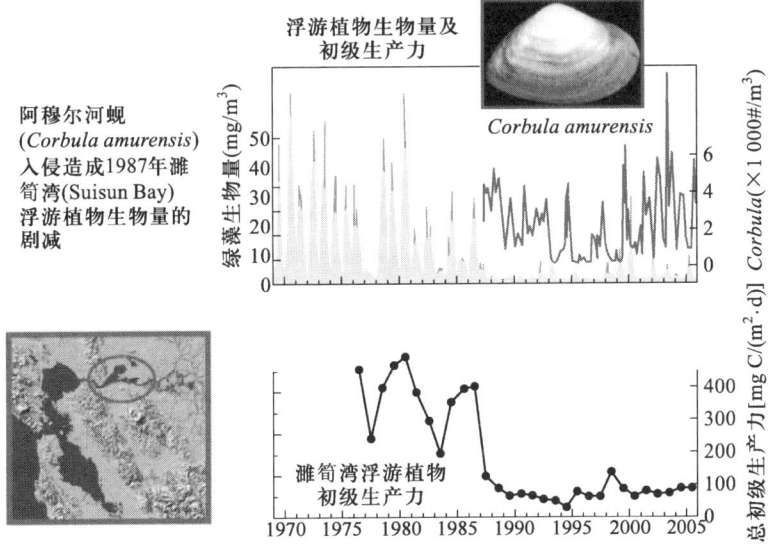

图 9.7　外来入侵物种和食物链效应(Cloern,2007)

9.2.3　生态系统服务和可持续水资源综合管理

自然资源的可持续性(sustainability,Palmer et al.,2004)是指可再生的自然资源(如地表水等)在时空上能够连续下去。可持续发展既强调公平性也要求协调性。协调性是指社会之间的和谐以及人类与自然间的和谐。而协调性的关键是要考虑行为的后果,避免对社会和生态环境造成不良影响。自然资源具有了可持续性,它才能不断地满足人类以及其他生命的需求。而保持自然资源代际代内的均等性,才能保持人类与自然资源的共生互惠和可持续的长远关系(Loucks,2010;夏军等,2005)。

很多复杂的因素影响水资源的可持续利用,包括政治、经济、科学、技术、法

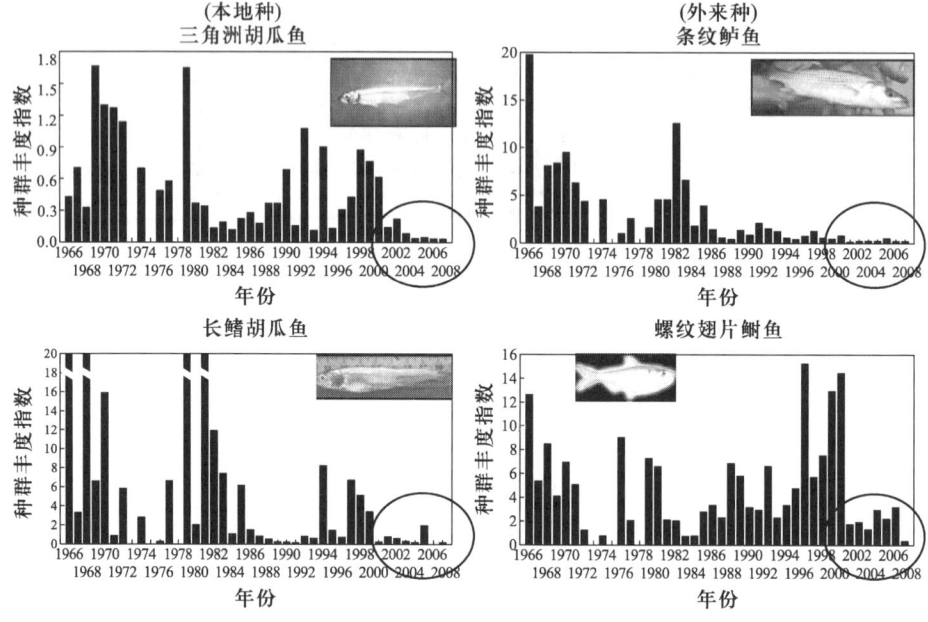

图 9.8　加利福尼亚州三角洲水域浮游鱼类的消减趋势(Baxter et al.,2008)

律和体制,等等。其中管理体制对可持续水资源综合管理所起的作用是巨大的。可持续水资源管理是当今世界水问题研究的热点,也是中国水资源可持续利用要探讨的重大问题。现以美国加利福尼亚州为例,对生态系统服务和可持续水资源综合管理问题的探讨可分为如下几个方面:

(1) 管理体制对水资源可持续利用和生态服务的作用和影响

① 完善的法律法规体系

完善的法律法规体系为水资源可持续利用和生态服务提供了法律保障。美国加利福尼亚州具有一系列较完善的涉水的法律法规,其中包括濒危物种法和其他相关的环境法规。

(a) 濒危物种法(国家濒危物种法和加利福尼亚州濒危物种法)

濒危物种法是最有力度的法规,它包括的主要内容有:列出濒危物种种类,指明列出濒危物种种类的临界生境条件,禁止对濒危物种的捕杀,评价对濒危物种的影响,对所有濒危物种及其生境的保护和保持,实施早期监测避免潜在的不良影响,开展对濒危物种的恢复计划和监测,开展适当的缓减计划和实施对损害濒危物种的禁令。

(b) 其他主要的相关环境法规

对环境和水资源综合管理和政策起着重要作用的其他主要环境法规包括:国家环境法、加利福尼亚州环境质量法、净水法和加利福尼亚州水法规。

法律以其特有的规范性、概括性、普遍性、强制性发挥着其他手段和措施所不具备的作用。通过法律手段以保护生态系统和保障水资源的合理开发、科学配置、优化调度、高效利用。它不但对协调加利福尼亚州的可持续经济发展和环境保护起到了强有力的法律保障作用,而且对生态系统和可持续水资源的综合管理提供了有力的保障。

② 水资源统一管理的权力机构

自然界水循环的突出特点是生态系统的流域性,水资源的这种流动性和流域性,决定了水资源按流域统一管理的必然性。依据水资源在生态系统中的流域特性,美国加利福尼亚州建立的以流域为基础的水资源统一管理机构及流域执法的体制;这种决策管理的模式及实施经验值得研究和借鉴。建立精简、有效、权威、有独特运行机制的流域管理机构是实现生态和水资源有效保护及水资源可持续利用的关键因素。加利福尼亚州水资源局负责制定可持续水资源的综合管理和规划(加利福尼亚州水规划),并协调和支持各流域的综合规划以及水资源供求和水资源保护等专项规划,同时协调处理水量调配和生态环境保护等宏观决策事宜。

为解决近年来生态系统危机和水资源可持续利用的问题,特别是三角洲水域生态系统和输水系统供水的矛盾,加利福尼亚州政府采取了如下综合性管理措施:

(a) 加利福尼亚州长三角洲蓝图特别工作机构

加利福尼亚州三角洲输水系统是北水南调枢纽供水调控的关键。2006年,加利福尼亚州州长下令(Governor Schwarzenegger's Executive Order S-17-06)组成州长三角洲蓝图特别工作机构(Governor's Delta Vision Blue Ribbon Task Force),以制定三角洲水资源可持续管理远景蓝图(http://www.deltavision.ca.gov/BlueRibbonTaskForce/FinalVision/)。这个远景蓝图确定了加利福尼亚州三角洲生态系统的保护和供水可靠性是可持续水资源综合管理的双重目标(DWR,2010a)。从而确定了水资源的生态环境和供水双重功能对加利福尼亚州可持续发展的至关重要的地位。

三角洲远景蓝图的双重目标不仅要求供水的可靠性而且以保护、重建和促进加利福尼亚州三角洲生态系统为宗旨,并将这个双重目标纳入了加利福尼亚州水法规(Delta Council,2009;DWR,2010a)。这对生态服务和可持续水资源综合管理的长远目标的实现提供了有力的法规和政策保障。

(b) 三角洲管理委员会

2009年,由加利福尼亚州立法建立的三角洲管理委员会(Delta Council,2009)制定了以生态系统和供水可靠性双重目标为指引的三角洲规划(Delta Plan)。从而将指引加利福尼亚州供水的可靠性和三角洲生态系统保护、重建和促进所采取的具体措施和行动。该管理委员会还下设三角洲科学机构以提供双重目标的实施所需要的科学和生态服务。

(2) 规划和措施对生态服务和可持续水资源综合管理的作用和影响

为了实现加利福尼亚州三角洲生态系统保护和供水可靠性的双重目标及加强流域的综合规划和管理，州政府制定了或正在制定一系列的可持续水资源综合管理的规划和措施，其中主要包括：三角洲远景蓝图和三角洲规划、三角洲保护计划和加利福尼亚州水规划。

① 三角洲远景蓝图和三角洲规划

三角洲远景蓝图（DWR，2010a）针对生态系统与加利福尼亚州长期发展对水资源的需求，确定了保护生态系统和供水可靠性的双重目标，并制定了解决水生态系统危机与可持续水资源需求问题的长期策略。在这个双重目标的指引下制定的三角洲规划（Delta Council，2009）将对供水的可靠性及三角洲生态系统保护，重建和促进的具体措施（如三角洲保护计划）和行动起到纲领性的指导作用。

② 三角洲保护计划的制订和实施

在三角洲远景蓝图和三角洲规划指引下，三角洲保护计划（BDCP，2010）的制定和实施是解决生态系统危机与水资源需求问题的关键性措施和环境友好型的水资源管理模式。生态和物种保护及输水系统相结合的工程——周边输水系统成为了解决问题的核心。周边输水系统可减免由输水而引发的濒危物种和水生态系统的矛盾。这个周边输水系统工程也会给三角洲流域带来新的环境问题。加利福尼亚州和联邦政府正在协调和制定三角洲保护计划以满足环保法[（国家濒危物种法（FESA）和加利福尼亚州濒危物种法（CESA）]对这个输水系统工程实施的要求。制定这个对三角洲地区物种和生境与生态系统的保护计划，从而获得三角洲输水系统工程和调控的长期（50年）许可证，同时实现三角洲保护计划的目标。

三角洲保护计划的目标包括对生态系统的重建，生态系统和濒危物种与生境的保护。其中保护的濒危物种包括鱼类（中央谷虹鳟，萨克拉曼多水域大马哈鱼，三角洲沙钻鱼、绿鲟鱼和长鳍鱼等）以及其他多种动植物种类。这是美国及加利福尼亚州前所未有的大型的生态系统和濒危物种与生境的保护计划。其中加利福尼亚州和联邦政府共同参与组织了程序委员会以及分析工作组、物种保护目的和目标工作组、生境再建工程技术组等工作组。这为制定三角洲保护计划及生态系统和物种保护以及水资源可持续利用提供了具体工作的组织保障。

③ 加利福尼亚州水规划

加利福尼亚州水法规要求州水资源局每5年制定一次水规划（DWR，2009b）。2009年，加利福尼亚州水规划将供水、输水、防洪和生态环境服务列入水资源综合性管理之中。这个规划对生态系统和水资源的可持续利用及综合性管理制定了目标和途经。对全州以及各流域的生态系统和具体的水资源管理计划和行动有着积极的指导作用。

加利福尼亚州水规划综合了供水、输水、防洪和环境保护及服务的多种功能，其强调的理念有：水资源可持续利用和人与自然和谐相处，节水和水的再利用，统筹综合考虑生活、生产和生态用水，综合性洪水管理——雨洪资源科学利用和生态恢复结合，充分依靠大自然的自我修复能力，三角洲输水工程和生态系统的协调，发挥和调控水利工程的生态功能，维护流域健康，气候变化及其对水资源影响的分析及应对措施等。水规划拟定了可持续发展的、环境友好型的水资源综合管理方案。通过可持续水资源综合性管理，改善河流的生态状态，把水资源管理的元素整合到生态环境和可持续发展中去。

9.2.4 科学和生态服务在可持续水资源综合管理中的作用

可持续水资源综合管理不但涉及科学和实践领域较广，而且涉及科学问题的复杂性、客观性及不确定性。理论研究与实践迫切需要探讨可持续水资源综合管理的多学科和交叉学科的问题。其中包括数学和模拟、生物、生态和生态模拟、统计学与数据分析、水文和水质、环境保护法与政策、水资源和生态系统环境规划等。水资源可持续利用阐述起来很简单，但操作起来很复杂。总结科学和生态服务在可持续水资源综合管理中的作用与管理经验有助于生态服务的实践和目标的实现。以自然流域为单元的统一的科学组织机构和管理模式是提供可持续水资源生态服务的关键。以加利福尼亚州三角洲为例，为可持续水资源管理提供科学和生态服务的有：三角洲管理委员会科学机构和政府机构间合作的生态计划科学团队。

（1）加利福尼亚州三角洲管理委员会的三角洲科学机构

加利福尼亚州三角洲管理委员会（DWR，2009c）的三角洲科学组织机构包括：① 三角洲独立的科学委员会和三角洲科学项目组。三角洲独立的科学委员会的成员由加利福尼亚州三角洲管理委员会定期任命。这10名成员都是世界上多种相关学科的学术带头人。科学委员会发挥着多学科生态服务的总体监管功能，其监管的范围有科研、监测和项目评估。② 三角洲科学项目组是由加利福尼亚州政府的科学家组成，其功能是综合和提供可持续水资源管理决策所需要的科学信息，在多学科的综合、协调、沟通和生态服务与可持续水资源管理决策中发挥着重要的作用。

（2）政府机构间合作的生态计划科学团队（IEP）

多学科多部门合作的生态计划科学团队对加利福尼亚州三角洲水资源管理和调控决策提供了具体的科学和生态科研和监测服务。它的主要任务是为更有效地管理三角洲提供生态和生态信息，为执行环境法和保护濒危物种提供科学依据和相关的生态服务。科学团队在很多政府机构的共同努力下，组成并开展了多项生态学和各学科之间的交叉性科学合作研究。它的研究成员主要是来自国家政府机构（鱼类和野生动物局、开垦局、地质服务局、工程兵团、海洋渔业局、环境保护局)和加利福尼亚州政府机构(水资源局、鱼类和动物局)的科学家和研究梯队。大学的研究组织也参与它的科研和监测服务,这样就很大程度地避免了不同部门对科研和监测服务整体性的分割,有效地协调和整合了研究计划的目标和人力物力资源。

政府机构间合作的生态计划科学团队确定的目标如下:① 评价影响三角洲环境和生物资源的因素,② 为遵守环境法律和政策决策提供科学依据和借鉴,③ 确定人类活动对生物和环境资源的影响,④ 避免或抵消三角洲输水工程操作和调控或其他人类活动带来的生物和环境资源的不利影响,⑤ 提供和整合研究计划组织结构和资源。其中多学科和交叉性科学研究合作的范围有:生物遗传,生理和生态环境,水动力学(日流量、水动力模拟),水质量(综合评价、监测、有毒污染物等),三角洲生物和生态模拟模型,三角洲生态环境监测,中央谷鲑鱼和浮游鱼类的实时监控,湿地生态修复监测等。实施共同的研究计划和目标及资源有效地避免了研究项目由主管部门的不同所带来的分割管理,使得整个研究体系能全面、系统地表述科学和生态服务的总体思想,将可持续水资源的科学和生态服务作为一个有机整体来进行统一规范管理。

以2009年研究工作计划为例,在约15～20研究方向的合作中,100多名科学家参与了55项合作研究,研究预算投入约3 300万美金。其中在加利福尼亚州三角洲水域浮游鱼类消减起因可能性探讨的研究方面(IEP-POD,2010),建立了主要因素相关作用的概念模型(DWR,2010b;IEP-POD,2010),确定了导致三角洲水域浮游鱼类消减的可能因素包括水外调、三角洲水域中农药和有毒物质及其他物理化学环境以及食物链的改变(Brown et al.,2009;Mac Nally,2010;Feyrer et al.,2007;Sommer et al.,2007)。

9.3 科学研究、生态服务和可持续水资源综合管理的途径

加利福尼亚州三角洲水域生态系统环境具有变化性和复杂性,而科学研究的周期长,其结果往往具不确定性。调适性的管理(adaptive management,Holling,1978;Walters,1986;Habron,2003)就成为科学和生态服务及可持续水资源综合管理中采用的主要途径。调适性管理的过程为:生态系统和可持续水资源综合管理问题的确定,概念模型的建立,生物和环境指标的监测和反馈,依据科学和生态监测及反馈的信息对管理目标和措施作调适性的改变。三角洲科学机构采用调适性管理的途径来解决可持续水资源综合管理的科学和决策以及生态重建中复杂和多变的实际问题。

科学研究、生态服务及可持续水资源综合性管理是研究与实践中的新理念(NRC,2004;Palmer et al.,2004),它的实施和操作迫切需要具备多学科知识与综合分析能力的科学管理人才。以加利福尼亚大学圣塔芭芭拉分校

(University of California,Santa Barbara)多学科环境管理专业硕士和博士人才培养为例,它为环境管理专业制定的目标为:不但提供多学科知识与各种分析能力的基础,而且提供解释、设计、传达和执行政策与管理的方法。核心课程有:生态管理系统生态学、环境生物和地球化学、地球系统科学、环境管理经济学、统计学与数据分析、环境保护法与政策、商业与环境、环境政治与政策、环境政策分析入门。它的水资源综合管理专业课程和研究计划还涉及水资源管理、景观生态学、恢复生态学等。

生态系统及可持续水资源综合性管理对多学科和交叉学科知识的要求是对传统教育体系的挑战。传统教育专业课程的局限,导致了知识的人为分割而不能反映真实世界的迫切需要。这种陈旧而导致的知识分裂的传统教育将被多学科和交叉学科的新的教育思想与趋势所取代。国际著名自然科学家Edward. O. Wilson(美国哈佛大学生物学教授)曾对人类知识的统一性做了深刻阐述(Edward,1999)。他强调,我们应该知道"自然科学与人文科学间的关系是什么",而这个关系对"人类社会安全是多么的重要"。这与我们所知的天人合一的思想不谋而合。自然科学家如何将生态和其他科学及人文科学有效地结合在一起,从而担负起自然资源包括水资源的可持续利用和人类社会发展安全的重大责任,这个历史使命对我们的科学、教育和生态服务提出了巨大的挑战。

综上所述,可持续水资源综合管理需要以多学科和交叉学科知识为基础的科学教育和生态服务,而健全完善的管理体制及法律和组织体系对水资源可持续利用和生态服务提供了有力的保障。制定长远和综合性的蓝图规划和措施对可持续水资源综合管理和生态服务具有决定性的指导作用和影响。多学科研究团队的整合、协调和沟通以及调适性的科学管理成为科学和生态服务及可持续水资源综合管理中的重要途径。

主要参考文献

夏军,黄国和,庞进武,左其亭.2005.可持续水资源管理——理论·方法·应用.北京:化学工业出版社.

Baxter R,Breuer R,Brown L,Chotkowski M,Feyrer F,Gingras M,Herbold B,Mueller-Solger A,Nobriga M,Sommer T and Souza K. 2008. Pelagic Organism Decline Progress Report:2007 Synthesis of Results. DFG Report. http://www.fws.gov/sacramento/es/documents/POD_report_2007.pdf.

BDCP(Bay Delta Conservation Plan). 2010. http://bdcpweb.com/Home.aspx.

Brown L R and Bauer M L. 2010. Effects of hydrologic infrastructure on flow regimes of California's Central Valley rivers: Implications for fish populations. River Research and Applications,26(6):751－765.

Cloern. 2007. In shallow habitats. http://science.calwater.ca.gov/workshop presentation, IEP.

Delta Council. 2009. SBX7 1, Creates the Delta Stewardship Council, enacted in special session in November 2009, establishes the framework to achieve the co-equal goals of providing a more reliable water supply to California and restoring and enhancing the Delta ecosystem. These co-equal goals are to be achieved in a manner that protects the unique cultural, recreational, natural resource, and agricultural values of the Delta. http://www.deltacouncil.ca.gov/docs/2009_Water_Bill_Package.pdf.

DWR(Department of Water Resource). 2009a. Possible Impacts of Climate Change to California's Water Supply, Department of Water Resource, State of California. http://www.water.ca.gov/climatechange/articles.cfm.

DWR(Department of Water Resource). 2009b. California Water Plan Update 2009—Highlights, Department of Water Resource. http://www.waterplan.water.ca.gov/

DWR (Department of Water Resource). 2010a. Our Vision for the California Delta. http://deltavision.ca.gov/index.shtml.

DWR (Department of Water Resource). 2010b. Pelagic Organism Decline Overview. http://www.science.calwater.ca.gov/pod/pod_index.html.

Edward O W. 1999. Consilience: The Unity of Knowledge. New York: Vitage Books.

Feyrer F, Nobriga M and Sommer T. 2007. Multi-decadal trends for three declining fish species: Habitat patterns and mechanisms in the San Francisco Estuary, California, U.S.A. Canadian Journal of Fisheries and Aquatic Sciences, 64: 723 - 734.

Habron G. 2003. Role of adaptive management for watershed councils. Environmental Management, 31(1): 29 - 41.

Holling C S. 1978. Adaptive Environmental Assessment and Management. London: Wiley. Reprinted by Blackburn Press in 2005.

IEP-POD. 2010. Conceptual model, ecosystem analysis of pelagic organism declines in the Upper San Francisco Estuary. IEP-POD. http://www.water.ca.gov/iep.

Jassby A. 2008. Phytoplankton in the Upper San Francisco Estuary: Recent biomass trends, their causes and their trophic significance. San Francisco Estuary and Watershed Science, 6(1): 1 - 24.

Loucks D P. 2000. Sustainable water resources management. Water International, 25(1): 3 - 10.

Mac Nally R, James R, Thomson, Wim J. Kimmerer, Frederick Feyrer, Ken B. Newman, Andy Sih, William A. Bennett, Larry Brown, Erica Fleishman, Steven D. Culberson, and Gonzalo Castillo. 2010. An analysis of pelagic species decline in the upper San Francisco Estuary using Multivariate Autoregressive modeling (MAR). Ecological Applications, 20(5): 1417 - 1430.

NRC(National Research Council). 2004. Valuing Ecosystem Services: Toward Better Environmental Decision Making, National Research Council Report.

NRC(National Research Council). 2010a. A Scientific Assessment of Alternatives for Reducing Water Management Effects on Threatened and Endangered Fishes in California's Bay Delta. Committee on Sustainable Water and Environmental Management in the California Bay-Delta.

NRC(National Research Council). 2010b. Review of the WATERS Network Science Plan, National Research Council Report.

Palmer M A, Bernhardt E, Chornesky E, Collins S, Dobson A, Duke C, Gold B, Jacobson R, Kingsland S, Kranz R, Mappin M, Martinez M L, Micheli F, Morse J, Pace M, Pascual M, Palumbi S, Reichman O J, Simons A, Townsend A and Turner M. 2004. Ecological Science and Sustainability for A Crowded Planet: 21st Century Vision and Action Plan for the Ecological Society of America. http://esa.org/ecovisions/.

Service R F. 2007. Environmental Restoration: Delta blues, California Style. Science, 317: 442 – 445.

Sommer T, Armor C, Baxter R, Breuer R, Brown L, Chotkowski M, Culberson S, Feyrer F, Gingras M, Herbold B, Kimmerer W, Mueller-Solger A, Nobriga M and Souza K. 2007. The collapse of pelagic fishes in the upper San Francisco Estuary. Fisheries, 32: 270 – 277.

Walters C J. 1986. Adaptive Management of Renewable Resources. New York: McGraw Hill.

第 10 章

雨水资源利用与生态工程研究

潘绪斌
美国得州农工大学金斯维尔分校环境工程系

"我（雨）是大海的叹息，是天空的泪水，是田野的微笑。"（纪伯伦，《雨之歌》）

随着人口增长、经济发展和全球气候变化，世界将面临严重的水资源危机，进而影响人类的食品安全和自然生态系统。我们可以开发新的能源，提高现有的海水淡化技术，但是短时间内成本依然会很高，因而很难大范围推广。然而，现阶段只要我们能够充分理解全球水循环过程和各种气候事件，并提出适当的补救措施，还是有机会保护我们宝贵的水资源，并且建立一个可持续的发展模式，从而为最终解决这一问题赢得一些时间。中国是一个人均水资源相对短缺的国家，如何应对这一危机对中国政府和人民将是一个巨大的挑战。实施优化现有的水资源系统的一系列工程（包括农田水利建设、南水北调工程、水力发电、人工湿地和集雨设施），将可以缓解未来的缺水问题和当前的金融危机对中国的影响，就像在美国大萧条时期的胡佛水坝建设和田纳西流域管理。

降雨是自然界水循环的重要组成部分，而雨水也是水资源的另外一种表现形式。当前的水资源管理偏重于地表河流和地下水，对雨水及其初始径流并未给予必要的重视。在当前中国水资源整体缺乏、水体污染日益严重的情形下，如何合理开发利用雨水资源并有效防止雨水污染是一个极具现实意义的研究课题。

雨水的利用保护和防治，都需要从量和质两方面来考虑。雨水在农业生产方面有着重要的作用，但是由于水利设施不够发达，降雨过少，容易发生旱灾；降雨过多，又会造成洪水威胁，冲毁房屋、庄稼、农田等。两种灾害如果足够严重，都会造成粮食短缺，进而引发社会问题。中国的城镇化从1996年至今连续十几年的高速发展，2008年的城镇化水平已经是45.7%（邹德慈，2010），与此同时还伴随着大量的老城改造工程。然而城市尤其是大城市群的过快发展,合理的规划和必要的配套措施并没有一并跟上,引发了一系列生态环境问题,尤其是水资源的供给问题。在中国华北地区,水资源优先供给北京、天津等大城市,使得周边农村地区的农业生产用水非常紧张,造成水资源的开发枯竭,地下水位逐年下降,农业高产区白洋淀流域在2000—2007年地下水埋深年均降0.99 m(季志恒等,2010)。

10.1 降雨流程分析

雨水的利用和防治主要涉及两个物化过程:降雨(precipitation)和渗透与地表径流(infiltration and overland flow)。降雨是指空气中水汽凝结在重力作用下降落到地面的过程(图10.1)。一方面,它受当时的温度、水汽含量以及风的影响;另一方面,空气品质本身也会影响雨水的质量,比如现在危害很大的酸雨,就是由于空气中的硫氧化物和氮氧化物转化而来。在全球变暖的大背景下,局部降雨的时空分布也将有巨大变化,这对人类的日常生活和农业生产都会产生巨大的影响。雨水到达地面后,一部分将渗透到土壤里面,可以被植物根系吸收,也可形成地下水;另一部分将在地面形成涓涓溪流,汇聚成溪河,最后流向大海。地表的土地使用情况将对雨水造成影响,如果地表植被覆盖良好,有助于涵养水源和提高水质。当地的社会经济情况也会对它产生间接作用,城市地区的地表径流就会含有更多的化学物质。而市政建设,比如垃圾处理、管道设施也将直接影响雨水的量和质。

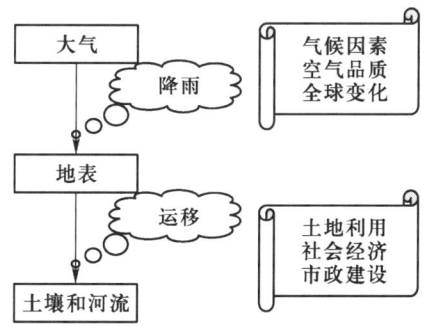

图10.1 降雨过程示意图及影响因素(Pan et al.,2010)

10.2 雨水资源

水是生命的源泉,也是工农业生产、经济发展和环境改善不可替代的极为宝贵的自然资源。中国由于人口众多,经济发展迅速,对水资源有着巨大的需求。

但是一方面水资源分布不均,另一方面水资源浪费和污染严重。而雨水资源的开发利用和污染防治将有助于缓解这一困境。

中国西部,由于降雨稀少,集雨工程应该针对降雨尚未到达地面时的截留,这样既可以增加集雨的体积,还能保证集雨的水质。如果配合节灌技术,集雨工程将在实现农业现代化、农民脱贫致富、水资源可持续利用、减少黄河下游泥沙淤积、水土保持生态工程建设和水利建设等方面起到积极作用。

自1998年特大洪灾以来,中央和地方虽然加大了财政投入,兴修大型水利基础设施,但是对事关农业稳产、高产的小型农田水利设施重视不够,建设和管护力量不足,很多农田水利设施年久失修、带病运行,农业生产抗风险能力较差。事实上,中国北方干旱部分原因来自于近些年来对农田水利建设的忽视。由于单个农户无法承受农业水利工程的巨大成本,因此他们倾向于开采地下水。这不仅简单廉价,并且容易确立所有权。然而,缺乏协调和过度开采已经造成了很严重的环境问题,例如地下水位下降、地表沉降和海水入侵。这就迫使居民挖深水井,结果又进一步增加了问题的严重性。如果有足够的财政支持、合理的规划和管理,中央和各级地方政府可以组织成千上万的农民再次建立一个系统而科学的灌溉和排水网络,合理利用雨水缓解农业灌溉用水困境。

然而,即使这个网络成功,中国北方仍然有缺水问题,作为某种意义上雨水时空转移的南水北调工程将缓解这一问题。作为世界上最大的供水项目和历史上最有争议的公共计划,它将连接长江、黄河和海河流域,从而平衡水在中国北方和南方的供应和需求。但是由于该计划涉及大规模的人口迁移并且存在较高的生态风险,需要各部门给予更多的关注和论证研究。通过应用生态工程原理和采用适应性管理,仍然有许多机会能够优化流域的生态系统服务(Mitsch and Jørgensen,2004)。

城市雨水利用和防治技术是从20世纪80年代到90年代发展起来的。它不仅要减轻城市水灾内涝的威胁,降低雨水带来的环境负面效应,还要将雨水排放资源化,利用现代生态工程技术增加生态系统服务。在雨水利用技术已经达到世界领先水平的美国、德国和日本等国家,城市雨水利用已经纳入城市总体规划,技术也进入了标准化和产业化的阶段。

10.3 雨水污染

如果雨水资源不能合理规划,不仅会造成洪涝灾害,还可能会加重流域的水体污染(Wong,2006)。由于快速城市化,雨水逐渐成为非点源水污染的主要原因。表10.1列出了美国国家雨水质量数据库(National Stormwater Quality Database)的雨水主要水质参数(Pitt et al.,2008)。从表中可以看出,雨水中含有大量的金属离子、氮磷营养物以及细菌。如果这些含有重金属污染的雨水没有妥善管理,非生物降解的重金属将会在生态系统中累积,对人类的健康产生不利影响,产生急性毒性和致癌风险(Wu and Zhou,2009)。如果路面有4%的面积使用沥青,将会导致在雨水汇集处沉淀物表层潜在致癌物总多环芳烃浓度增加100倍(Watts et al.,2010)。

表10.1　美国国家雨水质量数据库雨水主要水质参数(Pitt et al.,2008)

	中位数	变异系数	样本量	可测比
总悬浮固体(mg/L)	62.0	2.2	6 780	99
化学需氧量(mg/L)	53.0	1.1	5 070	99
粪大肠菌群(个/L)	4 300	5.0	2 154	91
总凯氏氮(mg/L)	1.3	1.2	6 156	97
总磷(mg/L)	0.2	2.8	7 425	97
总铜(μg/L)	15.0	2.1	5 165	88
总铅(μg/L)	14.0	2.0	4 694	78
总锌(μg/L)	90.0	3.3	6 184	98

10.4　美国城市雨水生态工程

美国是城市雨水利用发展较快、技术也较为完善的国家之一,这里将重点介绍美国现在比较常见的雨水生态工程技术:绿色屋顶(green roof)、雨水收集和储存(rain harvesting)、雨水花园(rain gardens)、雨水渗透路面(permeable pavements)、生物滤池(bioswale)、滞洪区(detention basin)、水动力设备(hydrodynamic device)、媒介过滤器(mediafilter)、滞洪池(retention pond)和人工湿地(constructed wetland)。下面将简要介绍这几种技术,更详细情形请登录美国环境保护署官方网站查询(http://www.epa.gov/)。

10.4.1　绿色屋顶

绿色屋顶(图10.2)是指一个大楼顶部部分或者全部被植被覆盖。它包括植被、栽培介质和屋顶防水材料。它可能还包括如根屏障、排水和灌溉系统的其他层。建筑屋顶绿化

图10.2　绿色屋顶
(http://en.wikipedia.org/wiki/)

后将提供多种用途,例如吸收雨水、提供绝缘、为野生动物提供野生栖息地,并帮助降低城市空气温度和缓解热岛效应。

10.4.2 雨水收集和储存

雨水采集就是将雨水收集和储存起来(图10.3)。适用于相对干旱的地区,利用屋顶集水,作为饮用水相对而言水质更好,也可用于灌溉、牲畜用水、冲厕所、洗衣服、浇灌花园和洗车。

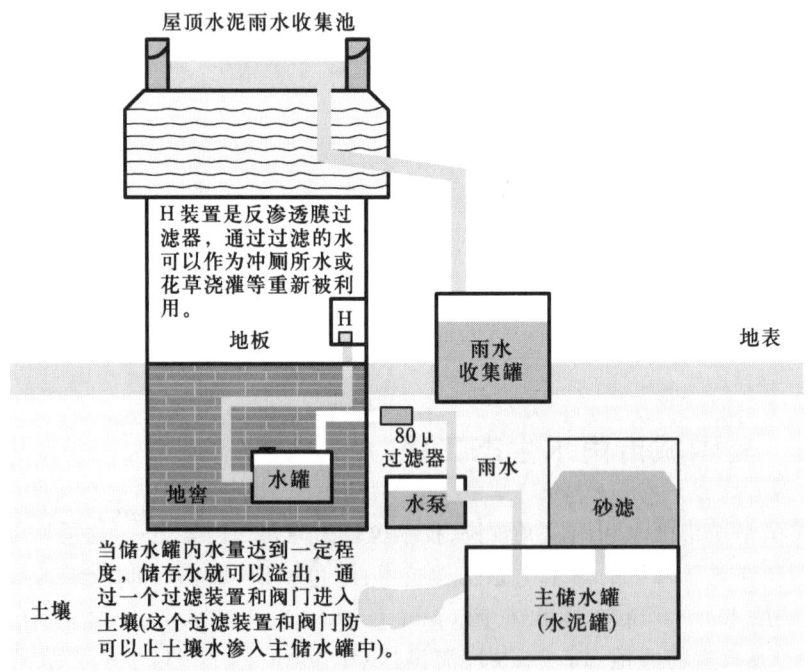

图10.3　雨水收集和储存(http://en.wikipedia.org/wiki/)

10.4.3 雨水花园

雨水花园(图10.4)是将从屋顶、道路、停车场以及草坪等地方流过的雨水集中到一个地势低洼的地方,并培植当地的花草树木。这既可减少地面径流,还可吸引当地鸟类等野生动物,美化环境。

10.4.4 雨水渗透路面

雨水渗透路面(图10.5)是一种利用渗透性路面材料的铺路技术。主要是利用透水性混凝土、多孔沥青铺路石或砖及其他透水材料让降水不在路面积聚,而渗透到底层土壤中。适用于人行道、停车场等城市区域。

图 10.4　雨水花园
(http://en.wikipedia.org/wiki/)

图 10.5　雨水渗透路面
(http://en.wikipedia.org/wiki/)

10.4.5　生物滤池

生物滤池(图 10.6)利用缓坡延长雨水在沼泽地带的滞留时间,并通过植被以及堆肥从而消除地表径流中的泥沙和其他污染物。生物因素也有助于某些污染物分解。常应用在停车场周围,收集被雨水冲洗的大量的汽车污染物。

10.4.6　滞洪区

滞洪区(图 10.7)是一个雨水管理区域,主要是安装在河流支流、小溪、湖泊以及海湾入水处,用以预防水灾。有时会利用蓄水在一个有限的时间内冲刷下游河槽,滞洪区并不长时间蓄水。

10.4.7　水动力设备

水动力设备(图 10.8)通过重力等物理原理,配合分离装置去除沉积物和污染物。这些方法包括挡板、涡轮以及沉淀池等设计。

图 10.6　生物滤池
(http://en.wikipedia.org/wiki/)

图 10.7　滞洪区
(http://en.wikipedia.org/wiki/)

正常情况下,该设备可消除垃圾、油、泥沙等污染物。

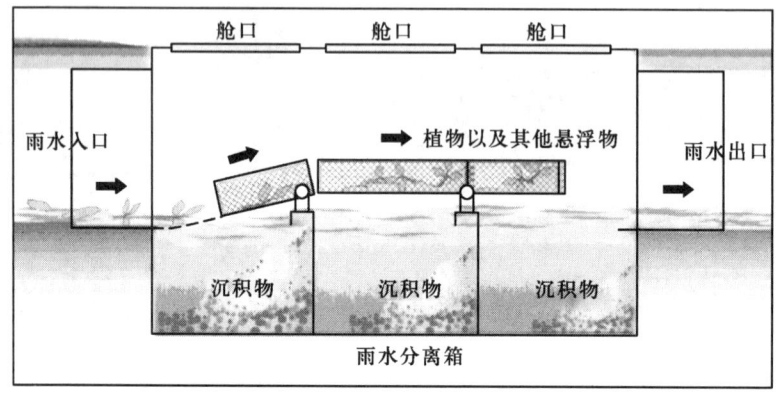

图 10.8　水动力设备:雨水分离箱(http://en.wikipedia.org/wiki/)

10.4.8　媒介过滤器

媒介过滤器(图 10.9)可处理雨水径流,消除粗泥沙,过滤后通过管道系统将雨水排放到相邻的河流中。使用的介质包括沙床、粉碎花岗岩或其他材料。

10.4.9　滞洪池

滞洪池(图 10.10)用于管理雨水径流,防治下游洪水和侵蚀,改善相邻河流、溪流、湖泊或海湾的水质。中间有永久蓄水池,周边围以植被。

图 10.9　媒介过滤器
(http://en.wikipedia.org/wiki/)

图 10.10　滞洪池
(http://en.wikipedia.org/wiki/)

10.4.10　人工湿地

人工湿地(图 10.11)模拟自然湿地,作为一个生物滤池,可去除沉淀物和污染物,如水中的重金属,还可作为恢复的原生栖息地。

图 10.11 人工湿地(http://en.wikipedia.org/wiki/)

10.5 美国雨水最佳管理实践评估

虽然雨水生态工程提供了传统水处理设施不能提供的生态系统服务，但是其在水质方面的效果也需要更多数据论证。根据北美地区 114 个雨水最佳管理实践(BMPs)22 个常见参数的多年水质分析(表 10.2)，利用入水和出水的对比研究，可以发现，雨水生态工程对大多数参数都能有效控制(表 10.2)。在表 10.2 金属组中，出水中主要金属浓度都呈显著降低，尤其是总铜、总铁、总铅、溶解锌和总锌，下降幅度都在 50% 以上。但是总镉的浓度有 12.8% 的显著提高，需要在以后的研究中进一步证实。在氮磷组，出水中氨、总凯氏氮和总磷浓度都有显著下降，但是，溶解有机磷浓度有大幅提升。总悬浮固体的去除非常有效，但是电导率也被有效提高。化学耗氧量、生化需氧量和总有机碳得到有效控制，但是水的硬度也有所提高。从表格中还可以看到，标准差非常大，这是由于雨水品质的时间空间差异以及不同雨水生态工程的效果不同导致。

表 10.2 北美地区雨水常见水质参数最佳管理实践(BMPs)效果分析(Pan and Duan, 2011)

水质参数	入水平均浓度	出水平均浓度	平均去除率
A：金属			
可溶砷(μg/L, As)	2.17±5.99	1.96±2.03	9.58%b**
可溶镉(μg/L, Cd)	0.33±0.22	0.30±0.31	7.39%b**
总镉(μg/L, Cd)	1.76±3.10	1.98±4.99	−12.80%b***
可溶铜(μg/L, Cu)	14.86±9.97	10.58±7.91	28.79%b***
总铜(μg/L, Cu)	35.74±53.87	15.88±12.59	55.01%b***
总铁(μg/L, Fe)	2 067.99±2 182.93	572.79±381.61	72.30%a**
可溶铅(μg/L, Pb)	5.41±13.35	3.39±5.17	37.32%b**

续表

水质参数	入水平均浓度	出水平均浓度	平均去除率
总铅(μg/L,Pb)	40.46±74.53	16.55±21.38	59.10%b***
可溶镍(μg/L,Ni)	4.54±2.53	3.75±2.91	17.23%a*
总镍(μg/L,Ni)	7.84±4.60	5.43±3.33	30.75%a***
可溶锌(μg/L,Zn)	84.28±74.82	37.55±32.99	55.45%b***
总锌(μg/L,Zn)	176.39±132.33	79.13±77.84	55.14%b***
B:氮和磷			
氨(mg/L,N)	0.76±0.62	0.44±0.27	42.29%a*
总凯氏氮(mg/L,N)	2.26±1.10	1.92±1.13	14.86%a**
溶解有机磷(mg/L,P)	0.13±0.12	0.22±0.19	−69.67%a**
总磷(mg/L,P)	2.70±18.36	2.70±18.96	18.41%b**
C:固体			
总悬浮固体(mg/L)	121.71±120.95	76.17±133.82	37.42%b***
电导率(umhos/cm)	156.62±365.12	209.44±400.81	−33.72%b**
D:其他			
生化需氧量-5(mg/L)	12.76±10.26	9.03±9.56	29.25%a*
总有机碳(mg/L,C)	21.57±12.73	19.74±15.51	8.49%b*
化学需氧量(mg/L)	70.26±32.23	41.80±19.98	40.50%a***
总硬度(mg/L,CaCO$_3$)	57.43±72.71	77.49±139.21	−34.94%b*

a,t 配对检验(Kolmogorov-Smirnov 正态检验,$p>0.05$);

b,Wilcoxon Signed Ranks Test(Kolmogorov-Smirnov 正态检验,$p<0.05$);

* $p<0.05$(显著);

** $p<0.01$(非常显著);

*** $p<0.001$(极显著)。

表 10.3 显示的是 5 种主要生态工程类型对化学需氧量、总凯氏氮、总磷以及总悬浮固体的处理效果($p<0.05$)。从中可以看出,滞洪池对这 4 个主要水质污染物处理效果明显。生物滤池可以显著减低化学需氧量,而滞洪区对总磷有很好的处理效果。水动力装置不能很好地降低总凯氏氮,而媒介过滤器也不能很好地处理化学需氧量。

表 10.4 显示的是 5 种主要生态工程类型对主要金属的处理效果($p<0.05$)。生物滤池除了总砷、可溶铬和总铬,对绝大多数的金属污染物有很好的处理效

果。其他 4 种都只能处理一部分金属污染物。媒介过滤器还可以处理总铬。5 种主要的雨水生态工程都可以处理总铅和总锌。

表 10.3 5 种主要生态工程类型对化学需氧量、总凯氏氮、总磷以及总悬浮固体的处理效果(Pan and Duan, 2011)

生态工程类型	化学需氧量	总凯氏氮	总磷	总悬浮固体
生物滤池	45.37%			
滞洪区			34.79%	
水动力设备	44.33%		23.48%	64.37%
媒介过滤器		32.70%	37.50%	73.70%
滞洪池	53.47%	26.75%	46.77%	75.10%

表 10.4 5 种主要生态工程类型对主要金属的处理效果(Pan and Duan, 2011)

金属	生态工程类型				
	生物滤池	滞洪区	水动力设备	媒介过滤器	滞洪池
可溶砷	13.46%				
总砷					
可溶镉	22.22%				
总镉	36.36%	19.67%		32.31%	
可溶铬					
总铬				53.33%	
可溶铜	38.54%				
总铜	47.19%		47.65%	52.24%	77.45%
可溶铅	29.23%				
总铅	34.93%	46.62%	58.92%	71.75%	79.65%
可溶镍	34.66%				
总镍	38.09%				
可溶锌	71.68%		56.77%		
总锌	63.24%	45.91%	47.45%	69.70%	46.51%

表 10.3 和表 10.4 的结果还表明，不同类型的生态工程对不同污染物的处理效果不同。因此，如果组合使用这些雨水生态工程，就可以处理不同类型的雨水了。例如，生物滤池＋媒介过滤器，就能解决化学需氧量、总凯氏氮、总磷以及总悬浮固体。而生物滤池＋滞洪池，可以处理大部分的污染物。绿色屋顶和水

池的组合已被用于瑞典内城的雨水径流控制(Villarreal and Bengtsson,2004)。另一种组合的自然污水处理系统在美国西得克萨斯可以有效地处理城市污水,从而节约水资源用于农业生产(Duan and Fedler,2010)。然而,水的数量和质量控制、组合的成本和技术挑战以及其他实际问题的平衡需要在未来继续研究。

10.6　关于中国实施生态工程的建议

在这次全球性的经济衰退中,中国已经开始实施了刺激经济复苏的一揽子计划,其中涵盖基础设施建设、医疗保健、教育和产业升级。除了这些方面,水资源特别是雨水资源的保护和利用也是一个潜在的和重要的投资对象,这不仅能满足工农业生产和居民生活对水的需求,节能减排,而且也将创造巨大的就业机会。

湿地是一个非常重要的生态系统,而中国的湿地占世界总湿地面积的10%。由于其较高的单位面积生态系统服务价值,湿地(包括潮汐沼泽、红树林、沼泽和河漫滩)是总陆地生态系统服务价值中的最大部分(Costanza et al., 1997)。然而,由于围湖造田、开垦湿地、点源和非点源污染,使得湿地的生态系统服务价值如防洪减灾、改善水质、栖息地生物多样性保护和美化自然景观等都已大大降低(Liu and Diamond,2005)。据 Cyranoski(2009)报道,"从1990年至2000年,近30%的中国的天然湿地消失了。"因此,相对于国家已经实施的其他工程和建设,政府应该投入更多财力恢复自然湿地的面积和功能(Pan and Wang,2009)。与此同时,基于湿地的特有生态功能,可以适当营建人工湿地作为自然湿地的补充。此外,需要加强对西方国家实行的最佳管理实践(best management practices)和低影响开发(low impact development)及小型集雨系统的研究和借鉴。

■ 主要参考文献

季志恒,贾绍凤,吕晨旭. 2010. 近30年来白洋淀流域平原区地下水位动态变化及原因分析. 南水北调与水利科技,8(1):65-68.

邹德慈. 2010. 中国城镇化发展要求与挑战. 城市规划学刊,4:1-4.

Costanza R, d'Arge R, de Groot R, et al. 1997. The value of the world's ecosystem services and natural capital. Nature,387:253-260.

Cyranoski D. 2009. Putting China's wetlands on the map. Nature,458:134.

Duan R and Fedler C B. 2010. Performance of a combined natural wastewater treatment system in West Texas. Journal of Irrigation and Drainage Engineering,136:204-209.

Liu J and Diamond J. 2005. China's environment in a globalizing world. Nature,435:

1179-1186.

Mitsch W J and Jørgensen S E. 2004. Ecological Engineering and Ecosystem Restoration, New York: Wiley & Sons.

Pan X and Wang B. 2009. Time for China to restore its natural wetlands. Nature, 459: 321.

Pan X and Duan R. 2011. Integrated Performance Analyses of Stormwater Best Management Practices. American Society of Agricultural and Biological Engineers 2011 Annual International Meeting. Paper number 1110623, Louisville, Kentucky, August 7-10, 2011.

Pan X, Jones K D, Wang S. 2010. Water quality monitoring evaluations in the semi-arid south Texas (Arroyo Colorado Watershed) and dataset development applications. StormCon San Antonio, TX.

Pitt R, Maestre A, Hyche H, Togawa N. 2008. The updated National Stormwater Quality Database(NSQD), Version 3. Conference CD. 2008 Water Environment Federation Technical Exposition and Conference, Chicago, October 2008.

Villarreal, E L, Semadeni-Davies A, Bengtsson L. 2004. Inner city stormwater control using a combination of best management practices. Ecological Engeneering, 22: 279-298.

Watts A W, Ballestero T P, Roseen R M, House J P. 2010. Polycyclic aromatic hydrocarbons in stormwater runoff from sealcoated pavements. Environmental Science & Technology, 44: 8849-8854.

Wong T. 2006. Introduction. In: Tony Wong(Ed.), Australian Runoff Quality. Institute of Engineers, Australia.

Wu P and Zhou Y. 2009. Simultaneous removal of coexistent heavy metals from simulated urban stormwater using four sorbents: A porous iron sorbent and its mixtures with zeolite and crystal gravel. Journal of Hazardous Materials, 168: 674-680.

第11章

"根离土"与"土离根"

程维信
美国加利福尼亚大学圣克鲁兹分校

众所周知,植物根系生长在土壤里,土壤各方面功能直接受植物根系的影响,根系与土壤相互作用,是一个有机的整体。但是,由于种种原因,研究土壤的人们经常不考虑植物根系的影响,而研究植物根系生理的人们则经常采用无土栽培,二者都忽略了根系与土壤之间的相互作用。因此,目前土壤学的很多数据资料来自"无根土"的研究。结果就产生了这样一个问题:用无根的土壤测得的结果是否真实? 同样,在进行植物根系生理研究时,根不是生长在土壤里,而是营养液里,这样得到的结果是否适用于真实条件? 本文以这两个问题为主线,概述了"根离土"和"土离根"所引起的一系列问题,综合阐述了根际激活效应及其生态学意义,讨论了碳和氮的耦合关系以及根际效应与全球变暖之间的联系。

11.1 根际的重要性

根际是土壤与植物根系的界面,最早是由德国科学家 Lorenz Hiltner,在一百多年前提出来的概念。他发现紧挨着大豆根系的土壤和离根较远的土壤的生物活性差别非常大,所以他定义植物根系周围的土壤为根际(rhizosphere)(图11.1 和图 11.2)。

根际从经典定义来讲,就是根土界面,具体而言,就离根表面的距离大小而言,有些微生物生长在根表皮细胞中,如内生菌根等,这就叫内根际(endo-rhizosphere),根表叫 rhizoplane,有些微生物群体会伸延很远的距离,例如外生菌根叫 ecto-rhizosphere。精确定义根际是很难的事。通常每一个具体的研究要求具体的根际定义,只要回答的问题和根际定义吻合即可。

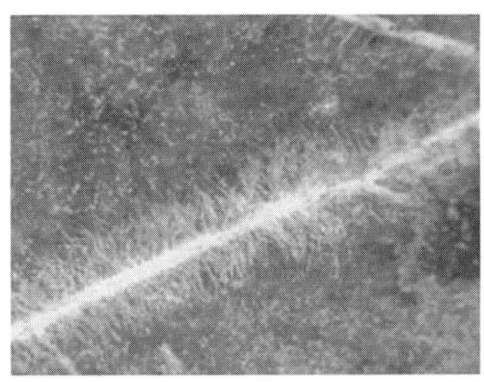

图 11.1 根系录像图,土粒和根毛之间结合非常紧密,无根的土壤和有根的土壤差别很大

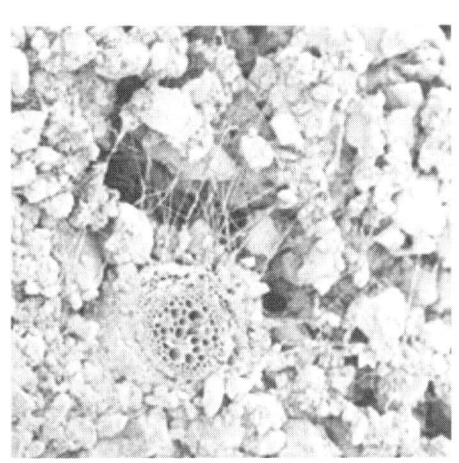

图 11.2 扫描电镜拍摄的荞麦根剖面,根毛和土粒之间结合非常紧密
(引自 Gregory,2006)

那么,什么是"根离土"和"土离根"问题呢?研究土壤时应该有根在里面,研究植物根系生理时必须在土壤里面,只要做到这样了,才能称为根际过程,为什么这个问题如此重要呢?从一般性讨论,根际土壤细菌群体密度要比远离根的土壤高 4~7 个数量级;根际土壤的微型无脊椎动物密度要比非根际土壤高出 100 倍左右;根际土壤的水溶性有机碳化合物的浓度要比非根际土壤高出 100 倍左右。所以,根际是土壤生态系统的主要活动中心(center of activity)或者叫"热点(hot spot)"。忽略了根际,就有可能导致错误的结论。从较大的尺度上讲,陆地生态系统中大约 40% 的光合产物会被根际过程消耗(根生长和根际的其他一些活动),根际 CO_2 释放量可高达土壤 CO_2 总释放量的 90%。具体的百分比主要取决于根系密度和土壤活性之间的比值,所以变化幅度比较大。从全

球碳循环的角度来看，根际过程尤其重要。如图11.3所示，全球土壤系统CO_2的释放量大约为每年$60×10^{15}$ gC。但是，最新的资料表明，全球土壤系统CO_2的释放量大约为每年$98×10^{15}$ gC(Bond Lamberty and Thompson, 2010)，其中来自根际的CO_2大约为50%。可见根际过程对全球碳循环影响很大，不考虑根际的作用是行不通的。

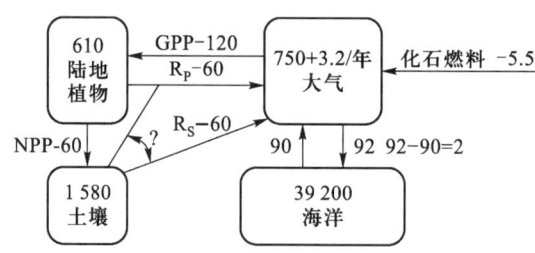

图11.3 Schimel(1995)在 *Global Change Biology* 上发表的简化全球碳循环模型

图中数据单位为：$×10^{15}$ gC

11.2 根际激活效应

在讨论根际激活效应(rhizosphere priming effect)之前，我们要首先讨论普通激活效应(priming effect)。激活效应可定义为：添加微生物有效基质(例如葡萄糖、氨基酸等)加速或者降低原土壤有机质矿化速率的现象。对于普通激活效应的研究较多，具体内容请参考以下这篇重要的综述文章：Kuzyakov, 2010。根际激活效应则是由于根际有效基质的投入以及根土互作的存在导致原土壤有机质矿化速率加快或者降低的现象。一般认为，根际激活效应是普遍存在的自然现象。具体而言，我们可以通过比较种植物与不种植物的原土壤有机质矿化速率的方式来度量根际激活效应。如图11.4所示，从根土体系释放出来的CO_2可分为4种来源。所以，测定根际激活效应需要分辨CO_2的来源。

到目前为止，对于根际激活效应这个基本问题研究还不多，原因是研究方法很复杂。因为要把释放的CO_2来源弄清楚，需要特殊方法。较为常用的有两种方法，一种是^{13}C自然丰度法(Cheng, 1996)，另一种是^{13}C稳定示踪

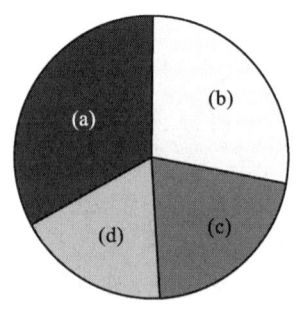

图11.4 土壤放出的CO_2按来源可分为四个部分：(a) 在无根的情况下，CO_2基本上就是来自土壤微生物和土壤活性；(b) 在自然条件下，根呼吸释放的CO_2是很大的一部分；(c) 为根际微生物利用植物源碳放出的CO_2，叫根际微生物呼吸；(d) 是根际激活效应所放出的CO_2

法(Cheng and Dijkstra,2007)。自然丰度法,就是利用植物不同光合生理机制的差异,对$^{13}CO_2$的分馏不同。C_3植物对$^{13}CO_2$的分馏比C_4植物强得多,所以来自C_3植物碳源的^{13}C丰度比来自C_4植物的^{13}C丰度低。基于此,把来自于C_3植物生态系统的土壤种植C_4植物,把来自C_4植物群落的土壤种植C_3植物,这样来自于植物^{13}C丰度和来自土壤的^{13}C丰度就截然不同,通过分析^{13}C丰度就可以把这两种来源算出来。这种方法亦称二源分离法(two end-member separation),相当于用这两种已知浓度的溶液兑出第三种溶液,只要测出第三种溶液的浓度,就可以知道分别用了多少第一种溶液和第二种溶液。计算公式如下(Cheng,1996):

$$C_3 = C_t(\delta_t - \delta_4)/(\delta_3 - \delta_4)$$

式中,C_t为在固定时间内从根土体系释放出来的总的CO_2碳含量,等于C_3与C_4的和;C_3为在固定时间内从根土体系释放出来的C_3来源的CO_2碳含量;C_4为在固定时间内从根土体系释放出来的C_4来源的CO_2碳含量;δ_t为在固定时间内从根土体系释放出来的总的CO_2的^{13}C丰度(‰);δ_3为在固定时间内从根土体系释放出来的C_3来源的CO_2的^{13}C丰度(‰);δ_4为在固定时间内从根土体系释放出来的C_4来源的CO_2的^{13}C丰度(‰)。

如图 11.5 所示,这是我在美国路易斯安那州立大学做的一个实验,塑料桶 40 cm 高,直径 15 cm,种植大豆和小麦,采用^{13}C自然丰度法。结果表明,种植小麦和大豆明显加速了原土壤有机质的矿化速率和土壤微生物的周转速率。与不种植物的土壤培养相比,种植小麦处理的原土壤有机质的矿化速率增加 1 倍,种植大豆处理的原土壤有机质的矿化速率增加近两倍。^{13}C自然丰度法始于 1996 年,到现在大概十几年的时间,我们发表了十几篇文章,总的来讲,发现这样几个趋势(见表 11.1):① 根际激活效应的变化幅度很大,从土壤有机质矿化速率降低 50%,到升高 380%,接近增加了 4 倍;② 这些实验的时间长度差别很大,有的仅有 16 天,最长 120 天,一个完整生长季,根际激活效应的季节性很强,随着时间长度的变化也很大;③ 根际激活效应随着植物种类与土壤种类的变化而变化;④ 根际激活效应受很多环境因素控制,植被光照条件以及植被光合速率对根际激活效应影响很大,小麦遮光实验直接证明了这一点(Kuzyakov and Cheng,2001)。另外,施肥与否、土壤湿度变化和空气中CO_2浓度变化等都会影响根际激活效应程度。总之,根

图 11.5 美国路易斯安那州立大学^{13}C自然丰度法实验——用来自C_4植物群落的土壤(来自堪萨斯高草草原)种植C_3植物(小麦和大豆)

表 11.1 根际激活效应的幅度与影响因子(Cheng and Kuzyakov, 2005)

植物种类	处理	植物生长条件	土壤类型	激活效应(%)	时间(天)	参考文献
小麦		温箱	黏壤土	−37	16	Cheng, 1996
小麦	大气 CO_2	温箱	黏土	44	28	Cheng and Johnson, 1998
小麦	提升 CO_2	温箱	黏土	17	28	Cheng and Johnson, 1998
小麦	大气 CO_2 + N	温箱	黏土	42	28	Cheng and Johnson, 1998
小麦	提升 CO_2 + N	温箱	黏土	73	28	Cheng and Johnson, 1998
向日葵	大气 CO_2	温室	黏土	55	53	Cheng et al., 2000
向日葵	提升 CO_2	温室	黏土	31	53	Cheng et al., 2000
小麦	12/12 h 光/暗	温箱	黏土	100	38	Kuzyakov and Cheng, 2001
小麦	12/60 h 光/暗	温箱	黏土	−50	38	Kuzyakov and Cheng, 2001
大豆	生长季节平均	温室	黏土	70	120	Fu and Cheng, 2002
向日葵	生长季节平均	温室	黏土	39	120	Fu and Cheng, 2002
高粱	生长季节平均	温室	沙壤土	−9	120	Fu and Cheng, 2002
苋	生长季节平均	温室	沙壤土	−5	120	Fu and Cheng, 2002
大豆		温室	黏土	3	35	Cheng et al., 2003
小麦		温室	黏土	7	35	Cheng et al., 2003
大豆		温室	黏土	382	68	Cheng et al., 2003
小麦		温室	黏土	287	68	Cheng et al., 2003
大豆		温室	黏土	312	89	Cheng et al., 2003
小麦		温室	黏土	130	89	Cheng et al., 2003
大豆		温室	黏土	254	110	Cheng et al., 2003
小麦		温室	黏土	60	110	Cheng et al., 2003
大豆	生长季节平均	温室	黏土	164	119	Cheng et al., 2003
小麦	生长季节平均	温室	黏土	96	119	Cheng et al., 2003

际激活效应对土壤有机质矿化速率的影响是以倍数来衡量的,并非像许多人猜测的几个或者几十个百分点。进一步讲,植物根际过程对土壤有机质矿化速率的影响可以同温度与水分的影响相提并论。

表11.1中看到的是农作物的根际激活效应,下面举个树木的例子(图11.6),我们将北美杨树和北美黄松树种在三种土壤中,每个小图中有三条曲线,一条是没种树的,一条是种树释放出的总CO_2,还有一条是剔除来自植物部分的CO_2,这两者的差值代表根际激活效应。总的来讲,树小的时候,影响不大,根际激活效应最大是在400天左右,这两个树种和三种土壤都存在很高的根际激活效应。我们要验证的假设是:根际激活效应主要作用于土壤活性碳组分,因而,随着实验时间的延长,土壤活性碳组分不断下降,根际激活效应的程度亦会不断下降。但是,实验结果证明该假设不成立。随着实验时间的延长,根际激活效应不但没有降低,反而有增加的趋势。这就说明根际激活效应不仅对土壤活性碳组分有影响,而且对土壤稳定碳组分也有影响。

另外一个资料很有意思[图11.6(b)],就是在400天之后,我们把树根挑出来,测定留在土壤中来自树的碳源,纵轴是累积根际效应,就是种树和不种树处理之间土壤矿化速率累积差值,横轴是留在土壤中来自于树的碳源的量。结果显示,整个来自于树的碳源的输入对激活效应的影响很大,从这种曲线关系可以看出,来自于树的碳源的投入越大,对土壤激活效应越强。这有什么理论意义呢?从事土壤碳模型研究的人都知道,应用最广的土壤碳动态模型几乎都用这

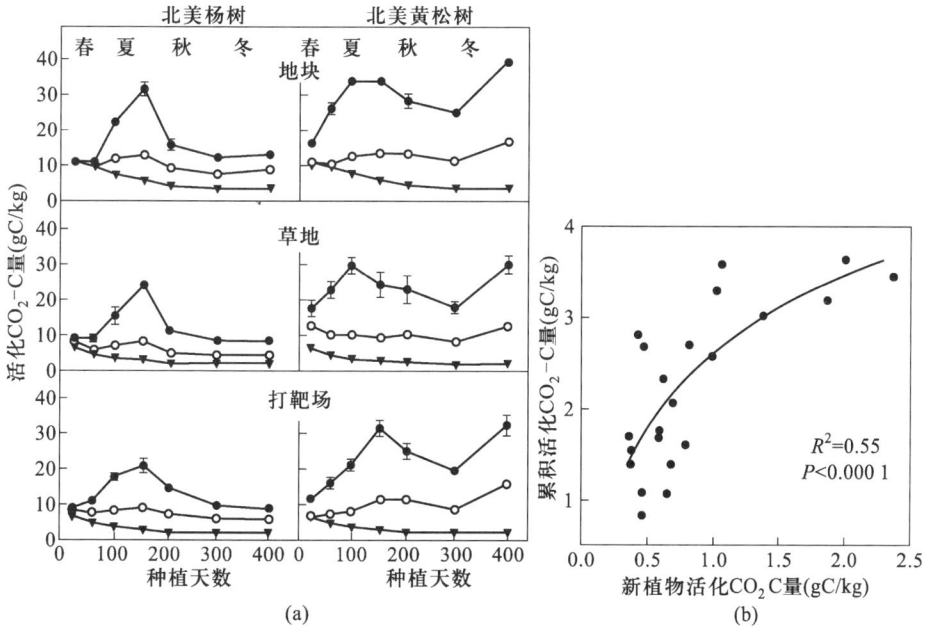

图11.6 (a) 北美杨树(Fremont cottonwood, *Populus fremonlii*)和北美黄松树(Ponderosa pine, *Pinus ponderosa*)根际激活效应;(b) 累积根际效应(引自 Dijkstra and Cheng, 2007)。图中实心圆点为种植处理土壤总的CO_2通量;空心圆点为种植处理土壤有机碳分解率(CO_2-C);实心三角为对照(不种植)处理土壤有机碳分解率(CO_2-C)

样的模型结构:每一个碳库有输出和输入,输出速率受库的大小和分解速率的影响,如果库的大小不变,分解常数不变,输出量是不变的。但是,以上的实验结果证明,这样的模型结构无法表达根际激活效应。由于根际激活效应可能会使输入和输出形成短路。碳库大小没有明显变化,但输出可能会随着输入的增加而增加。正如上文所述,根际激活效应不是百分之几而是百分之一百或者百分之几百这个尺度,模型结构不考虑"根-土"互作问题,会使模型结果与实际状况严重不符。模型结构应该加个管道部分(图11.7),输出与输入直接连在一起,不需要管道内体积有什么变化。

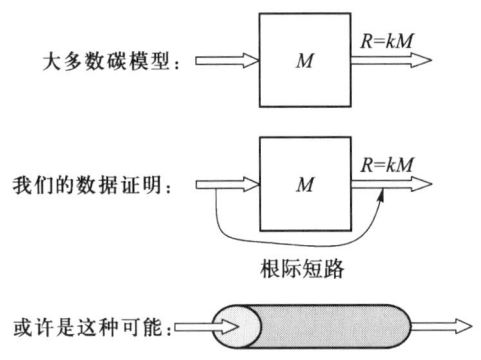

图 11.7 植物根际激活效应的实验结果对经典土壤碳动态模型提出挑战

导致根际激活效应的主要机制,目前还不甚清楚。我与 Kuzyakov 曾对此作了比较详细的讨论(Cheng and Kuzyakov,2005)。我们提出并讨论了 6 种假设。这里我主要讨论其中的两个假设。第一个假设认为,之所以造成根际激活效应,主要原因就是根际分泌物和来自根的碳源造成了根际微生物急剧增长,然后这些短期增长的微生物会在短期内死亡,死亡的结果促进了有机质分解。另外一个假设认为,因为种植植物和不种植物,不管怎么控制,都会造成土壤水分波动的差异,这种土壤干湿交替的变化会导致根际激活效应。这是因为不种植物只有蒸发,种植物还有蒸腾,尽管我们每天用天平非常准确地称重,然后浇水,从而保持各种处理之间土壤水分含量相同。但是在一天之内,各种处理之间土壤水分含量还是有所不同,种植物的处理在浇水之前比较干,浇水之后比较湿,不种植物的处理就没有这么大波动。我们现有一些资料支持这两个假设(图11.8),这是在 Soil Biology and Biochemistry 上发表的一篇文章,纵轴左面是土壤有机质分解速率,右面是微生物周转时间,周转时间越长周转速率越慢,总的来说,根际激活效应、有机质分解和微生物的周转是直接相关的,周转越快,激活效应越强。

另外,我们把每天的加水量记录下来,不同处理之间加水不同,加水的总量代表蒸腾蒸发的总和,我们发现总蒸腾蒸发失水量与根际激活效应之间有线性

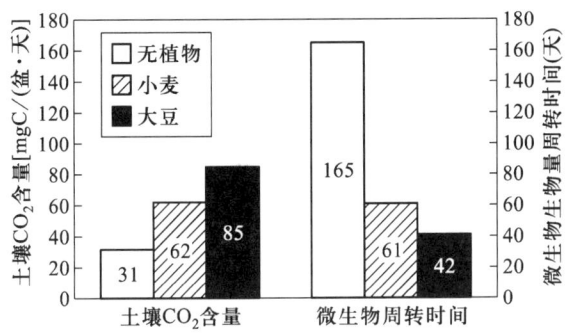

图 11.8　根际激活效应与微生物周转时间呈负相关关系(Cheng,2009)

正相关关系(图 11.9)。但是这里面有个问题。加水越多,蒸腾越强的植物越大,可能跟植物光合和生长速率有相关关系,所以不能就说是水的关系,根际激活效应从机制上来讲基本上有这种可能性,根际激活效应代表了短期有效基质的投入,如糖、淀粉、氨基酸,等等,或者是植物残渣,在投入过程中,供给微生物碳源、氮源,微生物会做出积极反应快速生长。在微生物生长过程中释放出大量胞外酶,这些酶会直接或间接刺激土壤有机质分解,土壤有机质分解会释放出有效养分如氮、磷等,这些养分会刺激根或植物整体的生长。

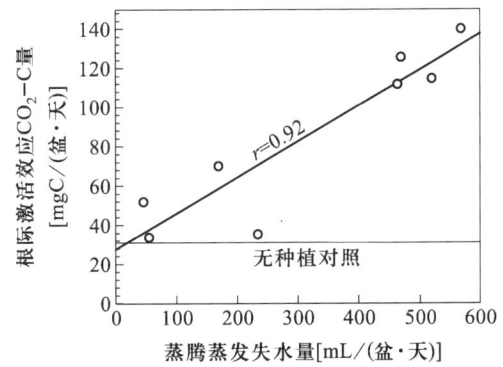

图 11.9　根际激活效应(SOM-derived CO_2)与蒸腾蒸发失水量
(ET)呈线性正相关关系(Cheng,2009)

另外一个研究[图 11.10(a)],利用[15]N 做标记,看表观土壤有机氮矿化速率和根际激活效应的关系,结果证明,表观氮矿化速率和根际激活效应有正相关关系。这是在我研究组的博士后 Feike Dijkstra 与其他人合作的文章。另外,根际激活效应与总有效氮的变化分为两组,一组用指数曲线来吻合,根际激活效应对碳的影响越高,那么氮的矿化速率也越高,但不是线性关系,早期影响比较小,后期影响比较大。另外,实验地 Marshall field 里北美杨树的 4 个点在图 11.10(b)中呈集中分布,这说明其根际激活效应对 N 矿化没有影响。

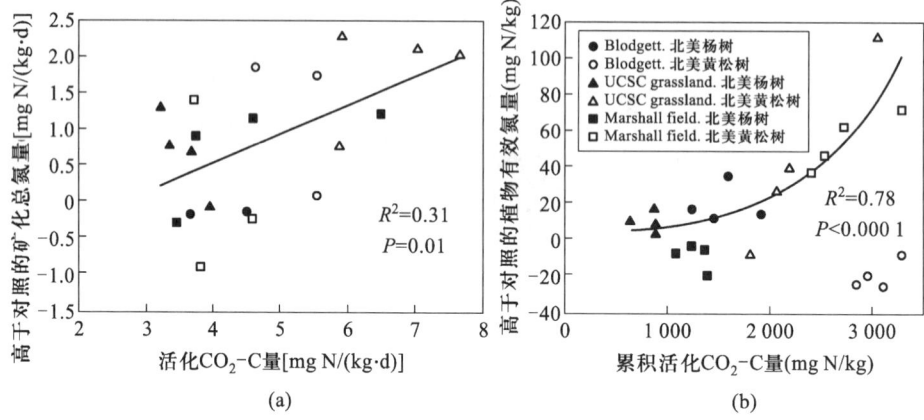

图 11.10 通过对 3 个实验地(Blodgett, UCSC grassland, Marshall field)的两个种(北美杨树和北美黄松树)矿化总氮量与活化 CO_2-C 量的关系(a)和植物有效氮量与累积活化 CO_2-C 量的关系(b)研究,来观测表观土壤有机氮矿化速率和根际激活效应的关系(引自 Dijkstra et al.,2009)

根际激活效应及其碳氮耦合是个比较复杂的问题。为什么植物要释放根分泌物供给微生物生长？经典教科书中讲,供给土壤微生物碳源,会使其利用碳源从而增加微生物量对氮的固持。从竞争角度来讲,植物在做无用功,怎么解释这种现象呢？我们后来反复思考,大致可以这样解释,从整体上考虑微生物生物量(微生物生物群体)、植物根系和无机氮(氮库)这三者之间的关系时(图 11.11),微生物尤其是细菌,生长和死亡的速率都非常快,最快的只有三十天就一个循环,但多数植物根系在生长季死亡的很少,只有到后期才死亡,而且吸收的氮大部分都转移到

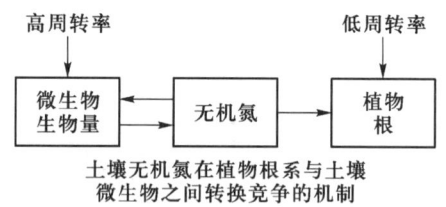

图 11.11 根际激活效应是植物与土壤微生物竞争氮源的主要机制

地上部分。这样来看,植物吸收的氮在短期内不能返还土壤,是单向的,而微生物循环快,死亡后氮迅速返回土壤中。如果这种时间关系存在的话,对于植物来说,要获得氮源的策略就是使微生物快长快死,可以源源不断提供有效氮源。从这个角度讲,这是植物借用微生物氮源的一个策略。更复杂点说,被激活了的微生物会不断地分解土壤有机质,从而获得氮源,这些氮源会随着微生物的快速周转而释放出来,从而被植物利用。根际激活效应对植物的好处,可以大致从这个角度来理解。最近在 *Ecology* 上发表的一篇文章(Frank and Groffman,2009)把这个问题提出来了。根际对土壤氮的影响非常大,但一直被忽视,原因是方法上的问题。可以说,我们这么多年的研究所得出的结论都支持这个观点。

另外应该提到的是，近来一些研究开始用根际激活效应作为一个主要机制来解释以前不能解释的实际现象。例如，有些研究（Heath et al.，2005；Carney et al.，2007；Talhelm et al.，2009）发现，高 CO_2 浓度处理几年后，反而造成了土壤有机质的下降，怎么解释这个现象呢？原来大家都想，CO_2 是光合作用的基质，CO_2 浓度增加，植物光合速率会增加，那么土壤有机质也应该增加，因为投入增加，初级生产力增加了，正如大河有水小河满。但是，为什么反而造成了土壤有机质的下降？这些研究是把根际激活效作为一个主要机制来解释这个现象的。事实上，增加 CO_2 浓度，供给植物更多的碳源，植物生长加快，进入土中的碳也增加，这样会造成根际激活效应的增强，结果反倒降低了土壤有机质含量。还有，Fontaine 等（2004）在 *Ecology Letters* 发表的文章，报道了植物的碳投入不一定就增加土壤有机质含量，要分情况，他们就证明了在特殊情况下会造成土壤有机质下降。以上两个例子说明了根际激活效应在生态学中的重要意义。

11.3　全球变暖和根际激活效应的关系

接下来讨论全球变暖和根际激活效应有什么关系。据报道，土壤有机质碳库大约是大气碳库的两倍多，现在发现寒带森林和冻原的碳库比实际估计的要多一倍。如果整个地球变暖，土壤微生物活动和土壤有机质分解受温度影响，那么土壤碳库会怎样变化呢？关键是全球升温多少？在全球尺度上，温度增加会不会导致土壤有机质分解加快？总的来说，大家都知道，CO_2 浓度增加和其他温室气体增多会造成全球变暖。在过去 100 年间，全球表面温度增加了 0.6℃ 左右。温度增加了 0.6℃ 是个什么概念？有的研究认为，即使现在我们化石能源的利用不再增加，全球表面温度至少要增加 4℃。温度增加 4℃ 是个什么概念？温度增加 4℃ 有多热？如果我们将冰川期与非冰川期温度变化连起来就比较容易理解。冰川期和非冰川期全球表面温度的变化幅度是 8～10℃，高 8℃ 就是现在的非冰川期。如果全球表面温度要增加 4℃ 就等于在地球最热的时期再增加 50%。所以，研究土壤有机质动态和全球变暖有一个正反馈假说（positive feedback）。什么意思？如果人为燃烧化石燃料能造成温室气体增加，地球表明温度增加，土壤有机质受温度影响分解加快，空气中 CO_2 浓度将会更高，热化程度更强，结果就是越来越热，土壤有机质越来越少。是不是这样？关键在于升温后会不会造成土壤有机质急剧减少？分解会不会急剧加快？主要有三个方面需要了解：第一是温度变化和土壤有机质变化趋势；第二是基质有效性对温度的敏感性会不会受影响；第三是根际效应在土壤有机质与温度敏感性之间起什么作用，刚才说了经典研究都是仅培养土壤，有根后速率变化非常大，不考虑激活效应是不行的。

经常采用 Q_{10} 值的概念来衡量土壤有机质矿化与温度反应敏感性关系。Q_{10}

值来自酶反应动力学，它是温度增加10℃后的反应速度与起始温度的反应速度的比值。Q_{10}值在酶反应中有两个基本条件，一是基质的浓度接近饱和，就是说基质浓度高到对酶反应速度没有影响；二是温度在这个酶促反应的最佳范围内。目前文献中看到的Q_{10}值多数来自于室内培养实验，不同温度条件下培养土壤，测定土壤微生物呼吸的Q_{10}值。总的来说，测定温度和Q_{10}值之间有这样的关系，测定温度越低时，Q_{10}值越高。温度升高时，Q_{10}值会降低（Kirschbaum，2000）。为什么是这种关系？现在还说不清楚。Melillo等（2002）在 Science 上发表的文章报道，在林地里埋上电热丝，给土壤加热，看温度增加对土壤CO_2释放的影响。结果是，前两年CO_2释放量显著增加，但是做到10年的时候就没有差别了。因此得出结论，增温只有短期的反应，后期就没什么差别了。另一个结果是Giardina和Ryan（2001）在 Nature 上发表的，他们做了两组实验。第一组是用^{13}C示踪法，有些地方比如森林，从来没种过庄稼，现在把森林砍了烧了，开始种玉米、甘蔗这些C_4植物，森林里的植物都是C_3植物，这样土壤^{13}C丰度来自于C_3，新种的玉米、甘蔗土壤的是来自C_4，这样就可以用开垦时间和C_3碳库的变化来推算土壤有机质动态，求出分解速率。这是第一种方法，采了很多点，其中开垦时间差别很大，年平均温度差别很大，横轴是年平均温度，纵轴是周转时间，周转时间越长，分解速率越慢，总的来说，用^{13}C示踪法的结果显示，C_3碳库的周转时间与年平均温度没有关系。第二组实验为室内长期培养，在不同温度下培养一年，发现培养温度对土壤总体分解速率没有显著影响。所以，他们得出结论，土壤碳库的矿化速率对温度变化反应不敏感。对这个结果的争论很大。后来有3个人对此文章提出质疑（Davidson，Trumbore and Amundson，2000）。他们指出，出现此结果的一个主要原因是假设土壤有机质是一个大库，而没有对不同组分分别做研究，从而造成了这种假象。对^{13}C的结果，他们认为这个实验只能说明温度对土壤有机质分解可能不是影响最大的一个因素，可能是耕作管理等人为影响，或者是不同物种的差别，仅凭此不能说明年平均温度变化对土壤碳库的周转速率没有影响。

另外的结果来自"原子弹^{14}C分析法"。大家都知道，在20世纪60年代初期，全世界都在地表做核试验，中国就是在那个时候，爆炸第一颗原子弹的。在原子弹爆炸的时候，强烈放射性物质碰击空气中的氮气，会在空气中产生大量的^{14}C，过了几年，开始禁止在地球表面做核试验了，^{14}C又开始下降，这样就等于在全球范围内做了一次^{14}C标记实验。用^{14}C分析不同C库周转时间，Trumbore等（1996）发现，年平均温度和周转时间有明显的线性负相关关系，通过这个斜率就可以求出Q_{10}值，由此得出的Q_{10}值大约在4，这个结果要明显高出Kirschbaum（2000）的综述结果（都是室内培养土壤得出的Q_{10}值）。总而言之，尽管有些研究土壤有机质矿化速率对温度变化的反应结果已在 Science 和 Nature 上发表了，但对这个问题还是很难说清楚，什么结果都有，问题很多，解决起来很困难,希望大家一起把这个问题搞清楚。

接下来的一个问题是基质浓度与 Q_{10} 值的关系。前面已经提到,酶促反应的 Q_{10} 值是在基质浓度饱和的条件下测定出来的。但实际上,主体土壤微生物是经常处在饥饿条件下的,这个基质浓度饱和的条件是不满足的。所以,文献中的 Q_{10} 值复杂变化是不是和基质有效性有关。例如,Kirschbaum(2000)的综述所报道的趋势,培养温度越高,测出的 Q_{10} 值越低,是不是由于基质有效性的变化所造成的?因为,温度低的时候呼吸速率低,有效基质消失速率也低,所以测出的 Q_{10} 值越高;而培养温度高的时候,有效基质消失很快,基质的影响就很大,所以测出的 Q_{10} 值越低。为了进一步讨论这个问题,我们要引进酶动力学常用的米氏方程(Michaelis-Menten Function):

$$R=(V_{max} C)/(K_m+C)$$

式中,R 表示酶促反应速度,V_{max} 表示最大反应速度常数,K_m 表示半饱和常数,C 表示基质浓度。从酶学角度来讲,具体反应速率由这两个常数和基质浓度决定。这两个常数对温度都很敏感,酶的最大反应速率,随着温度的增加而增加。基质半饱和常数也受温度影响,酶反应过程是基质扩散到酶表面与酶结合形成中间产物,然后刺激最后的反应,酶和基质脱离。在这个过程当中,温度影响其扩散,温度越高,扩散越快。如果基质浓度很低,基质的半饱和常数对反应速率影响非常大,如果基质浓度很高,达到饱和,基质的半饱和常数对反应速率的影响几乎消失。所以,如果米氏方程也适用于土壤有机质矿化,基质浓度就会影响 Q_{10} 值。为此,我们做了一组实验,用 5 个恒温水浴锅控制温度梯度,从田里取来鲜土样,放到三角瓶中,测定不同温度下的呼吸速率,每组土壤样品,一半加水(不加葡萄糖溶液),一半加葡萄糖溶液,比较这两组土样的 Q_{10} 值是否相同(图11.12)。我们用了 4 种土壤,图中黑色的是不加葡萄糖的,灰色的是加葡萄糖的,所有加葡萄糖的 Q_{10} 值都增加了,因此证明基质状况和 Q_{10} 值有直接关系。这是第一个结论。另外,底土和表土差别非常大,我们加葡萄糖,基本上把微生物活动提到最高,加了葡萄糖的呼吸速率可以作为最高呼吸速率。不加葡萄糖代表原来土中基质支持的呼吸速率,两者的比值是一种基质有效性的指数。两者差别越大,基质有效性越低,反之亦然。结果发现,原土壤中的基质有效性越高,加葡萄糖对 Q_{10} 值的影响越小。从这个结果我们可以看出,如果测定温度敏感性的时候不考虑基质有效性,就会造成复杂的后果。

现在讨论根际激活效应与土壤有机质分解的温度敏感性之间的关系。如前所述,由土壤表面释放到大气中的二氧化碳可分为四种来源(见图11.4):① 植物根系呼吸;② 根际微生物呼吸;③ 土壤基础呼吸(即在无根条件下的土壤呼吸);④ 由根际激活效应造成的土壤呼吸。其中三个部分与植物根系有关。那么,仅仅做室内土壤培养远远不能代表真实情况。然而,田间加温实验所测定的则是四部分的混合,根、微生物、动物都在里面,根本说不清楚 CO_2 是从哪来的,

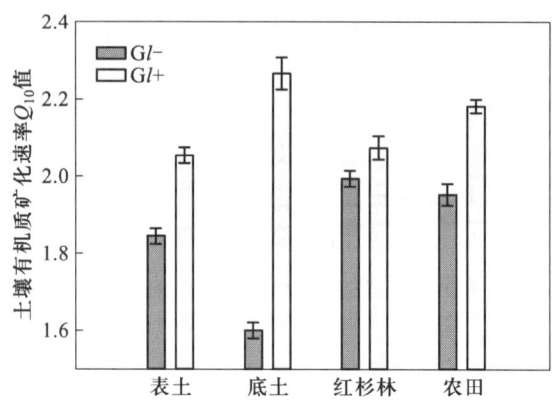

图 11.12　比较加水(不加葡萄糖溶液,$Gl-$)和加葡萄糖溶液($Gl+$)的两组土样的 Q_{10} 值(Gershenson et al., 2009)

要理解对加温的反应,是根呼吸的反应还是土壤微生物对土壤有机质分解速率的反应？还是根际激活效应的反应？这是一个很重要也很复杂的问题。为了回答这个问题,Boone 等(1998)做了个实验,他们在森林中,把 2×2 m² 面积的土地挖沟圈起来,然后用塑料布包起来不让根长入,根切断让其死亡分解,做无根控制,测定土壤呼吸和土壤温度之间随着时间与季节的变化关系,还加了一些其他处理,如把枯枝落叶层减少一半,有的是把枯枝落叶层挪掉,一个是无根也没有枯枝落叶层的。结果发现,什么也没有改变的原对照(有根的处理)的 Q_{10} 值是 3.5,是否加枯枝落叶层的影响不是很大,但是有根或者没根处理的影响很大,没根处理的 Q_{10} 值是 2.5。由此推出来的根际呼吸的 Q_{10} 值为 4.6。他们的结论是根际呼吸对温度变化最敏感。但是,想一想这个研究的处理,挖沟把根切断,让根烂掉,没有根养分也不吸收,水分也不吸收。这种没根的处理不仅仅是把根排除了,土壤条件、养分、湿度、根分解等都会造成说不清楚的后果。更重要的是,随着时间与季节的变化,不仅仅是土壤温度在变,植物根系在变,根系分泌物在变,很多其他条件也在变。这个结果不一定得出这种结论。所以要想真正回答这个问题,就不能使用物理的方法把根与土分开。

那么,如果用其他方法分别测定根系来源的 CO_2 和土壤有机质来源的 CO_2,它们对温度的变化是什么样的反应呢？为了回答这个问题,我们在植物生长箱里做了三个 ¹³C 示踪实验(Zhu and Cheng, 2011)。其中有两个实验是用电热丝自动加温。另外一个实验使用了植物生长箱的自动温度控制。加温的处理和没加温的对照,测定释放出的 CO_2 量,结果显示,有根的时候影响是很显著的(图 11.13)。根际激活效应在这三个实验中对温度是非常敏感的。种了植物处理的土壤有机质矿化速率的 Q_{10} 值均比不种植物处理的高。我们的基本结论是,根际激活效应使 Q_{10} 值提高。但是,有一点需要说明,这个初步的结果来自植物生长箱控制实验,在田间自然条件下,结果会怎样还有待于进一步的实验。

对土壤有机质和温度的关系做一个小结,一般来讲,还是矛盾非常多,争论非常大的。土壤有机质的矿化与温度变化是什么关系,也是争论非常大的事,基质在里面起作用是可以肯定的,非常重要,没有什么疑问。同时也可以肯定,根际过程、根际激活效应对土壤有机质分解和对温度的反应影响也很大,但还需进一步的研究。

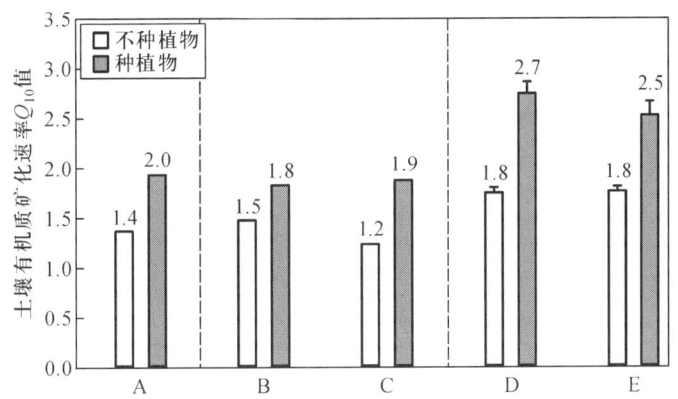

图 11.13　种植物与不种植物对土壤有机质矿化速率 Q_{10} 值的影响。
A:实验一(向日葵);B:实验二(向日葵)第一次取样;C:实验二(向日葵)第二次取样;
D:实验三(大豆);E:实验三(向日葵)(Zhu and Cheng,2011)

11.4　"根离土"的问题

在无土壤条件下测定的根呼吸与有土壤的情况下是否差异很大?生长在不同基质里的根呼吸是不是一样?我们使用野外的大树根系做了一个实验。用根箱法,将树根小心翼翼用水从地里冲出来,保持跟大树连在一起,然后将它放到大的塑料管里,加上不同的基质,用硅胶把孔封起来,如图 11.14 所示,测定其 CO_2 释放量,然后用 ^{13}C 同位素的方法分别测定来自根的呼吸和来自土壤的呼吸。结果显示(见图 11.15),外源土和本源土对根呼吸的影响非常大。不同的基质对结果影响非常大。另外,我们做了一个切根法实验,把根从土壤中洗出,测定其呼吸,测定的结果也是有影响的。总的来说,根呼吸对基质和条件都是很敏感的。

通过本章的讨论,可以明显地看出,根际激活效应对土壤有机质的矿化速率的影响是很大的,其变化尺度可以与温度、湿度的影响提到同一个水平上。但是,目前常用的土壤有机质模型并没有考虑根际激活效应。如果对土壤有机质分解做更深入的研究,就不能忽视根际激活效应。影响根际激活效应的因子非

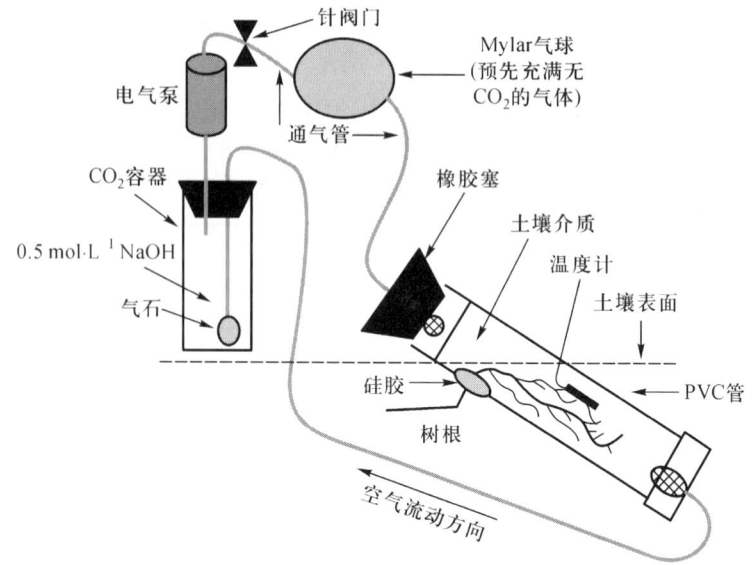

图 11.14　野外根箱加 ^{13}C 自然示踪法测定树的根际呼吸(Cheng et al.,2005)

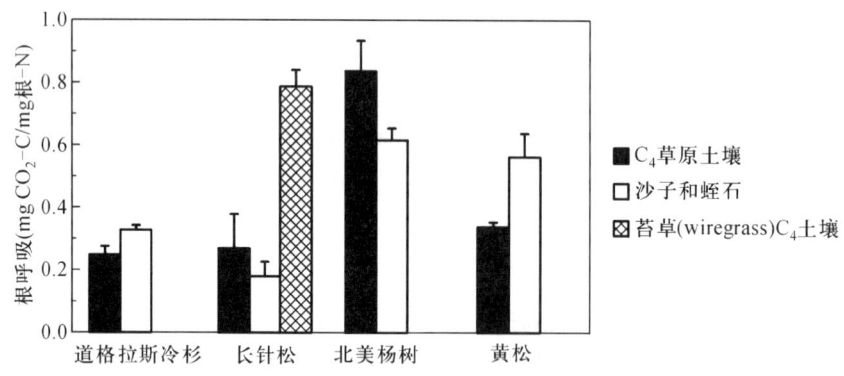

图 11.15　四个树种在三种基质中的根系呼吸速率(Cheng et al.,2005)

常多,很复杂,所以接下来的工作量是非常大的,有待于进一步深入研究。另外,与根际激活效应联系最紧密的是微生物的周转,一般而言,根际激活效应与微生物周转有直接关系,和水分变化的影响关系也很大。从"碳-氮"耦合来讲,它们是紧密联系在一起的,但不是简单的线性关系。表观氮矿化速率和根际激活效应之间有一定的线性关系。另外,由于根际激活效应的存在,基质有效性对土壤有机质矿化速率和对温度之间的关系影响非常大,对全球变暖、全球碳循环基本假设和基本常数都有本质上的影响。但是,这些因子的定量关系到现在还说不清楚。总之,单做土壤培养是非常不可靠的,但是,经典的土壤教科书,经典的讨论和理论都是建立在土壤培养数据之上的。听起来,"根离土"和"土离根"是很简单的问题,但事实上是个很复杂的问题。总而言之,相信根系和土壤永远是一个整体是最实际、最安全的。

问题 1：程老师您好，我的研究方向和您有些类似，但没您做得深入，我有三个问题，第一个问题是：根的分泌物和根际微生物，虽然量很小，但是对固氮很重要，现在有没有一种方法能把根际分泌物或土壤微生物呼吸分离出来？如果可以分离出来，那么根际分泌物和微生物的呼吸是如何测定的？第二个问题，您报告中有一个图是做 Q_{10} 和基质关系的，这个实验是在相同温度下在室内培养的，还是在变化温度下培养的，如果是变化温度，是否应该考虑基质的效应和 Q_{10} 之间的变化关系，因为 Q_{10} 和温度的关系是最直观的。第三个问题，在室内培养的条件下，土壤呼吸和微生物在 15～35℃ 的条件下，微生物活性是最高的，但是如果温度高于 35℃ 以后，土壤呼吸突然增加，假设到 55℃ 以后又降低，您怎么理解这个问题。

回答：第一个问题就是怎么把根呼吸和根际微生物呼吸分别测定，这个问题是很难的，早在 1950 年发表的一篇文章中就提出了这个问题，那个时候 ^{14}C 方法刚刚开始使用。但这个问题现在一直解决不了，说实话，我做这个问题相对来说是比较早的，1993 年有一篇文章就是专门针对这个问题进行探讨的，现在解决这个问题的方法还是一个最大的难题。因为，如果用 CO_2 来做呼吸测定的话，土壤中的 CO_2 有三种来源：来自于土壤的、来自于根呼吸的、来自于根际微生物呼吸的。你要用一种同位素，能把来自于植物的和来自于土壤的分开；那还要用另外一种同位素，将来自于根呼吸的和来自于根际微生物呼吸的分开，所以，难度很大。我的这个实验方法使用 ^{14}C 示踪，然后再将普通的 ^{12}C 葡萄糖加入土壤中，这样土壤微生物先被 ^{12}C 葡萄糖喂饱了，这就造成 ^{14}C 根际分泌物被保存起来。我把不加葡萄糖的处理也用 ^{14}C 示踪，比较两种处理释放出的 $^{14}CO_2$ 的差别，就应该代表根际微生物利用根际分泌物的呼吸，这就是我当时的想法。实验结果基本上和我的预期一致。这是其中一种方法，一旦加入葡萄糖，微生物开始急剧增加呼吸。德国人在 1978 年做过这种实验，加很多糖类、氨基酸类，是非常有效的基质。在前 4～6 h 是看不出微生物生长的，它们在做调整，没有显著的生长，就是说只能用这段时间来做。超过这段时间，微生物就会全部变掉，结果就没法用。所以，这个时间段叫做"点射（snap shot）"，就是在这短期的特殊条件下，把根系呼吸与根际微生物呼吸做一下大体分离，这个分离只能用百分比来表示。说实话，这和实际生态系统的真实条件差得非常远。这种方法还是很有效的。不光我用啊，在德国的俄国人，Yakov Kuzyakov，重复做了这个实验，也加了一些其他方法。总的来讲，这个方法的可重复性非常高。但是，在野外几乎没法做，至少我没想出用什么办法做。第二个问题，就是有关 Q_{10} 值与加糖的这个实验，我们这个实验用了 5 个水浴锅，每一个水浴锅保持一个温度，有 5 个温度。然后，每种土壤样品一个加糖处理，一个不加糖处理，再加上 5 次重复，其中加温有 5 个温度梯度，然后每个温度之间重复。第三个问题是在室内培养条件下，据我了解，一般在 5～35℃ 条件下，土壤微生物的活性是最高的。其实我们知道，土壤微生物对温度的适应几乎都是远远超过自然温度变化的。在热带雨林的土壤，最高温度条件下，再加几度，微生物反应照样非常激烈，短期内还是应该有反应。

问题 2：想请教一下，现在做根际的影响因素非常多，方法也比较多，像根箱，请您简单评价一下这些方法，简单评价一下根袋和根垫。

回答：其实做根系的人，研究了很多方法，我自己也研究出了一些方法。根袋法其实我自己也做过，用这种方法，你可以把根际土和非根际土做得非常干净。一种方法是让根长在袋子里面，袋子和土交界处，简单说是根际土，甚至于把土装到袋子里面，袋子里的土是根际土，离开袋子就是没有根的土。这个根袋法，从取样的角度讲，要比常用的抖动法好得多。用抖动法，把根取回来，先轻抖两下，剩下的土就是根际土了。这种方法非常不准确也不可靠。土壤含水量高的时候，根上附有很多土，其实把真正的根际土稀释了，土壤含水量很低的时候，多数土都散掉了，说起来方法一样，其实做起来结果差别很大。所以用根袋，可以解决这个问题。另外，如果利用根袋解决野外获取根际土的问题就比较麻烦。根都长在袋子里，可想而知，这种长在袋子里的根的分布肯定和自然分布差别很大。你说的根垫法，本质上与根袋法差别不大。到底用哪种方法，主要取决于实验目的，总的来说，不管哪种方法对土壤都有影响，都没有同位素方法更能说明问题。

问题 3：程老师您好，我是在实际过程中遇到一个问题。您前一个图片是用微根管法照出来的吗？（回答：对），我发现一个现象，第一次测出的根直径比后来做的粗得多，甚至能达到 2～3 倍，我以为是土壤水分的问题，但是我做了相关实验，发现他们不相关，您怎么解释这个现象。

回答：我们也有同样的观察。你的问题很好。我们可以和直接观察连在一起来看这组根，由于时间关系没有细解释。其实这是 4 张照片拼起来的，这是用微根窗法照出来的 4 张照片，我们控制了照相位置。我们观察到，刚出来的根尖部事实上比其他部位粗。其实从观察角度和形态学上来讲，第一个根尖是一个小的次生资源分配处，你看这个分支，这是 8 月份，到 9 月份时根尖已经到外面去了，一边比较细，另一边比较粗。然后，它长出了两个分支，到 10 月份的时候，这个没长多少，这两个月没怎么长。等到 11 月份的时候，第 3 个分支长得非常壮。我们认为，这表明距离根尖近的分支长得快。所以说根尖是次生的一个资源分配处，肥大根尖经常出现。根老了，这个功能就消失了。

问题 4(再问)：可是观察的时候，不光根尖这样，而是整个根都比较粗。

回答：这个我说明一下，做根形态、根动态、根周转研究的，东北林业大学的王正全教授比我做得多，还有北京大学的郭大力教授做得也非常好。他们已经观察了大量根形态和不同形态的变化，研究了不同形态生态学的意义。他们曾跟我讲，根直径不是一味增加、生长，等到根老化的时候，有一段时间根直径是有可能降低的，就是刚才说的，这个现象不是实验误差。

问题5：我的问题是，基质不同会不会导致土壤呼吸的温度的敏感性不同？因为不同基质要活化，那么越复杂的基质的活化是不是需要越高一些的活化能？是不是温度敏感性要低一些？

回答：这个问题，我本来要讨论一下，可是由于时间不允许，我把它挪到后面去了。研究表明，有机质不同组分的分解矿化速率对温度的反应是不同的。从模型的角度来说，那么多复杂的 Q_{10} 值表明，快速分解的基质和慢速分解的基质对温度的反应，从理论上来说，越难分解的基质，要求的活化能越高，对温度越敏感。从基础化学反应理论和能量平衡角度来讲，基质越难分解，要求的活化能越高，它对温度的敏感性越强。总的来讲，基质对温度的反应，是随着基质活化能的要求程度变化而变化的。但是，真正做出的试验结果不一定就是那么回事，而是很复杂的问题。从实验的角度来看，这是一个非常难做的实验。我举个例子，这是一个影响力很大的科学家的实验结果，我认为是一个反面教材。他把很多北美长期生态实验点的土壤都取来，然后用类似我刚才讲过的方法，在不同的温度下测呼吸，用回归法求出 Q_{10} 值。做回归的时候，这个斜率就是 Q_{10} 值。虽然大家都这么做，可是他做了 Q_{10} 值与截距的回归，发现 Q_{10} 值越高截距越小。于是，他认为截距代表基质要求的活化能，这是这个资料的一种解释，他就认为他这套实验证明了基质越难分解，要求的活化能越高，它的 Q_{10} 值越大。事实上，德国的研究者发现，这个回归有个问题。他们做了一组模拟实验，其实就是利用计算机，假设常见的土壤呼吸速率上限下限是随机数，然后随机从里面取样，做回归，最后又做这个图 Q_{10} 值和截距之间的关系。他们发现，通过随机数据得出来的也是这种相关关系。这就证明刚才说的根本就是错的。从回归再做回归，用回归的常数再做回归，是一种假象。总的来说，这个问题非常复杂，很多问题做来做去，争论很大。

主要参考文献

Bond-Lamberty B and Thompson A. 2010. Temperature-associated increased in the global soil respiration record. Nature, 464: 579 – 582.

Boone R D, Nadelhoffer K J, Canary J D, et al. 1998. Roots exert a strong influence on the temperature sensitivity of soil respiration. Nature, 396: 570 – 572.

Carney K M, Hungate B A, Drake B G, Megonigal J P. 2007. Altered soil microbial community at elevated CO_2 leads to loss of soil carbon. Proceedings of the National Academy of Sciences of the United States of America, 104: 4990 – 4995.

Cheng W. 1996. Measurement of rhizosphere respiration and organic matter decomposition using natural ^{13}C. Plant and Soil, 183(2): 263 – 268.

Cheng W. 2009. Rhizosphere priming effect: Its functional relationships with microbial turnover, evapotranspiration, and C – N budgets. Soil Biology and Biochemistry, 41: 1795 – 1801.

Cheng W and Dijkstra F A. 2007. Theoretical proof and empirical confirmation of a continuous labeling method using naturally ^{13}C-depleted carbon dioxide. Journal of Integrative Plant Biology, 49: 401 – 407.

Cheng W and Johnson D W. 1998. Elevated CO_2, rhizosphere processes, and soil organic matter decomposition. Plant and Soil, 202: 167 – 174.

Cheng W, Johnson D W and Fu S. 2003. Rhizosphere effects on decomposition: Controls of plant species, phenology, and fertilization. Soil Sci. Soc. Am. J., 67: 1418 – 1427.

Cheng W and Kuzyakov Y. 2005. Root effects on soil organic matter decomposition. In: Zobel R W, Wright S F (eds). Roots and Soil Management: Interactions between Roots and the Soil, Agronomy Monograph No. 48: ASA – CSSA – SSSA, Madison, Wisconsin. 119 – 143.

Cheng W, Fu S, Susfalk R B, Mitchell R J. 2005. Measuring tree root respiration using ^{13}C natural abundance: Rooting medium matters. New Phytologist, 167: 297 – 307.

Davidson E A, Trumbore S E and Amundson R. 2000. Biogeochemistry—Soil warming and organic carbon content. Nature, 408: 789 – 790.

Dijkstra F A and Cheng W. 2007. Interactions between soil and tree roots accelerate long-term soil carbon decomposition. Ecology Letters, 10: 1046 – 1053.

Dijkstra F A and Cheng W. 2007. Moisture modulates rhizosphere effects on C decomposition in two different soil types. Soil Biology and Biochemistry, 39: 2264 – 2274.

Dijkstra F A, Bader N E, Johnson D W and Cheng W. 2009. Does accelerated soil organic matter decomposition in the presence of plants increase plant N availability? Soil Biology and Biochemistry, 41: 1080 – 1087.

Fontaine S, Bardoux G and Abbadie L. 2004. Carbon input to soil may decrease soil carbon content. Ecology Letters, 7: 314 – 320.

Frank D A and Groffman P M. 2009. Plant rhizospheric N processes: What we don't know and why we should care. Ecology, 90(6): 1512 – 1519.

Fu S and Cheng W. 2002. Rhizosphere priming effects on the decomposition of soil organic matter in C_4 and C_3 grassland soils. Plant and Soil, 238: 289 – 294.

Fu S, Cheng W and Susfalk R B. 2002. Rhizosphere respiration varies with plant species and phenology: A greenhouse pot experiment. Plant and Soil, 239: 133 – 140.

Giardina C P and Ryan M G. 2000. Evidence that decomposition rate of organic carbon in mineral soil do not vary with temperature. Nature,404:858-861.

Gregory P J and Gregory P J. 2006. Roots, rhizosphere and soil: The route to a better understanding of soil science? Eur. J. Soil Sci.,57:2-12.

Heath J R, Kuekes P J, et al. 1998. A defect-tolerant computer architecture: Opportunities for nanotechnology. Science,280:5370:1716-1721.

Kirschbaum M U F. 2000. Will changes in soil organic carbon act as a positive or negative feedback on global warming. Biogeochemistry,48:21-51.

Kirschbaum M U F. 2004. Soil respiration under prolonged soil warming: Are rate reductions caused by acclimation or substrate loss? Global Change Biology,10:1870-1877.

Kuzyakov Y. 2010. Priming effects: Interactions between living and dead organic matter. Soil Biology and Biochemistry,42:1363-1371.

Kuzyakov Y and Cheng W. Photosynthesis controls of rhizosphere respiration and organic matter decomposition. Soil Biology and Biochemistry,33:1915-1925.

Melillo J M, Steudler P A, Aber J D, Newkirk K, Lux H, Bowles F P, Catricala C, Magill A, Ahrens T and Morrisseau S. 2002. Soil warming and carbon-cycle feedbacks to the climate system. Science,298:2173-2176.

Schimel D S. 1995. Terrestrial ecosystems and the carbon cycle. Global Change Biology,1:77-91.

Talhelm A F, Pregitzer K S and Zak D R. 2009. Species-specific responses to atmospheric carbon dioxide and tropospheric ozone mediate changes in soil carbon. Ecology Letters,12:1219-1228.

Trumbore S E, Chadwick O A and Amundson R. 1996. Rapid exchange between soil carbon and atmospheric carbon dioxide driven by temperature change. Science,272:393-396.

Zhu B and Cheng W. 2011. Rhizosphere priming effect increases the temperature sensitivity of soil organic matter decomposition. Global Change Biology,17:2172-2183.

第 12 章

稳定同位素生态学研究进展

林光辉
厦门大学生命科学学院

12.1 前言

稳定同位素技术因具有示踪(tracers)、整合(integrators)和指示(indicators)等多项功能及检测快速、结果准确等特点,在生态学研究中日益显示出广阔的应用前景(林光辉,2010)。近年来,由于生态学问题更趋复杂化和全球化,多学科的交叉综合研究已成为本学科发展的新生长点。以稳定同位素作为示踪剂研究生态系统中生物要素的循环及其与环境的关系、利用稳定同位素技术的时空整合能力研究不同时间和空间尺度的生态过程与机制以及利用稳定同位素技术的指示功能揭示生态系统功能的变化规律,已成为了解生态系统功能动态变化的重要研究手段之一。稳定同位素技术逐渐成为进一步了解生物与其生存环境相互关系的强有力工具,使现代生态学家能够解决用其他方法难以解决的生态问题(Yakir and Sternberg,2000;Dawson et al.,2002;Maguas and Griffiths,2003;Dawson and Siegwolf,2007;Fry,2007)。

与分子生物学技术对现代基因、生化和进化生物学领域的发展所产生的重大影响一样,稳定同位素技术已对现代生态学的发展产生积极的影响。稳定同位素信息使我们能够洞悉不同空间尺度上(从细胞到植物群落、生态系统或某一区域)和时间尺度上(从数秒到几个世纪)的生态学过程及其对全球变化的响应(Ciais et al.,1995;Lin et al.,1999;Zanden et al.,1999;Battle et al.,2000;Bowling,2001;Yepez et al.,2003;Bukata and Kyser,2007;Kosiba et al.,2007)。由于众多同位素化学家和地球化学家的前期开拓性研究工作,我们已经对稳定同位素在生态系统和生物地球化学循环中的特性有了深入的了解(Farquhar et al.,1989)。随着同位素研究技术与方法的日趋完善,稳定同位素技术在那些需要深入研究的现代生态学领域将有更广阔的应用前景。例如,通过稳定同位素的分析,不仅可以追踪重要元素如碳、氮、氢和氧等的地球化学循环过程,还可估测农作物施肥的最佳配方和时间,研究动植物对环境胁迫的反应及相互关系,追踪污染物的来源与去向,推断古气候和古生态过程,甚至还可用来了解农、林产品组成成分、原产地及掺假可能性,等等(Ehleringer et al.,2000;Yakir and Sternberg,2000;Dawson et al.,2002;Maguas and Griffiths,2003)。总之,稳定同位素技术的应用大大加深了我们对自然环境下生物及其生态系统对全球变化的效应与反馈作用等方面的认识,拓展了生态学研究和应用的发展空间。国际著名生态期刊 *Oecologia* 早在 2004 年就开辟"Stable Isotope Ecology"专栏,美国 Brian Fry 的专著 *Stable Isotope Ecology* 在 2007 年正式出版(Fry,2007),标志着稳定同位素生态学作为生态学的一门新分支学科正式诞生。稳定同位素技术是继遥感技术后又一门技术进步与生态学交叉产生的新兴学科,显示出良好的发展前景(林光辉,2010)。

本文在简要回顾稳定同位素生态学的学科发展历史后,将详细介绍稳定同位素生态学作为一门生态学新分支学科的一些特征,之后重点综述过去十多年里该学科发展的一些重要进展及我国的现状,并指出我国发展稳定同位素生态学研究的一些策略,以期为我国生态学者开展稳定同位素生态学研究及其应用起到抛砖引玉的作用,更好地推动我国稳定同位素生态学的研究和相关学科的发展。

12.2 稳定同位素生态学学科发展历史

12.2.1 早期(1950年前)的理论突破与仪器研发

稳定同位素技术并不是一门新技术。早在 1913 年,Soddy 就提出了"同位素(isotope)"一词。Giauque 和 Johnson 于 1929 年首先在大气的氧中发现了氧同位素(^{17}O 和 ^{18}O)(Giauque and Johnson,1929a,b)。1931 年,Urey 和他的同事发现了氘(deuterium,即 ^2H 或 D)(Urey et al.,1931)。1934 年,Urey 教授还因他在同位素研究方面的卓越工作而获得当年的诺贝尔化学奖。Cohn 和 Urey 博士于 1938 年开发出用于水的氧同位素分析的 CO_2-H_2O 交换技术(Cohn and Urey,1938)。几年后,Nier 研制出第一台同位素比率质谱仪(isotope ratio mass spectrometer,IRMS)(Nier,1947)。1950 年,McKinney 和他的同事改进了 Nier 的质谱仪,使其分析精度有了明显的提高(McKinney et al.,1950)。随后同位素比率质谱仪不断得到改善,不但其分析精度不断提高,自动化程度也更趋完善。

12.2.2 启蒙阶段(1950—1979)的开拓性研究

稳定同位素技术在地球化学和生态学研究中的应用源于20世纪40年代末和50年代初一批先驱者的开拓性工作。例如,Urey(1947)和Biegeleisen-Mayer(1947)各自发表关于稳定同位素分馏理论的论文,这些论文已成为稳定同位素技术的经典论著。1948年,Urey还提出同位素古温度(isotopic paleo-temperature)的概念(Urey et al.,1948),大大促进了稳定同位素技术在地球化学和古气候领域的应用。1950—1951年,Thode和他的同事发表关于硫同位素分馏的论文(Thode,1950;Thode et al.,1951),而Thugutt(1949)发表首篇关于陆地碳同位素组成的研究综述,标志着碳同位素在生态学研究中应用的开始。1953年,Friedman发表关于自然界水中氢同位素比值变差的论文(Friedman,1953)。同一年,Epstein和他的学生发表第一篇论述自然界氧同位素比率变化的综述性文章(Epstein and Mayeda,1953)。两年后,Hoering发表首篇关于自然物质中氮同位素比率变化的论文(Hoering,1955)。

美国Scipp海洋研究所(Scripp Institute of Oeceanography)的Keeling博士1958年就在美国夏威夷Maui岛上开始著名的CO_2浓度和稳定碳同位素含量测定,并提出Keeling曲线法(Keeling plot approach)(Keeling,1958,1961),为我们现在研究陆地生态系统和全球碳平衡提供一种极为有效的稳定同位素方法。1965年,Craig和Gordon提出著名的水分蒸发过程中同位素变化的"Craig-Gordon"模型(Craig and Gordon,1965),以经验公式表现出水分蒸发过程中氢和氧两种同位素的分馏过程,为利用稳定同位素技术研究自然界水循环和植物水分关系奠定了理论和实践基础。

20世纪70年代,Fanner等人率先将碳的稳定同位素引入大气科学研究,并推断出1900年和1920年的大气CO_2浓度分别为290.5 ppm[①]和312.7 ppm,这一结果与南极冰芯获得的同期数据基本一致(Fanner et al.,1975)。1976年,Penman在 Nature 杂志上比较完整地阐述了碳的稳定同位素关于植物在气候变化研究中的应用前景(Penman,1976)。同年,Libby在 Nature 发表的论文"树木同位素气候参数"(Libby,1976),引发各国学者对稳定同位素分馏机制、环境影响因子、学科应用、分析测试手段、模型建立等方面的大量研究和讨论,并掀起了稳定同位素技术在地球化学和古气候重组等方面应用的热潮。

12.2.3 近代(1980年后)开拓性研究工作

20世纪80和90年代一些植物生理和生态学家提出的理论以及开展的野外研究开辟了稳定同位素技术在生态学研究中应用的新纪元。1982年,澳大利

---

① 1 ppm=10^{-6}。

亚国立大学的 Farquhar 教授与美国合作伙伴共同建立了 C_3 植物叶片碳同位素与其 Ci/Ca 比值之间的关系(Farquhar et al.,1982),而后又将其扩展到 C_4 植物(Farquhar and Ricards,1984)。这些文章已被引用千次以上,成为经典文章。1983 年,美国科学家 Sternberg 和 DeNiro 教授提出了纤维素合成中的氧同位素分馏因子(Sternberg and DeNiro,1983a,b)。1989 年,Sternberg 又提出了森林冠层内同位素再循环指数(isotopic recycle index)(Sternberg,1989)。同年,Farquhar 等发表了关于光合作用过程中稳定同位素分馏的综述文章(Farquhar et al.,1989)。1990 年,美国国家海洋与气象局的 Tans 博士领导的研究团队在世界各地开展了用于碳和氧同位素分析的大气 CO_2 取样工作(Tans et al.,1990)。同年,美国科学家 Yakir 和 DeNiro 博士确定了纤维素合成的自养和异养代谢过程中氢和氧同位素的分馏值(Yakir and DeNiro,1990)。1993 年,Farquhar 等还确定了叶片的水-二氧化碳交换过程中氧同位素的分馏及其在世界范围内的分布(Farquhar et al.,1993)。1996 年,Yakir 和 Wang 最先结合同位素剖面分析与涡度通量测定技术,用于区分野外条件下生态系统的净交换和蒸散的各组分(Yakir and Wang,1996)。正是以上这些开拓性研究,奠定了稳定同位素生态学作为一门新学科的理论基础和应用范例(Fry,2007)。

12.3 稳定同位素生态学学科特点

12.3.1 研究对象与内容

近年来,多学科的交叉综合研究成为生态学发展的新生长点。自 20 世纪 80 年代以来,稳定同位素作为示踪、整合和指示技术被广泛应用于生态学的许多研究领域,成为了解生态系统动态变化的主要研究手段之一(Tu et al.,2007; Williams et al.,2007)。除了人们所熟知的"稳定同位素地球化学"已形成一门独立的学科外,稳定同位素技术还广泛应用于植物生理生态适应、动植物之间相互作用、全球变化效应与响应、生态系统和全球碳循环、动物行为生态、食物网结构及营养级关系、古植被和古气候重建等,促成稳定同位素生态学学科的诞生(Fry,2007)。

传统生态学一般将自然生态系统作为其研究对象,以揭示自然状态下生物与环境之间的相互关系。近些年来,稳定同位素技术、遥感技术和数学模型逐渐成为现代生态学研究中的三大科学技术。其中,稳定同位素技术从新的角度探讨生物与环境的关系,从而进一步提高了人们对地球发生的变化(如大气成分的改变及其根源、环境质量的变化及其生物学效应、元素的生物地球化学循环变化等多方面)的认识。

12.3.2 研究方法学

稳定同位素生态学目前主要利用一些轻元素（如 H、C、N、O、S 等）的同位素来研究不同时间和空间尺度的生态学问题。这些元素的同位素原子量低（一般小于36），其重同位素的相对丰度为千分之几到百分之几，便于精确测定（氘例外，其相对丰度仅为 $1.6×10^{-4}$，测定误差较大）。轻元素的同位素之间的相对质量差别大，例如 D 与 H 相差 50%，^{18}O 与 ^{16}O 相差 12.5%，^{13}C 与 ^{12}C 相差 8.3%，^{15}N 与 ^{14}N 相差 7.3%。C、N、S 等元素为变价元素，在化合价变化过程中会发生大的同位素分馏。

在研究方法上，稳定同位素生态学综合了生态学、生物地球化学和同位素地球化学等学科的基本研究方法和技术，形成了一套较为系统、完整的研究方法。这些方法主要包括：野外调查与实地采样、野外定位连续监测、同位素组成分析、生理和生态学过程同位素分馏机理研究、元素的迁移、富集和循环过程的实验及数学模拟等。

12.3.3 主要参考书

20 世纪 80 年代以来，国内外先后出版了一系列稳定同位素生态学的专著。比较有影响的有 1989 年由 Phillip Rundel 等合编的《生态学研究中的稳定同位素》(*Stable Isotopes in Ecological Research*)(Rundel et al., 1989)、1991 年 David Coleman 和 Brian Fry 共同主编的《碳同位素技术》(*Carbon Isotope Techniques*)(Coleman and Fry, 1991)、1993 年 James Ehleringer 等主编的《稳定同位素与植物碳-水关系》(*Stable Isotopes and Plant Carbon-Water Relations*) (Ehleringer et al., 1993)、1994 年 Lajtha 和 Michener 合编的《生态和环境科学中稳定同位素》(*Stable Isotopes in Ecology and Environmental Science*) (Lajtha and Michener, 1994, 2007) 和 2007 年 Brian Fry 著的《稳定同位素生态学》(*Stable Isotope Ecology*)(Fry, 2007)。另外，1997 年 Howard Griffiths 主编的《稳定同位素：生物学、生态学和地理化学过程的整合》(*Stable Isotopes: Integration of Biological, Ecological and Geochemical Processes*)，2004 年 Larry Flanagan 等主编的《稳定同位素与生物圈-大气圈相互作用》(*Stable Isotopes and Biosphere-Atmosphere Interactions*)以及 2007 年 Todd Dawson 和 Rolf Siegwolf 合编的《作为生态变化指示的稳定同位素》(*Stable Isotopes as Indicators of Ecological Change*)等专著也系统地总结了稳定同位素在研究生态学不同问题上的最新进展。

国内从 1980 年开始就有稳定同位素地球化学的参考书出版，如丁悌平的《氢氧同位素地球化学》(1980)、郭正谊的《稳定同位素化学》(1984)、郑淑惠等的《稳定同位素地球化学分析》(1986)、丁悌平的《硅同位素地球化学》(1994)、于津生和李耀松合编的《中国同位素地球化学研究》(1997)和郑永飞等的《稳定同位素地球化学》，而介绍稳定同位素技术在生态学和环境科学研究中的应用的参考书目前只有易现峰编著的《稳定同位素生态学》(2007)。

12.3.4 主要刊物和会议

稳定同位素技术已经广泛应用于生态学的各个领域，因而生态学和地球化学的主要刊物（如 Ecology, Ecological Monograph, Ecology Letters, J Ecology, Functional Ecology, Global Change Biology, Global Biogeochemical Cycles, J Geographical Research, Oecologia, Siol Biology and Biochmistry 等）以及综合大刊物（如 Nature, Science, Proceedings of National Academy of Sciences 等）均接受利用稳定同位素技术研究生态学问题的论文。Oecologia 从2002年开始还辟有"稳定同位素生态学(Stable Isotope Ecology)"专栏，集中刊登稳定同位素生态学最新研究论文。

第一个关于"稳定同位素技术在生态学研究中的应用(Applications of Stable Isotopes to Ecological Studies)"的国际会议于1998年在加拿大萨斯喀彻温省的萨斯卡通市(Saskatoon)召开，是稳定同位素生态学领域规模最大的会议，每两年举行一次，已连续召开了六届。稳定同位素生态学两个主要研究网络BASIN和SIBAE也定期（几乎每年一次）在世界各地举办一系列稳定同位素生态学专题会议。2008年6月，由本人发起和组织、由中国科学院植物研究所和中国林业科学研究院林业研究所联合主办的"中国首届稳定同位素生态学国际研讨会"在北京召开，来自美国、以色列等国及国内多年从事此领域研究的著名专家、学者近150人参加会议。会议期间开展了多种专题演讲和学术研讨活动，专家们就稳定同位素技术在生态学研究中的应用历史、稳定同位素生态学的理论基础、稳定同位素技术与全球碳平衡研究等多个话题展开演讲和讨论。研讨会后，主办方还举办了首届稳定同位素技术研修班，参加研修班的学员轮流参加了由中国科学院植物研究所、中国林业科学研究院林业研究所的两个稳定同位素实验室的系统训练，并通过训练掌握了野外样品采集、实验室样品前期处理以及质谱仪操作等关键技术和方法。中国稳定同位素生态学国际研讨会和技术研修班计划今后将继续定期举办。

12.4 稳定同位素生态学最新研究进展

12.4.1 稳定同位素质谱分析技术的进步

随着同位素分析技术的发展，同位素分析仪器也得到了很大的改进。通过质谱仪和其他仪器的偶联，同位素分析技术自动化程度大大提高，节省了大量的人力和时间。质谱仪和元素自动分析仪相偶联，可以一次性安装近百个固体样品，实现仪器的自动进样、连续分析。质谱仪和色谱仪相偶联，样品直接通过仪器进行分离、纯化，然后进入质谱仪进行同位素比率分析，大大减少了人工的介入，具有很高的应用价值。20世纪90年代以来，化合物的单体稳定同位素研究得到了很大发展。单体稳定同位素分析仪器包括气相色谱-燃烧-同位素比率质谱联用仪(GC-C-IRMS，适用于单体碳、氮同位素分析)、气相色谱-热转换-同位素比率质谱联用仪(GC-TC-IRMS，适用于单体氢、氧同位素分析)、气相色谱-燃烧/热转换-同位素比率质谱联用仪(GC-C/TC-IRMS，适用于单体碳、氮、氢、氧同位素分析)。目前比较常用的连续流同位素比率质谱仪有热电公司Finnigan 的 MAT 252、MAT 253、DELTA^{plus} XP、DELTA^{plus} Advantage、DELTA V 等型号的 IRMS，Micromass 公司的 Optima GC-IRMS 和 Europa（现为 SerCon 公司）20-20 IRMS 等。一台连续流同位素比率质谱仪可以配置 3~4 台辅助设施，实现功能多样化。

12.4.2 稳定同位素非质谱测定技术的发展

相当一段时间内，大气中 CO_2 和水汽的稳定同位素比值测定主要依靠大气冷阱/同位素质谱仪技术(cold-trap/mass spectrometer method)，通常都包括两个步骤：样品收集和样品分析。样品收集步骤不仅费时费力，且会导致较大的误差。首先，当利用冷阱技术将大气中 CO_2 或水汽凝结成固态，样品收集的效率取决于冷阱装置的设计、冷阱温度和空气湿度。如果样品收集效率达不到100%，就可能发生同位素分馏效应。其次，收集到的 CO_2 中的氧原子可能与环境中的水分发生交换。由于受到采样与分析的仪器、技术的限制，几乎所有相关研究都局限于短期集中实验和较粗时间分辨率的条件下，测定的样品量是非常有限的，严重限制了稳定同位素技术在生态系统、区域和全球尺度上植被与大气相互作用方面的研究。针对以上问题，近几年一些公司开始研发能连续测定且价格相对便宜的新型稳定同位素光谱分析仪(stable isotope spectroscopy analyzers)。

新型稳定同位素光谱分析仪是指以激光为测量介质、以比尔定律(Bill Law)为测量依据的激光稳定同位素分析仪。比尔定律是指，特定波长的光经过特定物质，光强会衰减，衰减的大小与光经过的长度成正相关，与物质的浓度成正相关。因为含有稳定同位素的分子含量很低，所以需要大大延长测量的光路，稳定同位素光谱分析技术一直没有得到很好的应用和发展。随着20世纪80年代高发射率镜片的出现，激光可以在光强内上万次反射，光路可以达到上千千米，使同位素丰度测量精度达到 0.5 ppb[①] 级别，进而可以较精确计算出不同稳

[①] 1 ppb=10^{-9}。

定同位素之间的比率。目前市场上比较有应用潜力的稳定同位素光谱分析仪主要采用以下两种激光光谱技术。

12.4.2.1 可调谐二极管激光吸收光谱法

可调谐二极管激光吸收光谱法(tunable diode laser absorption spectroscopy, TDLAS)是在二极管激光器与长光程吸收池技术相结合的基础上发展起来的一种新的痕量气体及其相关同位素检测方法。TDLAS技术利用二极管激光器的波长调谐特性,获得被选定的待测气体特征吸收线的吸收光谱,从而对气体进行定性或者定量分析。在大气痕量气体监测中,为了提高探测的灵敏度,一般会根据具体情况对激光器采取不同的调制技术,如波长调制、振幅调制、频率或位相调制等。这种方法以前主要用于空气中痕量气体如NO_x等浓度测定,已经商品化的稳定同位素光谱分析仪主要是美国Campbell仪器公司研制的TGA100系列产品。

虽然TGA100的测量精度比不上目前已有的同位素比率质谱仪的精度,但这种方法选择性强、响应速度快(采样频率为1~10 Hz),可以和涡度通量仪器(如CSAT3+LI7500涡度通量系统)一道实现在线连续测定。另外,由于TDLAS技术可以快速地在线完成目标气体摩尔浓度的同步测定,系统克服了常规方法中在样品处理过程中可能发生污染等问题,能够减小大气CO_2或水汽稳定同位素测定结果的不确定性。值得注意的是,应用TDLAS技术测定大气CO_2或水汽同位素比值时,需要采取适当的标定方法,才能与同位素质谱仪取得一致的测定结果。TGA100最大的不足是其系统运转时需要使用液氮维持恒定低温,而这在野外条件下有时难于满足。目前,生态学者已借助TDLAS技术进行在线测定,在生态学领域开展相关研究。例如,Bowling等人详细介绍了如何利用TDLAS技术测定大气CO_2的浓度及其稳定碳同位素比率,并对该系统的优缺点进行了科学分析(Bowling et al.,2003)。他们还在美国科罗拉多州利用TGA100连续测定森林生态系统上空1 m和60 m处CO_2浓度和碳同位素比值,结果与采用传统气瓶+质谱仪获得的结果相当接近(Bowling et al.,2005)。通过选择其他合适的特定波谱,TDLAS分析仪还可对空气中其他气体(如水蒸气)的同位素进行在线连续测定(Wen et al.,2008),开展相关的生态学研究(Lee et al.,2007;Griffins et al.,2010;Wingate et al.,2010a,b)。

12.4.2.2 光腔衰荡激光光谱同位素分析仪

光腔衰荡激光光谱同位素分析仪是基于光腔衰荡光谱技术(CRDS)的新型稳定同位素分析仪器。光腔衰荡光谱技术是近年来发展起来的一种全新的激光吸收光谱技术,它改变传统吸收光谱中对光强绝对值的测量为对光强衰减时间的测量,从而避免了光强波动对测量结果的影响。它通过光脉冲在谐振腔中的多次反射,可获得极长的吸收程,大大提高了检测灵敏度。在常温条件下,采用连续光源的连续波光腔衰荡光谱具有极高的光谱分辨率和探测灵敏度,因而光腔衰荡激光光谱同位素分析仪运营时不需要消耗液氮。与 TDLAS 同位素监测仪一样，光腔衰荡激光光谱同位素分析仪不需要任何样品前处理，也不需要昂贵的耗材。目前已经产品化的仪器主要来自美国的两家公司，LGR 公司和 Picarro 公司。两家公司的产品工作原理相近，但外观设计相差悬殊，价格和仪器性能等方面也有一定的差别。

光腔衰荡激光光谱同位素分析仪单台仪器价格远低于一般的稳定同位素比率质谱仪，而且体积小、耗能低，可直接用于野外的连续监测，在全球范围内得到广泛的应用(Brooks et al.,2009)，仅去年就在中国销售出几十台。然而，这类激光光谱同位素仪分析植物与土壤样品时可能产生极大的误差(West et al., 2010)。这是因为植物和土壤样品含有的一些杂质会干扰同位素光谱吸收特征，从而导致传统同位素比率质谱仪不会出现的一些误差，δD 误差最高可达 46‰，$\delta^{18}O$ 误差也可高达 15.4‰。采用活性炭去除这些杂质后可以降低一些误差，但 δD 误差还可达 35‰，$\delta^{18}O$ 误差达到 11.8‰。

12.4.3 理论的突破

近十年稳定同位素生态学理论研究的最大突破应该是呼吸过程中的碳同位素分馏效应的研究进展(Pataki et al.,2005；Bowling et al.,2008)。根据代谢过程中同位素分馏理论，我们可以预测呼吸过程中的碳同位素分馏效应可能源于(1) 碳水化合物分子结构上 ^{13}C 的不均匀分配：Rossmann 等(1991)发现葡萄糖 4 位键上的碳富集 ^{13}C，而 6 位键上的碳亏损 ^{13}C；(2) 呼吸酶的动力学同位素效应(DeNiro and Epstein,1977；Melzer and Schmidt,1987)和(3) 次生代谢过程中的同位素分馏：如乙酰辅酶 A(acetyl CoA)合成中，新形成的乙酰辅酶 A 相比于底物丙酮酸(pyruvate)总是亏损 ^{13}C，而释放的 CO_2 相对富集 ^{13}C。然而，早期的研究结果表明，呼吸释放的 CO_2 有时比叶片富集 ^{13}C，有时又亏损 ^{13}C(Park and Epstein,1961；Troughton et al.,1974)。O'Leary 和 Farquhar 等人认为呼吸引起的同位素效应可以忽略不计(O'Leary,1981；Farquhar et al.,1982)。

我们曾利用植物叶肉质体(mesophyll protoplasts)证实 C_3 和 C_4 植物呼吸过程所释放 CO_2 的 $\delta^{13}C$ 值与呼吸的底物如碳水化合物的同位素组成非常接近，因此可以假设呼吸产生的 CO_2 和呼吸的底物具有类似的碳同位素组成(Lin and Ehleringer,1997)。但在干旱等环境胁迫条件下，植物在呼吸过程中的同位素分馏会有所提高(Duranceau et al.,1999；Ghashghaie et al.,2001,2003)。Tcherkez 等人发现暗呼吸产生的 CO_2 的 $\delta^{13}C$ 值随温度升高而降低，与此同时呼吸熵(research quotient 或 RQ，呼吸 CO_2 产量与 O_2 消耗量之比)也相应下降，说明呼吸产生的 CO_2 的 $\delta^{13}C$ 值随着底物的变化而改变(Tcherkez et al., 2003)。最近其他一些研究也发现，叶片呼吸释放的 CO_2 总是比叶片总有机碳、可溶性糖、淀粉、蛋白质等组成具有更高的 $\delta^{13}C$ 值，差别在 2‰~6‰ 之间(Duranceau et al.,1999；Ghashghaie et al.,2001,；Xu et al.,2004；Hymus et al.,2005；Mortazavi et al.,2006；Prater et al.,2006；Wingate et al.,2007,2008)。但至今为止,研究者们还是未能解释清楚^{13}C 富集的 CO_2 来自呼吸的哪个同位素分馏过程(Bowling et al.,2008),唯一能解释的是 6‰或更高的呼吸 CO_2 中^{13}C 富集是由于次生代谢中合成相当数量^{13}C 亏损的脂肪酸(Pataki et al.,2005),相关方面仍需要开展更深入、更系统的研究。

12.4.4 应用领域的拓展

在早期的稳定同位素生态学研究中,稳定同位素主要功能是它们的标记功能,示踪生源要素如碳、氮、磷、硅、氧、硫等的转化和流动。近几年来,稳定同位素的指示和整合功能被不断挖掘出来,其应用范围也不断扩大,具体体现在以下几个方面：

(1) 稳定同位素技术可以示踪生源元素或污染物的来源以及在生态系统内或生态系统之间的流动与循环。由于物理、化学和生物学反应伴随着同位素分馏,生态系统内以及生态系统间的营养和元素库的稳定同位素比值通常出现动态变化。因此,利用稳定同位素技术就可以容易地示踪有机体获得生源要素和其他资源的途径。稳定同位素比值在较大地理范围存在变化,为示踪从景观到全球尺度上的元素来源和流动提供了量化手段。利用稳定同位素示踪方法,结合常规污染物调查,可以研究陆源污染物的迁移、扩散规律以及在食物网中的生物放大、积累作用。

(2) 稳定同位素技术能综合时间和空间上的生态学过程。例如,植物和动物组织以及土壤中有机和无机化合物(包括气体)的稳定同位素比值可以对景观尺度上的重要生理和生态过程在时间上进行综合,综合的时间尺度取决于待研组织或库中元素的周转速率。此外,充分混合的生源要素库,例如大气、河流和土壤水的稳定同位素比值,通常表示了源(如水)的输入在更大空间尺度上的一个综合。稳定同位素还可用于研究生物对多氯联苯等有机污染物和镉、锌等重金属元素的响应机理。

(3) 稳定同位素技术能指示关键生态过程的存在及其改变程度。很多生态学过程都会留下具有明显特征的同位素痕迹,此过程的存在与否以及这些过程相对于其他过程所发生改变的程度,均可以通过稳定同位素比值相对于已知背景值的变化表达出来。例如,生态系统中有机碳和氮稳定同位素组成的动态变化可以用来研究不同生态系统(如森林、草原、河口湿地、海洋、湖泊生态系统等)的碳、氮和水的循环过程,确定各种不同环境条件下各种生态系统食物网结构和食物来源,以界定生物的具体营养级。

(4) 稳定同位素能记录生物对全球环境条件变化的响应。对于那些以一种不断增加的形式发展的物质和残留物来说,例如树轮、动物毛发、冰芯,它们的稳定同位素比值可以用来记录生物、生态系统对环境条件变化的响应,或者作为对环境变化的一种间接历史记录。

(5) 稳定同位素还有助于生物产品的溯源。近年来,研究发现,利用稳定同位素可以区分家畜动物的饲料类型从而对相关的农产品进行溯源,保护消费者的利益。动物组织和产品中^{13}C的丰度主要取决于饲料的原料组成,以玉米为主要饲料的动物在组织和产品中的$\delta^{13}C$值显著高于以牧草和谷物等C_3植物为主要饲料的动物。例如,来自美国和巴西的牛肉,其$\delta^{13}C$值比欧洲牛肉的$\delta^{13}C$值高得多。这是因为欧洲的肉牛是以C_3植物为主要饲料,而美洲的肉牛是以C_4植物为主要饲料。此外,研究还发现,传统牛肉$\delta^{13}C$值($-24.5‰±0.7‰$)显著高于有机牛肉的$\delta^{13}C$值($-26.0‰±0.2‰$)。同样的原理,稳定同位素质谱技术可以为鸡肉、羊肉及其他农林牧产品和毒品的溯源和鉴定提供科学依据(Ehleringer et al.,2000)。

12.4.5 研究网络的构建

与生态学其他分支学科类似,稳定同位素生态学的发展离不开研究网络的支持。过去几十年特别是近几年,稳定同位素的基础和应用研究均造就了一些具有国际影响力的研究网络,具体介绍如下。

12.4.5.1 水同位素研究网络

(1) 全球降水同位素网络

持续时间最长的全球同位素网络应该是始于1958年的全球降水同位素网络(GNIP),它连续多年分析了取样站点每月降水样品的$\delta^{18}O$和δD。目前,GNIP由位于93个国家和地域的500多个取样站点组成,是国际原子能机构(IAEA)和世界微气象组织(WMO)的一项合作计划,其中一部分是由法国(BD-ISO)、瑞士(NISOT)、加拿大(CNIP)和美国(USNIP)等一些国家网络组成。

除了每个月的主要监测外,GNIP的成员还进行一些额外的研究计划。例如,目前正在分析的美国、波多黎各、阿拉斯加和维尔京群岛等地200多个站点的国家大气沉降计划(NADP),就是与美国降水同位素网络(USNIP)计划相关的一项大规模同位素测定计划。虽然NADP网络的主要目的是监测降雨的化学性质,但是这些样品的同位素分析(Welker,2000;Harvey,2001)提供了USNIP站点外美国其他站点降水的同位素比值。

(2) 全球河流同位素网络

全球河流同位素网络(GNIR)是由IAEA支持的另一个水分同位素测定网络,是"同位素追踪大河流域水文过程"的合作研究计划的一部分,于2002年开始运行。这个网络的目的是监测全球水循环的变化,尤其是全球气候变化、土地利用改变、筑坝和大规模江河流域改道计划对全球水循环的影响。GNIR的取样和同位素分析由有关国家的研究所和大学完成,大多数站点的河水样品由原来负责 GNIP 的单位采集和分析。

(3) 生物圈和大气圈水分同位素

生物圈和大气圈水分同位素(MIBA)网络始于 2004 年,是一项较新的由 IAEA 资助的国际同位素网络研究项目。网络的主要任务是,一个月或两个月取一次大气水样以及主要植物种类和主要森林的叶片、茎部和土壤水样,并且分析其 $\delta^{18}O$ 和 δD。本文作者作为 MIBA 网络的发起人之一,负责协调中国区域内的 13 个站点的样品采集与分析。由于经费缘故,MIBA 研究网络只运营了三年就告暂停。

(4) 全球海水氧-18 监测网络

全球海水氧-18(GSO-18)数据库是 Gavin Schmidt、Grant Bigg 和 Eelco Rohling 自 1950 年开始从全球许多取样网络收集的 22 000 多个海水 $\delta^{18}O$ 的集合。此外,这些样品的分析提供了包括盐度、温度和深度的信息,并且已经建立初步的 1°×1°精度的数据集,以便与全球模型领域的比较(LeGrande and Schmidt,2006)。

12.4.5.2 气体同位素研究网络

(1) SIO/CIO 网络

除了 Charles Keeling 博士在 1958 年开始的众所周知的测定背景大气 CO_2 以外,Keeling 与美国斯克里普斯海洋学研究所(SIO)的同事以及荷兰 Groningen 大学同位素研究中心(CIO)的 Willem Mook 博士一起,于 1977 年开始进行大气 CO_2 的碳($\delta^{13}C$)和氧($\delta^{18}O$)同位素的常规分析。他们从其研究网络中每个月收集背景大气,其网络包括穿越太平洋南北的 10 个站点(Keeling et al.,1979,2005)。从 1992 年开始,这些样品均由 SIO 的 Martin Wahlen 博士分析。

(2) NOAA-CMDL-CCGG/INSTAAR2 网络

1989 年,美国国家海洋和大气管理局(NOAA)、地球系统研究实验室(ESRL)、大气监测与诊断实验室(CMDL)、碳循环温室气体团队(CCGG)在原来大气取样网络基础上增加了大气气体稳定同位素分析,启动了 NOAA-CMDL-CCGG/INSTAAR2 同位素研究网络。目前,大气气体浓度的测定(包括一系列重要的温室气体 CO_2、CH_4、CO、H_2、N_2O 和 SF_6)由 CCGG 完成,而大气 CO_2 和 CH_4 的 $\delta^{13}C$、$\delta^{18}O$ 和 δD 分析由美国科罗拉多大学北极与高山研究所(INSTAAR)稳定同位素实验室完成。从 1990 年最初的六个点和两条船的取样开始,同位素测定已经发展成现在包括高塔(Bakwin et al.,1998)和飞机采样网络在内的所有 NOAA-CMDL 网络点(Vaughn et al.,2004)。这些全球范围 CO_2 同位素和浓度的测定已经扩展到 55 个站点的规模。

(3) CSIRO-GASLAB3 网络

澳大利亚联邦科学与工业研究组织(CSIRO)全球大气采样与检测实验室(GASLAB)建于 1990 年,设有一个每周、每月取样的网络,而这个网络监测的是大气中主要的温室气体（CO_2、CH_4、CO 和 H_2）和全球范围 9 个点的 CO_2 的 $\delta^{13}C$，其中包括南半球的 5 个点和一个巡回飞机抽样单元负责测定澳大利亚塔斯马尼亚州的 Cape Grim 与位于澳大利亚大陆和塔斯马尼亚岛之间的巴斯海峡（Francey et al.，1995）。

(4) 其他大气气体同位素研究网络

其他大尺度同位素网络由于固定期限资金的限制，存在的时间相对较短。如欧盟框架第五综合项目（1998—2002）Carbo Europe 创立于 20 世纪 90 年代中期。这个协作网络的 17 个通量观测站分散在整个欧洲，主要监测生物圈和大气圈之间 CO_2、H_2O 和能量的交换。其中，Carboeuroflux 包括一个专门的同位素工作方案，分析现有 17 个点的大气 CO_2、植物和土壤水及有机物的 $\delta^{13}C$ 和 $\delta^{18}O$ 的时空变化。

12.4.5.3 同位素合作研究网络

(1) 生物圈-大气圈稳定同位素网络

生物圈-大气圈稳定同位素网络（BASIN）最初是一项由美国国家科学基金资助的 5 年研究计划（2001—2006），由全球变化与陆地生态系统（GCTE）计划主办。它的主要目标是提供一个坚实的基础，使科学团体联合起来，为当前和未来的有关同位素的网络建立联系，制定一个框架和统一取样方法，便于不同网络及当前实验和模拟程序之间的数据比较。它通过专题学术讨论会、模型间的比较、学生培训和交流、为同位素分析制定适当的工作标准、建立数据集和促进合作研究来运转。在 BASIN 框架里，有分析各种大气和生态系统组分的同位素组成的多种研究计划，为生态系统和区域通量研究提供一个桥梁，从而给区域和全球气候模型提供更多的实际生态变量。许多生态系统的测定是在全球通量研究网络 FLUXNET 的站点上进行，并采用微气象和涡度协方差方法来测定生态系统和大气之间的二氧化碳、水和能量的交换。自 2007 年，BASIN 又延长了 5 年（BASIN Ⅱ）。

(2) 生物圈-大气圈交换稳定同位素

生物圈-大气圈交换稳定同位素（SIBAE）计划是始于 2002 年为期 5 年的一项欧洲科学基金会科学规划项目。如同 BASIN 一样，SIBAE 是一个合作网络，通过交换访问、专题学术讨论会、会议和夏季学校来运作。SIBAE 的目的是把欧洲的研究者集中起来，促进稳定同位素方法的多学科应用，集中研究陆地生态系统 CO_2 和 H_2O 的交换作用及其对全球碳平衡的影响。

其他一些重点研究代表性生态系统过程的大尺度研究计划也涉及稳定同位素的测定。例如寒带生态系统-大气研究（BOREAS）计划是一个重点研究加拿大北部寒带森林的跨学科计划，其涉及的稳定同位素工作是把大气、水和树木有机物质的同位素分析与其他生态系统的测定结合起来，从而帮助了解在这种环境下植被和大气之间的 CO_2 和 H_2O 的交换过程。考虑到亚马孙河流域气候-

环境变化对区域和全球气候变化的重要性,1996年,巴西针对亚马孙河流域气候-环境变化特点,主持设立了亚马孙河流域大尺度生物圈-大气圈实验(LBA),以获得亚马孙河流域有关气候学、生态学、生物地球化学和水文学功能的新信息,了解土地利用变化对这些功能的影响,认识亚马孙河流域与地球系统的相互作用。来自美洲、欧洲及其他地区的700多位科学家一起策划了该项目,其中就包括了多方面的稳定同位素测定。另一个关注区域研究的网络是非洲碳交换(ACE)计划,应用了包括同位素在内的许多技术,以帮助了解非洲碳交换在时空上的变化。

12.5 中国稳定同位素生态学现状与发展策略

由于受到资金和设备的限制,稳定同位素技术在我国生态学研究中的应用起步较晚,但通过最近十几年的国际交流与合作以及我国科学家的不懈努力,稳定同位素技术已取得了重要的突破和进展,逐渐成为我国生态学研究常用的一种技术。虽然我国生态研究人员发表了一系列总结国外研究的综述文章(林植芳,1990;陈世苹等,2002;王建柱等,2004;林光辉等,2005;孙伟等,2005;孙双峰等,2005;白志鹏等,2007;任明忠和吴福源,2007;刘慧杰等,2007;董子为等,2009),但原创的研究论文还为数不多。

值得一提的是,2005年中国农业大学陆雅海教授等采用现代分子生态技术和稳定同位素示踪技术相结合的手段,研究了水稻根际碳循环的关键微生物种群和功能,用稳定同位素技术在水稻根系发现了一组新古菌的产甲烷功能,在 *Science* 上发表了题为"In situ stable isotope probing of *Methanogenic archaea* in the rice rhizosphere"的研究论文(Lu and Conrad,2005)。我们近几年也利用稳定同位素技术研究了三峡水位升高对库区动植物可能产生的生态效应(Sun et al.,2008;Wang et al.,2009)以及外来种红树植物无瓣海桑(*Sonneratia apetala*)的生理生态特性(Chen et al.,2008)。

最近,陈迪等利用稳定同位素研究了西藏冬虫夏草寄主蝠蛾幼虫食性(陈迪等,2010),发现在该地区存在两类食性不同的蝠蛾幼虫。第一类以土壤腐殖物质为主要食物,其$\delta^{13}C$值为$-22.6‰\sim-23.4‰$,头部的$\delta^{13}C$值高于$-23.4‰$。第二类以植物嫩根为主要食物,其$\delta^{13}C$值为$-24.6‰\sim-27.6‰$,头部的$\delta^{13}C$值低于$-24.6‰$。他们的研究突破了前人关于蝠蛾幼虫的食物来源仅限于植物嫩根的认识,为规模化繁育蝠蛾幼虫时选取廉价优质食物和建造适合蝠蛾幼虫生长的人工适生地提供科学依据。利用稳定同位素分析这种现代技术研究我国特殊资源、环境或生态问题,具有重要的现实意义,值得推广。

近几年来,我国众多生态研究单位投入巨资购买同位素比率质谱仪和其他相关仪器设备,资助使用稳定同位素技术研究生态学问题的各类基金项目也不断增加。由此可以预见,稳定同位素技术将在很大程度上提高我国生态学研究的深度和广度。现在,我国生态学者最需要的不是一味模仿过去几十年国外开展过的研究,而应该在稳定生态学学科理论框架、相关分析技术的研发和仪器的改进以及利用稳定同位素技术解决我们特殊的生态、环境和资源问题等方面下足工夫,为稳定同位素生态学的发展做出我国科学家应有的贡献(林光辉,2010)。

致谢

感谢韩兴国和伍业钢的邀请参加中华海外生态学者协会(Sino-Eco)成立20周年的庆典活动,并为"生态学未来之展望2009年高级研讨班"介绍稳定同位素生态学研究进展。本文撰写过程得到徐胜、郑陈娟等在发言稿整理、文字修改以及文献整理等方面的帮助,在此表示感谢。自然科学基金重点项目(30930017)、科技部973预研项目(2009CB426306)和国家海洋局公益性科研专项(200905009)提供部分经费支持。

主要参考文献

白志鹏,张利文,朱坦,等.2007.稳定同位素在环境科学研究中的应用进展.同位素,20(1):57-64.

陈世苹,白永飞,韩兴国.2002.稳定性碳同位素在植物生理生态研究中的应用.植物生态学报,36(5):549-560.

陈迪,袁建平,徐世平,等.2010.西藏冬虫夏草寄主蝠蛾幼虫食性的稳定碳同位素证据.中国科学D辑-地球科学,39(9):1274-1278.

丁悌平.1980.氢氧同位素地球化学.北京:地质出版社.

丁悌平.1994.硅同位素地球化学.北京:地质出版社.

董子为,李建华,杨长明,等.2009.稳定同位素技术在河岸带功能研究中的应用.环境科学与管理,34(7):116-120.

郭正谊.1984.稳定同位素化学.北京:科学出版社.

黄建辉,林光辉,韩兴国.2005.不同生境间红树科植物水分利用效率的比较研究.植物生态学报,29(4):530-536.

刘慧杰,田蕴,郑天凌.2007.稳定同位素技术在污染环境生物修复研究中的应用.应用与环境生物学报,13(3):443-448.

林植芳.1990.稳定性碳同位素技术在植物生理生态学研究中的应用.植物生理学通讯,3(3):1-6.

林光辉.2010.稳定同位素生态学:先进技术推动的生态学新分支.植物生态学报,34(2):119-122.

任明忠,吴福源.2007.有机污染物环境行为过程中的稳定同位素分馏效应研究进展.地球科学与环境学报,29(4):422-428.

王建柱,林光辉,黄建辉.2004.稳定同位素在陆地生态系统动-植物相互关系研究中的应用.科学通报,49(21):2142-2149.

孙伟,林光辉,陈世苹,等.2005.稳定性同位素技术与Keeling曲线法在陆地生态系统碳/水交换研究中的应用.植物生态学报,29(5):851-862.

孙双峰,黄建辉,林光辉,等.2005.稳定同位素技术在植物水分利用研究中的应用.生态学报,25(9):2362-2371.

于津生,李耀菘.1997.中国同位素地球化学研究.北京:科学出版社.

易现峰.2007.稳定同位素生态学.北京:中国农业出版社.

郑淑蕙.1986.稳定同位素地球化学分析.北京:北京大学出版社.

郑永飞,陈江峰.2000.稳定同位素地球化学.北京:科学出版社.

Bakwin P S, Tans P P, et al. 1998. Measurements of carbon dioxide on very tall towers: Results of the NOAA/CMDL program. Tellus B, 50: 401-415.

Battle M, Bender M L, et al. 2000. Global carbon sinks and their variability inferred from atmospheric O_2 and $\delta^{13}C$. Science, 287: 2467-2470.

Bowling D R, Tans P P, et al. 2001. Partitioning net ecosystem carbon exchange with isotopic fluxes of CO_2. Global Change Biology, 7: 127-145.

Bowling D R, Sargent S D, et al. 2003. Tunable diode laser absorption spectroscopy for stable isotope studies of ecosystem-atmosphere CO_2 exchange. Agricultural and Forest Meteorology, 118: 1-19.

Bukata A R, Kyser T K. 2007. Carbon and nitrogen isotope variations in tree-rings as records of perturbations in regional carbon and nitrogen cycles. Environmental Science and Technology, 41: 1331-1338.

Bowling D R, Pataki D E, et al. 2008. Carbon isotopes in terrestrial ecosystem pools and CO_2 fluxes. New Phytologist, 178: 24-40.

Bolker B M, Brooks M E, et al. 2009. Generalized linear mixed models: A practical guide for ecology and evolution. Trends in Ecology and Evolution, 24: 127-135.

Cohn M, Urey H. 1938. Oxygen exchange reactions of organic compounds and water. Journal of the American Chemical Society, 60: 679-687.

Craig H, Gordon L I. 1965. Deuterium and oxygen-18 variations in the ocean and the marine atmosphere. In Tongiorgi E, ed, Proceedings of a Conference on Stable Isotopes in Oceanographic Studies and Paleotemperatures, Spoleto, Italy: 9-130.

Coleman D C, Fry B. 1991. Carbon Isotope Techniques. San Diego: Academic Press.

Ciais P, Tans P P, et al. 1995. A large northern hemisphere terrestrial CO_2 sink indicated by the $^{13}C/^{12}C$ ratio of atmospheric CO_2. Science, 269: 1098-1102.

Chen L Z, Tam N F Y, et al. 2008. Comparison of ecophysiological characteristics between introduced and indigenous mangrove species in China. Estuarine, Coastal and Shelf Science, 79: 644-652.

Duranceau M, Ghashghaie J, et al. 1999. $\delta^{13}C$ of CO_2 respired in the dark in relation to $\delta^{13}C$ of leaf carbohydrates in Phaseolus vulgaris L. under progressive drought. Plant,

Cell and Environment, 22:515-523.

Dawson T E, Mambelli S, et al. 2002. Stable isotope in plant ecology. Annual Review of Ecology and Systematics, 33:507-559.

Dawson T E, Burgess S S O, et al. 2007. Nighttime transpiration in woody plants from contrasting ecosystems. Tree Physiology, 27:561.

Dawson T E, Siegwolf R. 2007. Stable Isotopes as Indicators of Ecological Change. Elsevier Academic Press.

Ehleringer J R, Hall A E, et al. 1993. Stable Isotopes and Plant Carbon-water Relations. San Diego: Academic Press.

Ehleringer J R, Casale J F, et al. 2000. Tracing the geographical origin of cocaine. Nature, 408:311-312.

Farquhar G D, O'leary M H, et al. 1982. On the relationship between carbon isotope discrimination and the intercellular carbon dioxide concentration in leaves. Functional Plant Biology, 9:121-137.

Farquhar G D, Richards R A. 1984. Isotopic composition of plant carbon correlates with water-use efficiency of wheat genotypes. Functional Plant Biology, 11:539-552.

Farquhar G D, Ehleringer J R, et al. 1989. Carbon isotope discrimination and photosynthesis. Annual Review of Plant Biology, 40:503-537.

Farquhar G D, Lloyd J, et al. 1993. Vegetation effects on the isotope composition of oxygen in atmospheric CO_2. Nature, 363:439-443.

Fry B. 2006. Stable Isotope Ecology. Berlin: Springer Verlag.

Giauque W F, Johnston H L. 1929. An isotope of oxygen of mass 17 in the earth's atmosphere. Nature, 123:831-831.

Giauque W F, Johnston H L. 1929. An isotope of oxygen, mass 18. Interpretation of the atmospheric absorption bands. Journal of the American Chemical Society, 51:1436-1441.

Griffiths H. 1998. Stable isotopes: Integration of Biological, Ecological and Geochemical Processes. Oxford, UK; Herndon, VA: BIOS Scientific Publishers.

Ghashghaie J, Duranceau M, et al. 2001. ^{13}C of CO_2 respired in the dark in relation to ^{13}C of leaf metabolites: Comparison between *Nicotiana sylvestris* and *Helianthus annuus* under drought. Plant, Cell and Environment, 24:505-515.

Hymus G J, Maseyk K, et al. 2005. Large daily variation in ^{13}C-enrichment of leaf-respired CO_2 in two *Quercus* forest canopies. New Phytologist, 167:377-384.

Keeling C D. 1958. The concentration and isotopic abundances of atmospheric carbon dioxide in rural areas. Geochimicaet Cosmochimica Acta, 13:322-334.

Keeling C D. 1961. The concentration and isotopic abundances of carbon dioxide in rural and marine air. Geochimicaet Cosmochimica Acta, 24:277-298.

Keeling C D, Mook W G, et al. 1979. Recent trends in the $^{13}C/^{12}C$ ratio of atmospheric carbon dioxide. Nature, 277:121-123.

Keeling C D, Piper S C, et al. 2001. Exchanges of atmospheric CO_2 and $^{13}CO_2$ with the terrestrial biosphere and oceans from 1978 to 2000. I. Global aspects. SIO Reference, Scripps Institution of Oceanography, UC San Diego: 01-06.

Kosiba S B, Tykot R H, et al. 2007. Stable isotopes as indicators of change in the food procurement and food preference of Viking Age and Early Christian populations on Gotland(Sweden). Journal of Anthropological Archaeology, 26: 394-411.

Libby L M, Pandolfi L J, et al. 1976. Isotopic tree thermometers. Nature, 261: 284-288.

Lin G, Ehleringer J R. 1997. Carbon isotopic fractionation does not occur during dark respiration in C_3 and C_4 plants. Plant Physiology, 114: 391.

Lin G, Ehleringer J R, et al. 1999. Elevated CO_2 and temperature impacts on different components of soil CO_2 efflux in Douglas-fir terracosms. Global Change Biology, 5: 157-168.

Lawrence F, Ehleringer J, et al. 2004. Stable Isotopes and Biosphere-Atmosphere Interactions: Processes and Biological Controls. Elsevier Academic Press.

Lajtha K, Michener R H. 2007. Stable Isotopes in Ecology and Environmental Science. Malden, MA: Blackwell Publishers.

Lee X, Kim K, et al. 2007. Temporal variations of the $^{18}O/^{16}O$ signal of the whole-canopy transpiration in a temperate forest. Global Biogeochemical Cycles, 21: 12.

MacNamara J, Thode H G. 1950. Comparison of the isotopic constitution of terrestrial and meteoritic sulfur. Physical Review, 78: 307-308.

Melzer E, Schmidt H L. 1987. Carbon isotope effects on the pyruvate dehydrogenase reaction and their importance for relative carbon-13 depletion in lipids. Journal of Biological Chemistry, 262: 8159.

Máguas C, Griffiths H. 2003. Applications of stable isotopes in plant ecology. Progress in Botany, 64: 472-505.

McKinney C R, McCrea J M, et al. 2009. Improvements in mass spectrometers for the measurement of small differences in isotope abundance ratios. Review of Scientific Instruments, 21: 724-730.

Nier A O. 2009. A mass spectrometer for isotope and gas analysis. Review of Scientific Instruments, 18: 398-411.

Park R, Epstein S. 1961. Metabolic fractionation of ^{13}C and ^{12}C in plants. Plant Physiology, 36: 133.

Pataki D. 2005. Emerging topics in stable isotope ecology: Are there isotope effects in plant respiration? New Phytologist, 167: 321-323.

Prater M R, DeLucia E H. 2006. Non-native grasses alter evapotranspiration and energy balance in Great Basin sagebrush communities. Agricultural and Forest Meteorology, 139: 154-163.

Rundel P W, Ehlerinlger J R, et al. 1989. Stable Isotopes in Ecological Research. New York: Springer-Verlag Inc.

Sternberg L, Deniro M J. 1983. Isotopic composition of cellulose from C_3, C_4, and CAM plants growing near one another. Science,220:947.

Sternber L S L,Mulkey S S,et al. 1989. Oxygen isotope ratio stratification in a tropical moist forest. Oecologia,81:51-56.

Sun S,Huang J H,et al. 2008. Comparisons in water relations of plants between newly formed riparian and non-riparian habitats along the bank of Three Gorges Reservoir, China. Trees-Structure and Function,22:717-728.

Tans P P,Fung I Y,et al. 1990. Observational contrains on the global atmospheric CO_2 budget. Science,247:1431.

Tcherkez G,Nogués S,et al. 2003. Metabolic origin of carbon isotope composition of leaf dark-respired CO_2 in French bean. Plant Physiology,131:237.

Todd D, Siegwolf R. 2007. Stable Isotopes as Indicators of Ecological Change. London:Academic Press.

Urey H C. 1931. The natural system of atomic nuclei. Journal of the American Chemical Society,53:2872-2880.

Vander Zanden M J,Casselman J M,et al. 1997. Stable isotope evidence for the food web consequences of species invasions in lakes. J. Geophys. Res.,102:24729-24739.

Vaughan G,Cambridge C,et al. 2004. Water vapour and ozone profiles in the midlatitude upper troposphere. Atmospheric Chemistry and Physics Discussion,4:8357-8379.

Wang J Z,Huang J H,et al. 2010. Ecological consequences of the Three Gorges Dam: Insularization affects foraging behavior and dynamics of rodent populations. Frontiers in Ecology and the Environment,8:13-19.

Welker J M,Fahnestock J T,et al. 2000. Annual CO_2 flux in dry and moist arctic tundra:Field responses to increases in summer temperatures and winter snow depth. Climatic Change,44(1):139-150.

Wingate L,Seibt U,et al. 2007. Variations in ^{13}C discrimination during CO_2 exchange by Picea sitchensis branches in the field. Plant,Cell and Environment,30:600-616.

Wingate L. 2008. Weighty issues in respiratory metabolism:Intriguing carbon isotope signals from roots and leaves. New Phytologist,177:285-287.

Wen X F, Sun X M, et al. 2008. Continuous measurement of water vapor D/H and $^{18}O/^{16}O$ isotope ratios in the atmosphere. Journal of Hydrology,349:489-500.

Wingate L,Ogée J,et al. 2010. Strong seasonal disequilibrium measured between the oxygen isotope signals of leaf and soil CO_2 exchange. Global Change Biology,16:3068-3064.

West A G, Goldsmith G R. 2010. Discrepancies between isotope ratio infrared spectroscopy and isotope ratio mass spectrometry for the stable isotope analysis of plant and soil waters. Rapid Communications in Mass Spectrometry,24:1948-1954.

Xu C,Lin G,et al. 2004. Leaf respiratory CO_2 is ^{13}C-enriched relative to leaf organic components in five species of C_3 plants. New Phytologist,163:499-505.

Yakir D, DeNiro M J. 1990. Oxygen and hydrogen isotope fractionation during cellulose metabolism in *Lemna gibba* L. Plant Physiology, 93:325.

Yakir D, Wang X. 1996. Fluxes of CO_2 and water between terrestrial vegetation and the atmosphere estimated from isotope measurements. Nature, 380, 515 – 517.

Yakir D, Sternberg L D L. 2000. The use of stable isotopes to study ecosystem gas exchange. Oecologia, 123:297 – 311.

Yakir D, Sternberg L S L. 2000. The use of stable isotopes to study ecosystem gas exchange. Oecologia, 123:297 – 311.

Yepez E A, Williams D G, et al. 2003. Partitioning overstory and understory evapotranspiration in a semiarid savanna woodland from the isotopic composition of water vapor. Agricultural and Forest Meteorology, 119:53 – 68.

Yahai L, Conrad R. 2005. In situ stable isotope probing of methanogenic archaea in the rice rhizosphere. Science, 309:1088 – 1090.

第 13 章
氮稳定同位素分析在研究人类活动对水生态系统影响中的应用

古滨河[①]
暨南大学水生生物研究所

氮是地球上丰度排列第 5 位的元素,也是核酸和蛋白质合成必需的元素之一。因此,水生态系统的氮循环对于了解人类活动的影响尤为重要。由于各种来源含氮物的稳定同位素值(定义为 $\delta^{15}N$)常常有很大区别,而且它们的转换过程具有一定的规律性,我们可以利用无机物和有机体的 $\delta^{15}N$ 研究各种含氮污染物在水生态系统的归趋,预测化学肥料在农业径流和地下水中的作用、人类和动物废物对水体污染的程度以及氮磷污染所造成的湖泊河流富营养化程度。无机氮的 $\delta^{15}N$ 拥有其来源的固有特征,因此可以作为它们在水环境的示踪物。生命周期短,转换率高的植物(浮游生物等)可以用来反演各种氮循环过程(固氮作用、氨化作用、硝化作用和反硝化作用),生命周期长的生物(鱼类等)对短期的环境波动不敏感,其稳定同位素值是预测人类活动对水生态系统长期影响的有效工具。生态学研究常规手段与生物体特殊组分的同位素分析相结合,将为稳定同位素分析在生态学和环境科学中的应用开拓广阔的前景。

13.1 前言

氮是地球上丰度排列第 5 位的元素,也是核酸和蛋白质合成必需的元素之一。氮气约占大气总量的 78%,化学性质不活跃,但是可以通过地球活动(火山爆发、闪电等)、人类活动(燃料使用、工业固氮)和生物固氮转化为结合态氮,成为生态系统的重要组成部分。近百年来,由于世界人口急剧增长,对食物(植物

[①] 目前通信地址:Everglades Division, South Florida Water Management District, 3301 Gun Club Road, West Palm Beach FL 33406 USA(email:Bgu@sfwmd.gov)

和动物蛋白)的需求也随之增加,用来种植作物的化学肥料和动物废物也随之增加(Schlesinger,2009),从而对水环境造成巨大的威胁。氮和磷是内陆水体和沿海污染的主要元素,因此,相当多的研究集中在这两个主要生源元素上。

在研究受人类活动影响,尤其是富营养化的水生态系统中,目前常常使用的指示环境变化的指标包括营养盐浓度、物种种类组成生物量和生产力等。这些指标揭示了生态系统变化后的特征。恢复生态学研究表明,严重受损的系统很难恢复。因此,对生态系统修复来说,寻找环境变化的早期征兆,尽早制定恢复目标和方法,既可以达到恢复受损系统的目的,又可以节省时间和财力(vander Zanden et al.,2005)。

近20年来,稳定同位素分析成为了研究生态系统能量流动和物质循环的有力工具。稳定同位素自然丰度可以用来追踪生态系统有机物的源和汇(Robinson,2001)。其前提是这些物质的稳定同位素自然丰度有显著差别,而且当这些物质进入生态系统时,其同位素值的变化具有可预测性。本文就氮循环、利用稳定同位素研究人类对水生态系统影响的原理及其进展进行简要的回顾和分析。

13.2 氮稳定同位素分析的基本理论

13.2.1 氮的物理化学特性和氮循环

物理性质。单质氮在常态下是一种无色无臭的气体,在标准情况下的气体密度是 $1.25 \text{ g} \cdot \text{L}^{-1}$,熔点 63 K,沸点 75 K,临界温度为 126 K,它是种难于液化的气体。在水中的溶解度很小。氮气在极低温度下会液化成白色液体(液态氮),进一步降低温度时,会形成白色晶状固体。

化学性质。氮分子的分子轨道式为 $1s^2 2s^2 2p^3$,对成键有贡献的是 3 对电子,即形成两个 π 键和一个 σ 键。对成键没有贡献,成键与反键能量近似抵消,它们相当于孤电子对。由于 N_2 分子中存在三键($N\equiv N$),所以 N_2 分子具有很大的稳定性,将它分解为原子需要吸收 $941.69 \text{ kJ} \cdot \text{mol}^{-1}$ 的能量。N_2 分子是已知的双原子分子中最稳定的(郭正谊,1984;Canfield et al.,2010)。

氮循环。在自然界,氮元素以分子态(氮气)、无机结合氮和有机结合氮三种形式存在。大气中含有大量的分子态氮。但是绝大多数生物都不能利用分子态的氮,只有像豆科植物的根瘤菌一类的细菌和某些蓝藻能够将大气中的氮气转变为结合态加以利用,此为固氮作用(nitrogen fixation)。总的来说,大气中参与氮循环的氮是很少的。岩石和矿物中的氮被风化后进入土壤,一部分被生物体吸收,一部分被地表径流带入水体。生物体死后,生物体内的氮一部分以挥发性氮化合物(NH_3)的形式进入大气,一部分又返回土壤,还有一部分以沉积物的形式沉积在大洋深处。植物只能从土壤中吸收无机态的铵态氮(铵盐)和硝态氮(硝酸盐,如 $NaNO_3$、KNO_3),用来合成氨基酸,再进一步合成各种蛋白质。动物则只能直接或间接利用植物合成的有机氮(蛋白质),经分解为氨基酸后再合成自身的蛋白质。在动物的代谢过程中,一部分蛋白质被分解为氨、尿酸和尿素等排出体外,最终进入土壤或水体。动植物残体中的有机氮则被微生物转化为氨态氮,此过程称为铵化作用(ammonification)。氨态氮经硝化菌通过硝化作用(nitrification)转化为硝态氮,硝态氮在低氧条件下通过反硝化作用(denitrification)最终还原为氮气,从而完成生态系统的氮循环。生态系统的氮循环主要包括:生物体内有机氮的合成、氨化作用、硝化作用、反硝化作用和固氮作用几个环节。每年生物固氮的总量占地球上固氮总量的90%左右,可见,生物固氮在地球的氮循环中具有十分重要的作用(Canfield et al.,2010)。

目前,陆地上生物体内储存的有机氮的总量达 $1.1×10^{10}$~$1.4×10^{10}$ t。这部分氮素的数量尽管不多,但是能够迅速地再循环,从而可以反复供植物吸收利用。存在于土壤中的有机氮总量约为 $3.0×10^{11}$ t,这部分氮素可以逐年分解成无机态氮供植物吸收利用(Schlesinger,2009)。海洋中的有机氮约为 $5.0×10^{11}$ t,这部分氮素可以被海洋生物循环利用。同样,海洋生态系统中的微生物和浮游生物对海洋氮循环也起着极为重要的作用。特别是微生物的硝化作用,即微生物通过两步硝化反应把氨态氮(NH_4^+)转化为硝态氮(NO_3^-)。该过程在海洋生态系统氮循环中发挥着重要作用。

图 13.1 是全球氮循环示意图。通过雷电固定氮量为 $20×10^{12}$ g,人类活动释放到大气中的氮量为 $100×10^{12}$ g,土壤内部循环的氮量是 $1\,200×10^{12}$ g,而土壤微生物的反硝化作用又能释放出 $130×10^{12}$ g 氮,有 $140×10^{12}$ g 氮经生物固氮进入土壤;水体中有 $36×10^{12}$ g 氮经河流进入海洋,而海洋微生物的反硝化作

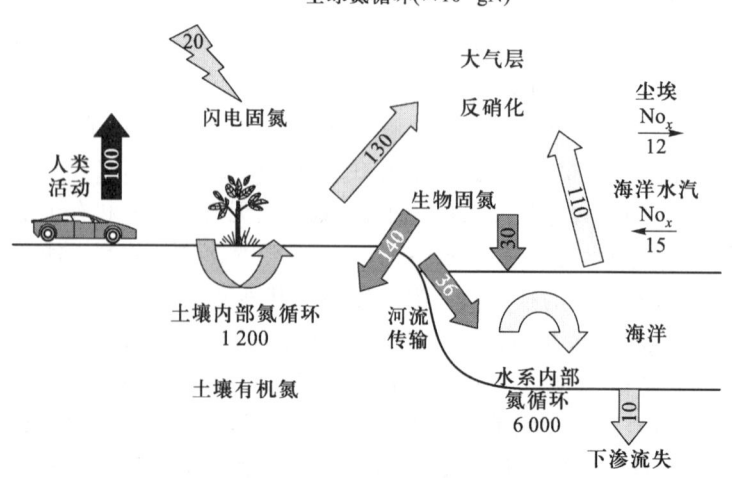

图 13.1　全球氮循环示意图

用又能释放出 110×10^{12} g 氮,另外沉积作用也能固定 10×10^{12} g 氮,总体上海洋生态系统内氮循环量为 $6\,000\times10^{12}$ g。

氮是生物体所必需的营养元素,因此化学氮肥在农业生产上得到了大量使用,使世界上的大部分人口摆脱了营养不良,享有足够的食物,但大气、水和土壤中的过量活性氮化合物对脆弱的生态系统造成了极大的破坏。化肥施用量与总氮量增加在过去一个世纪呈正相关关系。同时,全球氮沉降数量与格局较 1860 年都已经发生显著变化,预计到 2050 年这种趋势将继续加剧。

13.2.2 确定氮稳定同位素变化的因素

微生物对氮的转化。微生物对各种形态氮转化具有不同程度的同位素分馏作用,与环境条件、底物形式和底物浓度有很大关系(表 13.1)。其中有机物分解时(氨化作用)的分馏最小,这个发现对利用沉积物同位素反演水生态系统的历史变化提供了坚实的依据。硝化作用和反硝化作用的同位素分馏很大。微生物在进行硝化时,优先把氨氮的 $^{14}N(^{14}NH_4^+)$ 转化成硝酸根 $(^{14}NO_3^-)$,导致 ^{15}N 在底物 (NH_4^+) 中积累。而微生物进行反硝化时,优先把硝酸根的 $^{14}N(^{14}NO_3^-)$ 转化成 N_2O、NO、N_2 等,导致 ^{15}N 在 NO_3^- 积累。因此湖泊缺氧时常常检出 ^{15}N 富集的 NO_3^- (Owens 1987;Hadas et al.,2009)。固氮生物利用 N_2 时同位素分馏效应不明显。原因可能是由于 N_2 分子具有很大的稳定性。因此固氮生物的 $\delta^{15}N$ 值通常在 $-2‰$ 和 $+2‰$ 之间变动(Owens,1987)。

表 13.1 一些重要的氮同位素分馏过程

过程	分馏
植物吸收	
硝酸盐	$-0.9\sim-18.5$
氨盐	$-9.6\sim+7.3$
硝化作用	$-17.6\sim-36.0$
氨化作用	$0\sim-2.3$
反硝化作用	$-10\sim-44$
固氮作用	$-3.1\sim+1.8$
动物吸收	$+3\sim+4$

植物对氮的吸收。同位素分馏取决于生长率、底物浓度和底物的同位素值(表 13.1)。其 $\delta^{15}N$ 值随生长率的增加而增加,随底物浓度的上升而降低。因此植物的 $\delta^{15}N$ 值可以用来作为植物和环境中氮浓度的指示物(Peterson and Fry,1987;Evans,2001)。由于环境中不同来源的氮常常具有不同的同位素值,因此植物的同位素值普遍被用来区别环境中氮污染物的来源。

动物的摄食和吸收。动物的排泄物的氮含有比它们的食物低的$^{15}N/^{14}N$比率,因此其体内的同位素值往往高于其食物的同位素值。研究表明,动物的氮同位素值平均高于其食物的同位素值3.4‰(Post,2002)。动物的氮同位素也取决于食物的质量和动物的生理状态。

13.2.3 氮同位素在主要生态系统中的分布

大气是生物圈氮储存的最终来源。由于气态氮是计算$\delta^{15}N$值的标样,所以N的$\delta^{15}N$为零。氮化合物在生态系统之间的传递和转化过程中,与^{15}N相比,常常有更多的^{14}N转化为产物(如氨态氮、硝态氮和N_2等)。Owens(1987)通过对不同生态系统的氮同位素分布研究显示,从大气到海洋,$\delta^{15}N$呈显著的递增趋势,由低到高依次为:大气<陆地<淡水<河口<海洋(图13.2)。

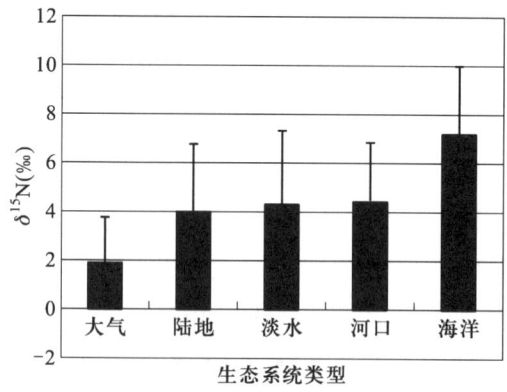

图13.2　氮同位素在主要生态系统中的分布(改自Owens,1987)

13.3　生态系统对人类影响的反馈:氮稳定同位素的应用

13.3.1　无机氮$\delta^{15}N$值作为污染源的示踪物

在世界许多地方,饮用水中的硝酸盐浓度超出允许范围,这主要是农业施肥过度和水源受到人类和动物废物污染的结果。高浓度的硝酸盐不但危及人类健康,而且可以造成水体富营养化。由于工业和汽车燃烧石油所引起的大气硝酸和硫酸负荷增加和沉降,常常导致淡水的总碱度下降,酸化。因此,有必要理解环境中不同氮源的归趋,监测地表水和饮用水的硝酸盐的来源,以便加以控制。

水体中含氮化合物的来源包括大气沉降、农业径流和人类/动物废物。这3个氮源的$\delta^{15}N$值总的来说具有比较明显的区别。大气的$^{15}NO_3^-$一般变动在2‰和8‰之间,来自人类和动物废物氮化合物的$\delta^{15}NO_3^-$相当高(10‰~

20‰),氮肥的 $\delta^{15}NO_3^-$ 为 $-3‰\sim3‰$ 之间(Heaton,1986)。为此,我们可以通过测定水源中的 $\delta^{15}NO_3^-$ 来判断硝酸盐的来源。例如,York 等(2007)测定了美国 Childs 河 $\delta^{15}NO_3^-$ 为相当低的负值,指出 Childs 河的硝酸盐大部分来自受农业化肥污染的地下水。Townsend-Small 等(2007)测定了流入中国太湖水柱的 $\delta^{15}NO_3^-$ 值,认为高同位素值(10‰~27‰)是人类和动物废物进入太湖的证据。利用无机氮同位素追踪各种氮源必须同时了解水体的基本生物地球化学特征,因为各种微生物对氮的转化可以显著改变氮源的同位素值。

13.3.2 植物 $\delta^{15}N$ 值作为污染源的示踪物

光合植物可以直接从环境中摄取氨氮(NH_4^+)、硝态氮(NO_3^-)、亚硝态氮(NO_2^-)和不同形态的溶解有机氮(如各种氨基酸和尿素)。固氮植物还能够利用 N_2。利用生物的氮稳定同位素自然丰度作为污染源的示踪物是基于主要污染氮源:动物排泄物和化学肥料的 $\delta^{15}N$ 值具有很大的区别。含氮化合物的氮源直接来源于大气($\delta^{15}N=0‰$),而动物排泄物的 $\delta^{15}N$ 相对较高(Heaton,1986)。不同种类植物的 $\delta^{15}N$ 已被用来研究河口和沿海地区(Cole et al.,2004;Cohne and Fong,2006)及内陆水域(Hall et al.,1999;Lake et al.,2001)废物的来源和污染程度。

利用淡水和海洋浮游植物的 $\delta^{15}N$ 值可以作为氨氮和硝酸盐源的指示物。例如,York 等(2007)测定了美国 Childs 河氨氮、硝态氮和浮游植物的 $\delta^{15}N$ 值,通过同位素质量平衡计算得出 Childs 河的浮游植物氮需求的 53%~97%来源于 NH_4^+。Gu 和 Alexander(1993)及 Gu 等(1994)通过悬浮颗粒物(POM)的稳定同位素分析,对阿拉斯加一个湖泊浮游植物的各种氮源,包括 NH_4^+、NO_3^-、$CO(NH_2)_2$(尿素)和 N_2(分子氮)的季节变化进行了研究。他们发现,在春季蓝藻水华期间,POM 主要成分为水华鱼腥藻(*Anabeana flos-aquae*,一种固氮蓝藻,以大气的 N_2 为主要氮源)。在夏天,蓝藻水华消失,浮游植物主要以氨氮为氮源。但是也吸收 NO_3^- 和 $CO(NH_2)_2$。有些湖泊长期受氮元素限制,有利于固氮蓝藻占优势。例如,Gu 等(2006)发现美国佛罗里达州一个湖泊全年占优势的藻类为 *Cylindrospermopsis raciborskii*,其 $\delta^{15}N$ 变动在-2‰和+2‰之间,表明其主要氮源为大气中的 N_2。Cole 等(2005)发现 POM 作为废水排放指示物并不可靠,原因是 POM 的 $\delta^{15}N$ 值随季节变化明显。但是,如上所述,POM 的 $\delta^{15}N$ 值可以作为短期浮游植物对各种氮源利用的指示物(Hadas et al.,2009)。Gu(2009)对全球湖泊 POM 氮稳定同位素进行了综合分析,发现 POM 的 $\delta^{15}N$ 在贫营养湖泊最低,富营养湖泊最高。其季节变化幅度在热带、亚热带湖泊最小,高纬度的富营养湖泊最高。这表明低纬度地区环境条件相对稳定,高纬度地区环境条件变化大,从而影响 POM(浮游植物的替代指标)的生理生态特征。这些发现也对制定采样方案具有重要的参考价值。

在利用大型植物 $\delta^{15}N$ 值作为氮源的示踪物方面,也有一些研究。例如,Savage(2005)研究了一种大型海藻(*Fucus vesiculosus*)的 $\delta^{15}N$ 值作为废水污染指标。发现其 $\delta^{15}N$ 值在沿岸区非常高,反映了污染物含量比较高,随着污染物被海流冲淡,其 $\delta^{15}N$ 值也降低。Cole 等(2005)发现,海洋大型藻类和高等植物的 $\delta^{15}N$ 值随污水浓度的增加而上升,但是大型藻类的 $\delta^{15}N$ 值更加准确地反映了污染程度。

13.3.3 动物 $\delta^{15}N$ 值作为污染源的示踪物

与植物相比,水生动物 $\delta^{15}N$ 值作为污染源的示踪物有如下优点:① 水生动物的 $\delta^{15}N$ 值能够反映食物源的特征;② 动物吸收营养时出现同位素分馏效应,其幅度和方向在各种动物中是比较一致的;③ 水生动物具有比较长的生长周期,其体内的 $\delta^{15}N$ 值是动物长期摄食、吸收和积累的结果,因此可以成为长期环境变化的活指标(这是因为不同年代的沉积物也可以作为长期环境变化的指标)。

vander Zanden 等(2005)收集了丹麦 27 个湖泊的初级消费者、氮负荷、集水区土地利用状况等数据,发现湖泊初级消费动物 $\delta^{15}N$ 值的上升,不仅与高氮负荷有关,而且与城市和农业的氮源有关。Schlacher 等(2005)比较了澳大利亚东部 3 个氮源不同的入海河口 19 种鱼的 $\delta^{15}N$ 值,发现其中接受废水的河口所有鱼类的 $\delta^{15}N$ 值均比其他两个河口的鱼类显著地高,另一个轻度污染的河口鱼类的 $\delta^{15}N$ 值也比没有接受污染物的河口高,由此证明鱼类的 $\delta^{15}N$ 值不仅可以作为严重污染的生态系统环境变化指标,也可以作为轻度污染的生态系统环境变化的指标。

13.3.4 动植物 $\delta^{15}N$ 值作为水体富营养化的示踪物

不同生物的 $\delta^{15}N$ 值也可以作为水体富营养化的指示物。内陆水生态系统大都受磷限制,增加磷的输入(农业面源污染)常常导致水体物种变化,多样性下降,生物量和生产力增加。但是磷没有同位素,所以其他生源元素的稳定同位素常常作为磷污染的代替物。例如,动植物的碳和氮稳定同位素与磷污染所造成的富营养化密切相关。研究表明,在磷输入提高后,初级生产者对氮的吸收(需求)也同时增加,导致对氮同位素分馏减低和 $\delta^{15}N$ 上升。

浮游植物的 $\delta^{15}N$ 值总的来说沿磷的营养梯度上升(Gu,2009),但是在富营养化水体里,这种关系会由于固氮蓝藻的出现变得复杂。Gu 等(1996)在研究湖泊表层沉积物作为水体生产力指示物时发现,沉积物的 $\delta^{15}N$ 在贫营养和中-富营养湖泊中是沿着营养梯度而上升的,但是在超富营养湖泊中,极高的磷浓度导致氮限制和固氮蓝藻水华形成。如上所述,固氮生物利用大气里的氮气,由于氮气是计算 $\delta^{15}N$ 的标样,而且还由于生物固氮时同位素分馏不显著,结果是超富营养湖泊的浮游植物 $\delta^{15}N$ 有时反而下降。

磷污染和生物 $\delta^{15}N$ 的线性关系在大型水生植物中可以得到体现。McKee

等(2002)发现,沿着营养梯度分布的红树林(*Rhizophora mangle*)不但其生长,而且其 δ^{15}N 也随着营养梯度而上升。Inglett 和 Reddy(2006)也发现,美国佛罗里达大沼泽地土壤的总磷和锯齿莎草(*Cladium jamaicense*)、香蒲(*Typha domingensis*)的 δ^{15}N 值呈正相关关系。不同植物的营养需求和生理生化过程不同,在同一营养盐条件下的同位素值也有不同。例如,Inglett 和 Reddy (2006)发现,在同等高磷输入的情况下,长期在低营养状态生存的锯齿莎草的 δ^{15}N 值低于香蒲的 δ^{15}N 值。

如上所述,生长期长的动物的 δ^{15}N 值反映了它们较长的摄食历史,对短期的环境因子波动不敏感,因此相对于初级生产者来说,是更为理想的环境变化指示生物(Schlacher et al.,2005;vander Zanden et al.,2005)。作者对美国佛罗里达大沼泽地 20 多种水生动物的 δ^{15}N 值和环境中的总磷浓度进行了回归分析,结果表明,回归系数随动物所在营养级的升高而升高,样品 δ^{15}N 值的标准差反而下降,最高的回归系数出现在位于食物链顶级的大口鲈鱼(*Micropterus salmoides*)和佛罗里达迦鱼(*Lepisosteus platyrhincus*)。利用大型水生动物作为水体氮源的研究已有不少,但是作为富营养化指标的研究不多,今后应该加强这方面的工作。

13.4 结语

稳定同位素技术加深了生态学家对生态系统过程的进一步了解,可以探讨一些其他方法无法研究的问题。通过使用该技术,可测出许多随时空变化的生态过程,同时又不会对生态系统的自然状态和元素性质造成干扰。在过去的几十年中,生态与环境科学中有许多令人瞩目的进步依赖于稳定同位素技术,它已被用来解决生态与环境科学的许多问题。氮稳定同位素自然丰度包含了生物地球化学过程的信息;氮稳定同位素自然丰度的变动具有一定的规律和方向,因此可以用来作为氮源和汇的示踪物。在利用 POM 和沉积物同位素反演生态系统对人类活动的反响研究中,常常因为 POM 和沉积物包含外源有机物,使得结果不太理想。对于这个问题,可以采用分离 POM 和沉积物的浮游植物或高等植物特有的某些有机组分,然后进行同位素分析,这个技术就是特殊组分的同位素分析(compound specific analysis of stable isotopes),这个技术广泛地用在地球化学研究中,在生态学研究中已有一些报道(Evershed et al.,2007)。氮稳定同位素分析,尤其是特殊组分的同位素分析与常规的生态学研究技术相结合,在现代生态学研究中将大有作为。

■ 主要参考文献

郭正谊.1984.稳定同位素化学.北京:科学出版社.

Canfield D E, Glazer A N and Falkowski P G. 2010. The evolution and future of earth's nitrogen cycle. Science,330:192-196.

Cohen R A and Fong P. 2006. Using opportunistic green macroalgae as indicators of nitrogen supply and sources to estuaries. Ecol. Appl.,16:1405-1420.

Cole M L,Valiela I,Kroeger K D,Tomasky G L,Cebrian J,Wigand C,McKinney R A, Grady S P, and da Silva M H C. 2004. Assessment of $\delta^{15}N$ isotopic method to indicate anthropogenic eutrophication in aquatic ecosystems. J. Environ. Qual.,33:124-132.

Cole M L,Kroeger K D,McClelland J W and Valiela I. 2005. Macrophytes as indicators of land-derived wastewater: Application of $\delta^{15}N$ method in aquatic systems. Water Resources Research,41:W01014. doi:01010. 01029 /02004WR003269.

Evans R D. 2001. Physiological mechanisms influencing plant nitrogen isotope composition. Trends in Plant Science,6:121-126.

Evershed R P,Bull I D,Corr L T,Crossman Z M, van Dongen B E,Evans C J,Jim S, Mottram H R, Mukherjee A J and Pancost R D. 2007. Compound-specific stable isotope analysis in ecology and plaleoecology. In:Michener R and Lajtha K(eds). Stable Isotopes in Ecology and Environmental Science(Second edition). Blackwell Publishing,480-525.

Gu B. 2009. Variations and controls of nitrogen stable isotopes in particulate organic matter of lakes. Oecologia,160:421-431.

Gu B and Alexander V. 1993. Seasonal variations in dissolved nitrogen utilization by phytoplankton in a subarctic Alaskan lake. Arch. Hydrobiol.,126:273-288.

Gu B,Schell D M and Alexander V. 1994. Stable carbon and nitrogen isotopic analysis of the plankton food web in a subarctic lake. Can. J. Fish. Aquat. Sci.,51:1338-1344.

Gu B,Schelske C L and Brenner M. 1996. Relationship between sediment and plankton isotope ratios($\delta^{13}C$ and $\delta^{15}N$) and primary productivity in Florida lakes. Can J Fish Aquat Sci,53:875-883.

Gu B,Chapman A and Schelske C L. 2006. Factors controlling seasonal variations in stable isotope composition of particulate organic matter in a soft water eutrophic lake. Limnol. Oceanogr.,51:2837-2848.

Owens N J P. 1987. Natural variations in ^{15}N in the marine environment. Adv Mar Biol, 24:389-451.

Hadas O,Altabet M A and Agnihotri R. 2009. Seasonally varying nitrogen isotope biogeochemistry of particulate organic matter in Lake Kinneret,Israel. Limnol. Oceanogr.,54: 75-85.

Heaton T H E. 1986. Isotopic studies of nitrogen pollution in the hydrosphereband atomosphere:A reviw. Chem Geol.,59:87-102.

Inglett P W and Reddy K R. 2006. Investigating the use of macrophyte stable C and N isotopic ratios as indicators of wetland eutrophication:Patterns in the P-affected Everglades. Limnol. Oceanogr.,51:2380-2387.

Lake J L,McKinney R A,Osterman F A,Pruell R J,Kiddon J ,Ryba S A, and Libby A D. 2001. Stable nitrogen isotopes as indicators of anthropogenic activities in small freshwater systems. Can. J. Fish Aquat. Sci., 58: 870-878.

Mcclelland J W, Valiela I and Michener R H. 1997. Nitrogen-stable isotope signatures in estuarine food webs: A record of increasing urbanization in coastal watersheds. Limnol. Oceanogr., 42: 930-937.

McKee K L, Feller I C, Popp M and Wanek W. 2002. Mangrove isotopic (^{15}N and ^{13}C) fractionation across a nitrogen vs. phosphorus limitation gradient. Ecology, 83: 1065-1075.

Hall R I, Leavitt P R, Quinlan R, Dixit A S and Smol J P. 1999. Effects of agriculture, urbanization, and climate on water quality in the northern Great Plains. Limnol. Oceanogr., 44: 739-756.

Owens N J P. 1987. Natural variations in ^{15}N in the marine environment. Adv. Mar. Bio., 24: 389-451.

Peterson B J and Fry B. 1987. Stable isotopes in ecosystem studies. Ann. Rev. Ecol. Syst., 18: 293-320.

Post D M. 2002. Using stable isotopes to estimate trophic position: Models, methods, and assumptions. Ecology, 83: 703-718.

Robinson D. 2001. δ^{15}N as an integrator of the nitrogen cycle. Trends in Ecology and Evolution, 16: 153-162.

Savage C. 2005. Tracing the influence of sewage nitrogen in a coastal ecosystem using stable nitrogen isotopes. Ambio, 34: 143-148.

Schlacher T A, Liddell B, Gaston T F and Schlacher-Hoenlinger M. 2005. Fish track wastewater pollution to estuaries. Oecologia, 144: 570-584.

Schlesinger W H. 2009. On the fate of anthropogenic nitrogen. Proceedings of the National Academy of Sciences, 106: 203-208.

Townsend-Small A, Mccarthy M J, Brandes J A, Yang L, Zhang L and Gardner W S. 2007. Stable isotopic composition of nitrate in Lake Taihu, China, and major inflow rivers. Eutrophication of Shallow Lakes with Special Reference to Lake Taihu, China. Hydrobiologia, 581: 135-140.

vander Zanden M J, Vadeboncoeur Y, Diebel M W and Jeppensen E. 2005. Primary consumer stable nitrogen isotopes as indicators of nutrient source. Environ. Sci. Technol., 39: 7509-7515.

York J K, Tomasky G, Valiela I and Repeta D J. 2007. Stable isotopic detection of ammonium and nitrate assimilation by phytoplankton in the Waquoit Bay estuarine system. Limnol. Oceanogr., 52: 144-155.

第14章 生态风险评估在疏浚工程中的应用[①]

黄长志
美国加利福尼亚州自然资源署

14.1 疏浚淤泥安置与风险评估的关系

疏浚工程是挖掘沉积物的过程。沉积物因储藏了许多污染物成为环境关注的对象,尤其是水下的污染沉积物引发风险评估工作的多种需要,常见的例子有废水排放的影响,污染沉积物的清理和修复,水生系统的开发活动。

评估与疏浚淤泥有关的潜在环境后果是一项艰巨的任务。科学技术的发展提供了收集大量复杂信息的可行性。疏浚管理者必须作出关于处理疏浚和疏浚淤泥等一系列不确定环境因素的决策。生态风险评估方法的应用可以提高管理人员决策的客观性。

风险评估是确定有毒物产生的不利于健康或环境问题的规模和概率的方法(Covello and Merkhofer,1993)。前者为人类健康风险评估(human health risk assessment),后者则为生态风险评估(ecological risk assessment)。两者都是疏浚淤泥管理和污染场地决策的重要组成部分。例如,生态风险评估可用于疏浚淤泥评估中的水体影响评估(USEPA and USACE,1991;USEPA and USACE,1998)。

风险评估具有不确定性。虽然毒理学家已经非常了解环境污染物,但是有限的数据和知识使得整个风险评估的过程需要作许多假设。风险评估报告应该包括对影响规模和类型的假设。由于风险评估固有的不确定性使其不能准确地描述风险,但在一定程度上至少可以表述风险发生的概率范围。

进入水生系统污染物的来源可分为点源和非点源。污染物通过各种化学或

[①] 本文中所表达观点仅代表作者个人观点,并不代表加利福尼亚州自然资源署的观点或政策。

物理机制与沉积物密切相关。沉积物的复合和动态取决于沉积污染物的相互作用。地球化学过程(如分隔和有机络合)可以影响沉积污染物的生物有效性。只有生物可利用(bioavailable)的一小部分是与实际污染物暴露相关,可以最终对生态系统造成不良的影响。

疏浚淤泥中的污染物指的不是单一的污染物,通常为几类污染物(如金属、多环芳烃、有机氯化合物等)以复杂方式相互作用形成的混合物。与沉积物沉积不同,污染物不仅含有不同相对浓度的混合物并且可以与沉积物相互作用。风险评估中的毒性参考值(toxicity reference value)仅具备单一的化学基础:对每个化学作用的影响单独评估,通常假定这些影响相互独立或以数学方法使其结合。与此同时,沉积物毒性和其他生物效应的测试在大多数疏浚淤泥评估中作为整体沉积物的测试。仅仅测量污染物和沉积物基质相互作用的"黑盒子"总体效应并不足以解释效应的具体原因,只能得到这样的结论:"在这次测试中这种沉积物造成这种效果。"

疏浚工程中的沉积物评估往往忽略其污染状况和驱动疏浚的经济因素,这成为疏浚淤泥的环境管理一大问题。理论上,疏浚淤泥可以放置在陆地或水域的其他位置。不仅物理化学条件影响污染物的生物利用度,而且由于在陆地和水环境下的受体截然不同,导致来自同一疏浚淤泥却承担着不同种类和程度的风险。本文着重讨论应用于水环境中疏浚淤泥的风险评估。

由于沉积物通过河道和盆地进行运输和沉积,为确保航运的安全通行,定期的疏浚工程是必要的。美国的港口和航道每年需疏浚约 4 000 万立方码[①]的沉积物,其中约有 600 万立方码的疏浚淤泥弃置在海洋,其余的疏浚淤泥弃置在开放水域的密闭设施里或陆地上,约 80% 的疏浚淤泥被转移到其他指定的水环境中。

根据美国环境保护署和美国陆军工程兵团研发的类别,按毒性和/或生物累积性将疏浚淤泥分为一类、二类和三类。第一类指的是符合海洋倾弃标准的沉积物。生物测试结果表明,这类疏浚淤泥的毒性或生物累积的量是可接受的,这些沉积物可以接受"不受限制的"海洋弃置。弃置不会造成短期或长期的影响,也不需要特别的预防措施。第二类指的是符合受到限制的海洋倾弃标准的沉积物。虽然本类疏浚淤泥测试结果表明其没有明显的毒性,但显示了有毒化学物生物累积的潜力。为了避免这种生物累积,美国环境保护署和美国陆军工程兵团作出对其进行适当的管理(如覆盖),这也被称为"受限制"海洋弃置。第三类指的是不符合海洋倾弃标准的沉积物。这些沉积物无法通过急性毒理测试或具有通过合理措施管理还无法去掉的有毒化学物生物累积的威胁,这些沉积物不能弃置于海洋。

---

① 1 立方码 = 0.764 553 6 m^3。

14.1.1 疏浚淤泥评估的现有法规

疏浚和疏浚淤泥弃置受到一系列相关环境法规监管,其中包括《国家环境政策法》(U. S. Congress,1970)、《清洁水法》(U. S. Congress,1948)以及《海洋保护、调查和保护区法》(U. S. Congress,1972)。此外,美国还签署了《伦敦公约》,旨在管理海洋物质的处理。美国陆军工程兵团主要负责签发全部疏浚淤泥活动的许可证,并承担联邦导航疏浚活动方面的责任。美国陆军工程兵团使用联邦基金,执行以保持整个美国商业水道畅通的疏浚活动。任何一方(港务局、工厂、码头等)需要进入联邦航道疏浚,则必须通过美国陆军工程兵团签发的许可证,方可疏浚泊位、转船池、航道。大部分疏浚项目需要环境评估、公告与评论、公听会以及许可证发放等步骤。美国环境保护署负责制定环保标准以及在《清洁水法》和《海洋保护、调查和保护区法》(管理疏浚淤泥处理的两条主要法规)评估许可下美国陆军工程兵团采用的指导方针。美国环境保护署还负责疏浚工程的环境监督,并有权否决不符合环保要求的项目。

《清洁水法》和《海洋保护、调查和保护区法》旨在制定管理疏浚淤泥的环境政策。尽管表达方式稍有不同,但两个法规在疏浚淤泥处理的基本要求方面没有任何差议。两个法规的总则不仅要求保护生态系统或定量/定性描述这些受保护的大自然,而且必须提供保护这些生态系统的基本要素。

《国家环境政策法》、《清洁水法》和《海洋保护、调查和保护区法》要求对任何欲实施的工程项目进行人类健康和环境影响评估,与其他替代方案比较并提供公众审查和评论机会。1992年,美国环境保护署和美国陆军工程兵团发表了完全一致的技术框架文件(USEPA and USACE,1992)。这个文件是用来评估疏浚淤泥的弃置对环境的影响。一般来说,评估关注毒性潜力和由于疏浚淤泥中的有毒物生物累积而导致的长期或次生效应。

疏浚淤泥的管理包括3个主要组成部分:① 选址,② 疏浚淤泥评估(许可),③ 调查点监测。其目的是确保疏浚淤泥管理符合法定要求,即没有达到不可接受的程度或产生不利的负面影响。

为了确保水环境疏浚淤泥处理的可持续性,美国环境保护署和美国陆军工程兵团联合研发评估程序。由于沉积物与污染物相互作用并含有大量有毒的复杂混合物,《清洁水法》和《海洋保护、调查和保护区法》以及美国环境保护署和美国陆军工程兵团(USEPA and USACE,1991,1998)的手册注重效果评估。评估的终点主要是与沉积物相关污染物的毒性和生物累积潜力。

14.1.2 现有法规评估中以风险为基础的技术

风险评估的概念和范围是疏浚淤泥监管评估中的重要部分。风险评估方法在法规范围内为改进疏浚淤泥监管评估提供最佳机会。目前评估水体影响的程序(USEPA and USACE,1991,1998)是一个通用的生态风险评估的应用模式，用于评估特定沉积物基质里的化学复合物的生态风险。风险评估模式中的暴露评估利用数学模型来计算短期水域中疏浚淤泥的时空分布。效果评估包括确定整个悬浮沉积物的毒性，即大体上接近可能悬浮在周围的疏浚淤泥成分。风险表征包括比较死亡率曲线与浓度曲线以确定暴露浓度是否会超过效应浓度。

风险评估模式很少用于接触沉积疏浚淤泥的底栖生物的生态风险评估。因为疏浚淤泥排放对水体影响的时间较短，并且与长期接触沉积物相关的潜在底栖效应关系甚微，所以这个结果低估了不良影响。

在美国，大部分疏浚淤泥的监管评估利用风险评估的概念。风险评估符合监管要求，这可通过风险评估概念长期用于水体评估得以证明。其中疏浚淤泥评估的全过程可以在风险评估的基础上进行，接下来提出并讨论该方法。

14.2　风险评估方法在疏浚淤泥评估中的应用

14.2.1　概述

生态风险评估一般分为 4 个过程(USEPA,1998)：① 问题界定(problem formulation)；② 暴露评估(exposure assessment)；③ 效果评估(effect assessment)；④ 风险表征(risk characterization)。

生态风险评估概念的基本组成部分，可以按照美国环境保护署生态风险评估程序示意图(图 14.1)简单地概括如下。每个部分将详细地介绍风险评估方法在疏浚淤泥风险评估中的应用。

首先是问题界定，这是一个涉及风险评估和风险管理双方的过程。其次是分析步骤，它有两个组成部分，分别是暴露评估和效果评估。最后是风险表征，分析信息并与问题界定同步进行。分析风险表征阶段可能有不同的行动或决策作为新信息出现在复查中。风险表征的下一步是风险评估者和管理者审查在风险评估中最初始的需求与评估过程中可能出现的其他需求。

在《综合环境响应补偿与责任法(CERCLA)》(USEPA 1997,1999)下的生态风险评估的指导手册提供了生态风险评估的框架。尽管现有的手册提供了一个生态风险评估的总框架，但是必须根据个别调查点对方式和方法进行调整。美国环境保护署(USEPA,1997)将生态风险评估作为一个涉及许多相同活动的复杂的非线性过程，并强调生态风险评估的框架需要设计得更灵活，从而使每一个调查点所要求的条件都能在一定程度上具有可行性。

美国环境保护署(USEPA,1997)将环境风险评估过程划分为 8 个步骤：第 1 步，筛选问题界定和生态效应评估；第 2 步，筛选的初步暴露估计和风险计算；第 3 步，基准风险评估的问题界定；第 4 步，研究设计和数据质量目标；第 5 步，

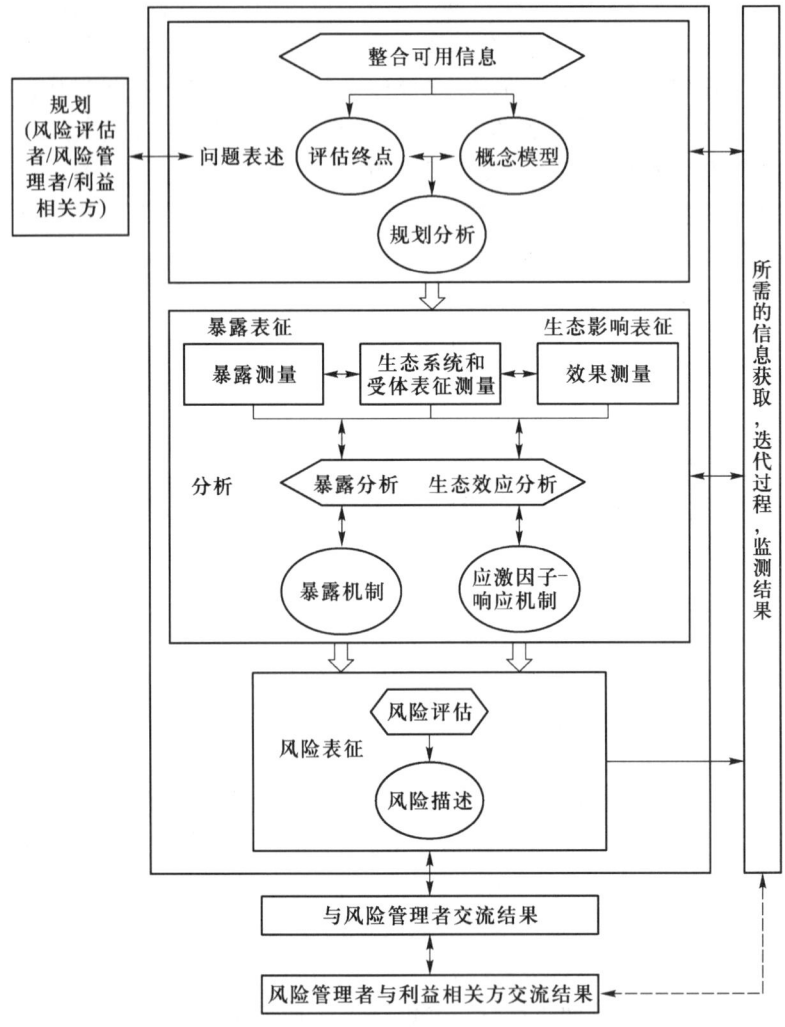

图 14.1　美国环境保护署手册中生态风险评估程序示意图(USEPA,1998)

取样设计的实地核查;第 6 步,现场调查与暴露和效应分析;第 7 步,风险表征;第 8 步,风险管理。

第 1 步筛选生态评估(screen-level ecological risk assessment)(USEPA,1997)包括问题界定。筛选评估包括对生境和受体目前状况的评估以及对调查点的完整暴露途径评估。如果受体和完整暴露途径存在的话,现有化学数据则用以评估鉴定是否存在潜在生态关注的化学品(chemicals of potential ecological concern,COPECs)。如果受体、完整暴露途径以及潜在生态关注的化学品都存在,调查点则根据第 2 步进行下一步评估。如果第 2 步的风险计算确定存在潜在风险,就进行第 3 至 8 步(基准生态风险评估,baseline ecological risk assessment)。

第 3 至 7 步只有在筛选评估(第 1 步和第 2 步)需求下对调查点生态风险进一步评估。科学管理的决策点(Scientific Management Decision Point,SMDP)与第 2、3、4、5、6 步(只有转换成实地抽样检验方法时才必要)以及第 8 步相关。SMDPs 是重要的沟通点,需要包括风险管理、风险评估小组以及其他有关各方进行评估或调整工作完成任务。当所有当事方同意 SMDPs 之后,风险评估过程得以继续。

14.2.2 筛选生态风险的评估方法

筛选生态风险评估相当于上述美国环境保护署将 ERA 划分为 8 个步骤中的第 1 步和第 2 步(USEPA,1997)。在筛选生态风险评估的问题界定(第 1 步)阶段中,需实地勘测以评估生境、生态受体以及完整暴露途径在调查点是否存在。实地调查内容包括现有土地的利用、生境、生态受体和生境质量,以及化学品在调查点的土壤、沉积物、地下水和地表水的潜在暴露风险。对于生境和完整暴露途径,利用调查点所得到的表征数据,进行暴露评估和风险表征(第 2 步)。利用保守的暴露参数对食物链建模,暴露评估和风险表征包括调查点的环境价值与毒性标准相比较,以确定潜在生态关注的化学品。食品链建模决定每个调查点脊椎动物受体的风险水平(直接或重大风险、潜在风险、没有或很少风险)。筛选生态风险评估用于评估生态受体是否存在不可接受的风险。一旦筛选生态风险评估得出此调查点存在不可接受的风险时,则进一步进行基准生态风险评估。

14.2.3 基准生态风险的评估方法

一个基准生态风险评估(美国环境保护署指导方针的第 3 步至第 8 步)(USEPA,1998)的基本框架方法包括 4 个主要部分。

(1) 问题界定。第 1 个步骤是识别生态风险评估中的几个关键因素,即收集与调查点相关的信息,确定调查点应激因子(stressor)的性质和程度以及遭受风险的自然资源。初步分析需要确定应激因子,如潜在生态关注的化学品,挑选生态风险评估中要考虑的生态受体和终点。这些信息用于制订一个调查点的生态概念模型(Conceptual Simulation Model,CSM)并确定生态风险评估的范围和目标。

(2) 暴露评估。在第 2 个步骤,识别生物受体可能遇到的化学应激因子。识别可能的暴露途径(例如皮肤接触或摄入)以及暴露在调查点的时间和空间变化。关于生物和非生物因素对生态受体暴露的影响通过潜在生态关注的化学品的释放和迁移行为进行评估。通过评估生物累积和共现毒性来确定潜在生态关注的化学品。

（3）生态效应评估。第3个步骤，识别接触化学品对生态受体的影响程度和存在的各种潜在的不利影响。利用实验室测量和现有生态毒理学文献知识评估接触程度和生态效应的关系。

（4）风险表征。最后一步，将暴露评估和生态效应评估中获取的信息整合至化学应激因子和不良生态效应的关系评估中。这种整合主要基于现有的各种资料的充分证据（weight-of-evidence）进行衡量。风险评估的可信度从评估过程一系列不确定数据中筛选出确定的重要资料进行评估，并采用基本假设进行分析。基于风险表征可以提出风险管理建议。

无论是用于整合暴露或效应数据的方法，都应该用评估终点的效应表达风险。例如，如果比目鱼在水中的化学效应的测量终点对比目鱼的替代实验物种具有毒性，那么风险表征应该通过从替代实验物种到比目鱼的外推法来表达风险。

对于发生在一个调查点的多个疏浚工程来说，时间尺度很重要。在这种情况下，风险评估应考虑到由于早前处置的沉积物掩埋改变了暴露。由多次干扰导致的底栖无脊椎动物种群的变化（如被比目鱼捕食）也应考虑在内。

空间尺度对于水环境调查点疏浚淤泥的处置同样具有生态重要性。沉积物覆盖的底部区域范围显然对于评估底栖无脊椎动物影响的严重性很重要。如果关注比目鱼及其觅食区，则需要考虑调查点的面积。空间尺度也是决定比目鱼性质和影响程度的关键。在调查点附近的个别严重的比目鱼捕食现象对于整个区域的比目鱼种群来说影响不大。

完成风险评估后将与风险管理者讨论结果。Wiegert和Bartell（1994）总结了一系列可能导致风险评估结果有效性的提示。一些要点如下：

（1）问题界定阶段与风险管理者共同选定评估终点，展示其结果。这将有助于确保风险评估得到风险管理者相关需求的认可。如果评估终点是比目鱼的种丰度，那么不要展示对替代实验物种的风险。

（2）在适当情况下描述风险范围。如果疏浚淤泥在调查点几乎不横向分散，那么与该物质相关的底栖无脊椎动物的风险可能会在整个调查点保持一致。但是，如果有大量的沉积物扩散并与邻近沉积物混合，那么可适当地提供一个与预期出现在调查点其他子区域的暴露状况范围相关的风险评估范围。

（3）总结主要假设和不确定性。虽然列出所有可能的不确定性是没有必要并且也不可取的，但是风险管理者要认清主要的限制、数据差距、假设和不确定性，包括：① 评估中不考虑暴露/效应途径，② 毒性实验外推法，以底栖无脊椎动物群落中少量的物种急、慢性影响进行外推判断。

14.2.4　风险评估和风险管理的区别

风险评估与风险管理截然不同。风险评估是根据现象调查评估风险程度的科学过程。风险管理是通过教育、规范和清理减少风险的行为。

下面是一个风险管理的例子。科学家在老鼠身上研究某种化学品的效应,发现确实存在有害作用。他们还发现,当给老鼠 10 g 剂量的化学品时没有任何不良影响。风险管理者把 10 g 确定为最高的无害剂量,并以此来确定人类可接受这种化学品的水平。10 g 很可能会被除以一个或多个安全系数。如果安全系数为 100,则人类可以接受的水平为 0.1 g。风险管理者以此作为可接受水平值来制定标准。例如,他们可能会用此值来决定饮用水中这种化学品的最高值,使其在人体组织中的积累不超过 0.1 g。通过建立这些限制,饮用水中这种化学品的风险即使无法完全消除但也会减少。

尽管对风险管理的讨论超出了本文的范围,但是以上原理必须提到以示完整。对于风险评估或是风险管理来说,关键是安置地点的暴露。潜在毒性和特定疏浚淤泥的其他影响作为物质特征不能轻易改变,但是暴露可以由各种经实验证明的技术控制,包括使用不同的安置地点,安置过程中的各种控制和工程技术,如覆盖以减少风险。

只有从开始就把风险评估与风险管理需求完全整合起来,才能充分体现风险评估的价值。这是在整个过程中产生最佳环境决策的唯一之路。

下面的例子涉及应用于水中(水下)调查点准备安置疏浚淤泥的风险评估。疏浚淤泥为一种沉积物和化学物的"复合物"。安置于这个调查点的疏浚淤泥事实上成为"复合物"的一部分。在这个调查点的环境暴露是疏浚淤泥风险评估应用中最重要的问题。因此,本例不考虑陆地安置,也没有考虑疏浚操作本身的评估。不过其基本原则适用于所有疏浚淤泥的评估,并且可以通过适当的调整应用于多种场合。

14.2.5 安置疏浚沉积物的风险评估实例

某个码头打算疏浚 10 个船泊位。抓斗式挖泥船将疏浚淤泥移至活底驳船并运输至离岸无管理约束区域。对疏浚淤泥运往管理区域(处置地点)作生态风险评估(U.S. Congress,1970,1972)。在这个生态风险评估的假设实例中,是将环境样品中化学物质浓度与生态受体保护标准制定相比较的过程,即把测试或预测化学品浓度与指标值相比较,这些指标值可以从其他研究结果(如生物积累测试和当地的数据)得到。

下面说明生态风险评估过程的组成部分及其具体目标。

(1) 问题界定。生态风险评估问题界定的步骤包括提出生态风险评估的目标和焦点。这是一个描述疏浚淤泥从码头渠道运输至该地或附近管理区域(处置地点)生境的正式程序。这一步应包括下列资讯:① 调查点历史和特征描述的概况;② 生态系统潜在风险的初步描述;③ 调查点的生态概念模型(CSM)概要;④ 评估和测试终点的选取;⑤ 评估测试终点中评估标准的确定。

疏浚淤泥排入水系统后可能通过不同的途径影响环境。这个步骤探讨与生态风险相关的应激因子,确定风险评估应侧重的潜在生态受体类型,并说明用于分析生态风险的评估终点类型。虽然疏浚淤泥中的镉、铅和多氯联苯是关注污染物,但是本例中仅将多氯联苯作为风险评估的污染物。疏浚过程中,沉积物可能悬浮于水中,并且多氯联苯重新与生态受体接触。

(2) 暴露评估。暴露评估中因接触化学应激因子导致的生态受体潜在不良影响,可通过应激因子和生态受体的共现进行评估。一旦疏浚淤泥到达管理区域,沉积物可能会在安置过程中悬浮于水中。孔隙水和离位平流具有扩散的潜力。底栖生物群落也具有直接接触和摄取沉积物的潜力。高级掠食者通过摄取底栖生物使毒物具有在生物中积累的潜力。商业渔场中的比目鱼提供了通过食用比目鱼而进入人体的完整途径。这种风险评估中使用比目鱼为代表物种,是因为它是该地区最常见的物种,同时也是湾内商业渔业的主要支柱,并且它还是底栖生物的主要掠食者。

(3) 生态效应评估。影响评估效应的数据包括:① 诱发效应和应激水平的联系,② 诱发效应和相关的评估结果的关系,③ 暴露模式的有效性与调查点的概念模型(CSM)吻合程度。

风险评估者计算得到,多氯联苯浓度的算术平均值为 1 μg 多氯联苯/g 沉积物。根据比目鱼的油脂分数和生物沉积物积聚系数估算,比目鱼中多氯联苯的含量为 3.3 μg 多氯联苯/g 湿重。Black 等(1998)测量的无害作用剂量(no observed adverse effect level)为 0.76 μg 多氯联苯/g 湿重。如果比目鱼组织里的多氯联苯浓度高于 0.76 μg 多氯联苯/g 湿重,将导致雌性比目鱼死亡率增加,且鱼卵生产量降低。

(4) 风险表征。在风险表征阶段,对问题界定中所选的评估终点(assessment endpoint),利用暴露评估和生态效应的结果来估计风险,同时解释风险并报告结论。具体来说,暴露评估和生态效应评估中获取的信息应整合,用以评估环境中化学应激因子的浓度与所观察到的对生物不利影响的关系(USEPA,1997;USEPA and USACE,1992)。

比目鱼的评估风险是将多氯联苯的无害作用剂量与估计的比目鱼全身负荷量相比较。如上所述,比目鱼身体组织浓度为 3.3 μg 多氯联苯/g 湿重,高于所选的毒性值(0.76 μg 多氯联苯/g 湿重)。因此,评估显示,所选的比目鱼受到潜在风险。

描述风险的方法与水环境调查点的疏浚淤泥相关,取决于评估的目的和可获得的资源(人力和时间)。有关风险表征方法的讨论应作为概念模型的一部分。总的来说,实证研究和机械方法都可用来定性风险(U.S.Congress,1948;Covello and Merkhofer,1993)。

在风险表征阶段将调查点的性质定性地分为:① 很少或不存在风险,② 显著直接的风险,③ 潜在的或未知的风险。当调查点存在重大风险时,必须对清污行动的可行性进行评估。对于存在潜在或未知风险的调查点,则需收集更多的资料或数据用以调整风险管理决策(Wiegert and Bartell,1994)。

以往大部分对疏浚淤泥的评估在于疏浚淤泥本身,对于安置地点的评估往往处于次要地位,通常将安置地点与疏浚淤泥分别评估。事实上,无论是安置地点还是疏浚淤泥的特征,都与潜在的环境影响密不可分。

风险必须在暴露和效应都存在的情况下才能发生。对于疏浚来说,暴露发生在安置地点。因此,评估一种特定疏浚淤泥的潜在风险,首先取决于安置地点的背景,其次由安置地点的暴露条件决定。还应考虑材料的效应测试;风险只有在同时考虑安置地点的效应情况与暴露条件时才能确定。因此,当风险评估用于疏浚时,安置地点的暴露评估是不可缺少的。然而,这一原则在疏浚淤泥评估中经常被忽略。

14.3 风险评估的计算案例

2001年12月,美国环境保护署宣布,纽约哈得孙河历史上最大的环保疏浚工程启动。1977年禁令前的30年间,通用电气公司(GE)利用多氯联苯在两家工厂里制造电容器,造成严重污染,并向哈得孙河里排放了105～650 t 多氯联苯。河流沉积物中积累了大量多氯联苯,并且在河床基岩的污染物被侵蚀后进入河水(Hansen,2000)。

美国环境保护署要求移除沿岸64 km河段几个点的200万 m^3 污染沉积物,因为该机构估计沉积物中含有超过50 t 的多氯联苯。该项目大约需要3年的时间设计以及5年的时间实施,共需4.6亿美元的成本。通用电气公司将负责《超级基金(Superfund)法》规定的清理费用(USEPA,1999)。

没有针对性的疏浚使得哈得孙河多氯联苯的浓度将超过可接受的健康安全水平。一般多氯联苯会附着在微粒上并沉积在河床底部,然后随着底栖生物的摄入和被消费从沉积物转移到食物链中。因此污染物在生物和沉积物中的水平不容忽视。

风险评估者计算哈得孙河鱼类是否已达到多氯联苯的容许浓度值。美国环境保护署普遍认为,超过70岁的人可接受的最大癌症风险水平系数为 10^{-5}。多氯联苯致癌斜率为 7.7(kg·d)/mg。平均日剂量计算公式为:

$$\text{平均日剂量}[mg/(kg \cdot d)] = \frac{\text{癌症风险的最大可接受值}}{\text{致癌物斜率}}$$

$$= \frac{1 \times 10^{-5}}{7.7(kg \cdot d)/mg}$$

$$\approx 1.299 \times 10^{-6} \text{ mg}/(kg \cdot d)$$

即,平均日剂量略高于十万分之一,每天人均接触多氯联苯剂量的容许浓度值为 1.299×10^{-6} mg/(kg·d)。超过这个浓度,患上癌症的概率就会增高。

由于摄取鱼类是接触多氯联苯和存在潜在不良健康影响的主要途径,因此多氯联苯的最大容许浓度的计算公式为:

$$\text{MAC}(\text{mg/kg}) = \frac{\text{ADD} \cdot \text{BW}_{\text{avg}} \cdot \text{AT}}{\text{ABS} \cdot \text{IR} \cdot \text{FI} \cdot \text{EF} \cdot \text{ED}}$$

式中,MAC=哈得孙河的鱼含多氯联苯的最大容许浓度;ADD=多氯联苯平均日剂量$[\text{mg}/(\text{kg} \cdot \text{d})] = 1.299 \times 10^{-6}$ mg/(kg·d);BW_{avg}=平均体重(kg)=70 kg;AT=平均寿命(天)=70年=25 550 d;ABS=多氯联苯吸收来自沉积物的分数(无单位)=1;IR=摄食率(mg/餐)=0.2 kg/餐;FI=FI(该调查点区域的总渔获量的分数)=0.006;EF=暴露频率(餐/年)=52 餐/年;ED=暴露时间(年)=40年。

$$\text{MAC}(\text{mg/kg}) = \frac{1.299 \times 10^{-6} \text{ mg}/(\text{kg} \cdot \text{d}) \times 70 \text{ kg} \times 25\,550 \text{ d}}{1 \times 0.2 \text{ kg/餐} \times 0.006 \times 52 \text{ 餐/年} \times 40 \text{ 年}}$$
$$\approx 0.93 \text{ mg/kg}$$

结论:1999年在河流16 km(10英里)下游地区的GE工厂使得鱼类含多氯联苯平均浓度增加,大口黑鲈为21 mg/kg,而褐色大头鱼为13 mg/kg,均超过了容许浓度的最大值0.93 mg/kg。因此,哈得孙河鱼类的总多氯联苯量对于当地居民来说可能具有致癌风险(Black et al.,1998)。

14.4 结论和摘要

本文描述了生态风险评估在安置疏浚沉积物中的应用。一般来说,疏浚维护作业挖掘的沉积物被有毒污染物污染,从而对土地、空气和水环境产生危害。污染来源与河道和港口的沉积物相关,其来源可被归为城市和工业排放、暴雨径流、农业径流、土壤侵蚀和意外泄漏。目前美国的疏浚做法包括在公海、公湖、沿海堤防区、离岸堤防区、废弃地以及其他处置场所进行疏浚淤泥处置。

通过提出问题,进行测试和评估,与疏浚淤泥管理者交流技术成果,生态风险评估的过程提供了一个十分有用的框架。在作合理的管理决策前,应该对疏浚作完整的风险评估。疏浚淤泥管理中的暴露管理是管理与疏浚淤泥相关的生态风险的关键。包括反馈和改进在内,选址、疏浚淤泥评估、现场监督应被视为一个整体。同时,监测对于生态风险评估的实地验证十分重要。

致谢

感谢博士研究生黄柳善在文字上所给予的帮助。

■ 主要参考文献

Black D E, Gutjahr-Gobell R J, Bergen R, Pruell B and McElroy A E. 1998. Effects of a mixture of non-ortho- and mono-ortho-polychlorinated biphenyls on reproduction in *Fundu-*

lus heteroclitus (Linnaeus). Environ. Toxicol. Chem,17(7):1396-1404.

Covello V T and Merkhofer M W. 1993. Risk Assessment Methods,Approaches for Assessing Health and Environmental Risks. New York:Plenum Press.

Hansen B. 2000. EPA. GE clash over Hudson River cleanup plan. http://www.ens-newswire.com/ens/dec2000/2000-12-06-15.asp.

US Congress. 1948. Clean Water Act. 33 U. S. C. § 1251 et seq. Also titled Federal Water Pollution Control Act.

US Congress. 1970. National Environmental Policy Act of 1969. 42 U. S. C. 4321 et seq.

US Congress. 1972. Marine Protection, Research, and Sanctuaries Act of 1972. 33 U. S. C. 1401 et seq.

USEPA and USACE. 1991. Evaluation of Dredged Material Proposed for Ocean Disposal—Ocean Testing Manual. Washington DC,EPA-503/R-91/001.

USEPA. 1998. Guidelines for Ecological Risk Assessment. Risk Assessment Forum. Washington,DC,EPA-630/R-95/002F.

USEPA and USACE. 1992. Evaluation of Environmental Effects of Dredged Material Management Alternatives—A Technical Framework. Washington DC,EPA-842/B-92/008.

USEPA and USACE. 1998. Evaluation of Dredged Material Proposed Discharge in Waters of The United States—Inland Testing Manual. Washington DC,EPA-823/B-98/004.

USEPA. 1997. ERA Guidance for Superfund:Process for Designing and Conducting ERAs,Interim Final,Washington,DC.

USEPA. 1999. Issuance of Final Guidance:ERAs and Risk Management Principle for Superfund Sites,Washington,DC.

Wiegert R G and Bartell S M. 1994. Issue paper on risk integration methods. In:Ecological Risk Assessment Issue Papers. Chapter 9. Washington DC:Risk Assessment Forum. EPA/630/R-94/009.

第15章

应用于入侵种生态风险评估与决策的生态指标体系

伍业钢
美国生态工程公司

据美国大自然保护协会(The Nature Conservancy)估计,全世界因入侵种所造成的生态、健康、经济损失可以高达 14 000 亿美元(http://www.tnc.org)。在过去两个世纪内,数以千计的外来种入侵美国,每年所造成的损失可达 1 370 亿美元(http://www.serconline.org/invasives/fact.html)。而且,入侵种所造成的生态风险是全方位的,包括农林牧渔业的失收、生物多样性的损失、生态系统的崩溃、自然生境的消失、生态过程的改变、工程结构的破坏、健康生命危害,等等(Wu et al.,2006b,2010)。而本文所研究的斑马贻贝(*Dreissena polymorpha*)是这些入侵种中的一个案例。

我们的研究目的是,通过构建一个生态风险评估和决策分析支持的生态指标体系,来评估斑马贻贝入侵给食物链和生态系统健康带来的风险;同时预测这个种的种群空间分布;并且评估斑马贻贝在美国密西西比河流域生态系统恢复时的水位下降,对这个种的种群动态的影响,为密西西比河流域生态系统恢复提供参考指标。

15.1 入侵种的生态风险评估

斑马贻贝原生于亚洲的淡水水生生态系统。斑马贻贝于1988年开始入侵美国的大湖区(Great Lakes),随后很快在大湖区和整个密西西比河流域繁衍和扩散(Nalepa et al.,1993;Miller and Payne,2007;Pothoven and Madenjian,2008)。斑马贻贝对水生生态系统的影响和破坏,以及其种群的迅猛扩散,受到美国科学家、生态学家、企业家、政府和公众的关注(Mackie et al.,1989;McMahon et al.,1993;USGS,1997)。美国的科研工作者多年来跟踪研究斑马贻贝的分布,完整地记录了从1988年入侵到2005年间斑马贻贝种群扩散的时间和空间分布(图 15.1,http://nationalatlas.gov/dynamic/dyn_zm.html#)。

15.1 入侵种的生态风险评估

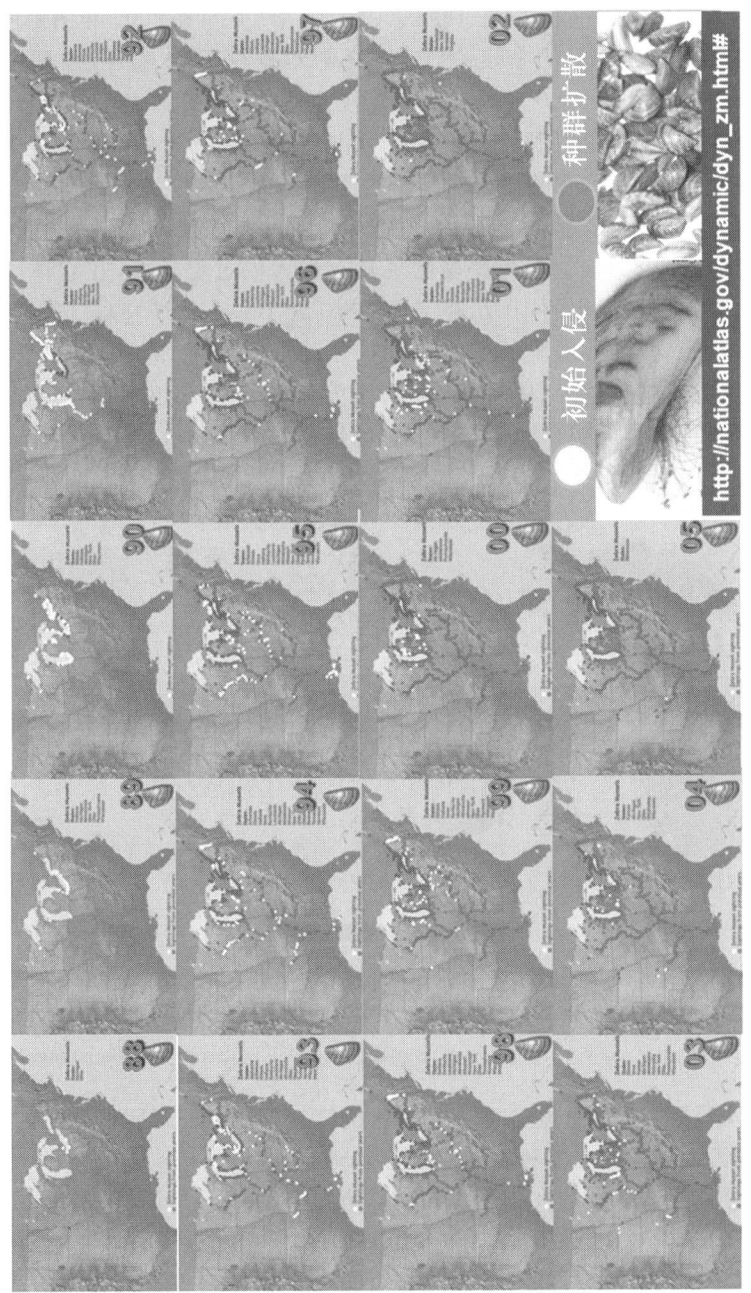

图 15.1 （见彩图）斑马贻贝从 1988 年开始入侵美国的大湖区。美国的科研工作者完整地记录了从 1988 年入侵到 2005 年期间该种群的时间和空间分布（黄色：初始入侵；红色：种群扩散）

斑马贻贝的入侵,首先改变了生态系统的食物链结构。生态学家发现大湖区的一种虾状底栖无脊椎动物"节足虾米"(*Diporeia* spp.)不断地在大湖区迅速消失。当人们研究 *Diporeia* 在 1994—1995 年、2000 年和 2005 年的密度分布情况时,意识到 *Diporeia* 的密度在 10 年间剧烈减少了近 90%,种群密度从 15 000个/m² 减少到 3 000 个/m² 以下,正面临着消失的危险(图 15.2)。*Diporeia*个体含有 30%的脂肪,其生物量可占总底栖生物量的 70%,许多鱼类都依靠这些生物量生长,它的消亡对整个生态系统无疑是个灾难。生态学家的研究最终发现,*Diporeia* 消亡的原因正是斑马贻贝的入侵和大量繁衍(Cohen and Weinstein,1998a,b)。因为斑马贻贝具有强大的过滤功能,在它体内富集的化合物浓度是周围河水的 10 万倍(de Kock and Bowner,1993)。斑马贻贝的入侵和种群的暴增,导致水质的变化和营养含量的降低,造成 *Diporeia* 种群食物匮乏,种群数量越来越少,从而逐渐破坏了大鱼吃小鱼、小鱼吃虾米的食物链,导致大湖区各种鱼类的减少和生态系统食物链的崩溃(Karatayev et al.,1997)。

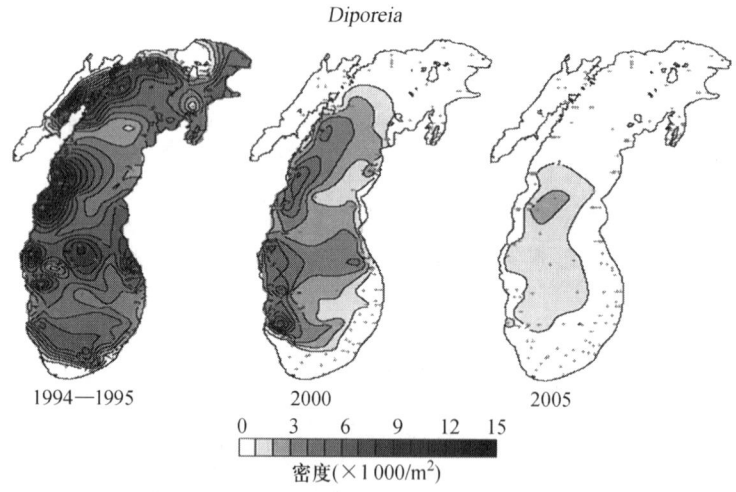

图 15.2 (见彩图)*Diporeia* 种群的消失及其在 1994—1995 年、2000 年、2005 年在美国密歇根湖的密度分布(http://news.uns.purdue.edu/x/2008a/080528SepulvedaVanishing.html)

另外,斑马贻贝对水生生态系统内物种的直接抑制也非常明显。比如,它可以附着在密西西比河的自然种群希金斯眼珍珠蚌(*Lampsilis higginsii*)的蚌壳上,导致希金斯眼珍珠蚌的大量死亡和种群消失(Nalepa et al.,1993;Miller and Payne,2007;Pothoven and Madenjian,2008)。由于斑马贻贝可以 10 万倍地浓缩和累积水中的污染毒素,将导致各种摄食斑马贻贝的鱼虾类和野鸭等飞禽类等种群的个体中毒死亡,影响生态系统内种群的结构(Bemy et al.,2003)。斑马贻贝造成直接经济损失的原因在于,斑马贻贝种群繁殖需要硬基底,它常在各种水中的管网和结构内产卵,导致水生生态系统中的管道完全堵塞,每年美国政府要花费 1 200 万美元清理大湖区管道中的斑马贻贝(Claudi and Mackie,1994;Martel,1993;EPRI,1992)。而整个 20 世纪 90 年代,美国政府在大湖区就为斑马贻贝的控制,耗资高达 20 亿～50 亿美元(OTA,1993;Payne and Miller,2004;Bemy et al.,2003)。

现在,我们已经清楚了斑马贻贝的危害和生态风险,也知道这个种群的时间和空间分布,那么,我们是否能预测它未来的时间和空间分布呢?我们又怎么来阻止它,或者说,是否可以把它的分布阻挡在某个区域内?要回答这个问题,我们必须明白,斑马贻贝同样需要种群的建立、生长、扩散的阶段,同时要了解其生命周期、生境条件、养分、扩散机理和每一个生长阶段的环境因素(Cohen and Weinstein,2001)。

15.2 斑马贻贝生态指标体系建立的方法

根据已经掌握的资料,我们研究了与斑马贻贝种群的建立、生长、扩散和分布有关的因素,应用这些要素来构建一个生态风险评估和决策分析支持的生态指标体系,来评估斑马贻贝入侵的时间和空间分布。根据 Cohen 和 Weinstein(2001)及许多其他研究文献,我们在这个生态指标体系中主要引入了 14 个参数,包括① 钙浓度,② 电导率,③ 水的总硬度,④ 可溶性氧,⑤ 叶绿素 a 含量,⑥ 水流速,⑦ 盐度,⑧ 钾浓度,⑨ 氨浓度,⑩ 产卵水温,⑪ 生长水温,⑫ Secchi 碟深度(水清晰度),⑬ pH,⑭ 水深,等等。这些环境要素都和斑马贻贝种群的建立、生长、扩散有一定的关系,我们对各个要素的综合分析如下。

(1) 钙浓度:钙的浓度越大,种群的适应性越大,对其生长越有利,当钙浓度低于 4 mg/L 时,它对种的生长起到抑制作用(EPRI,1992);当钙浓度达到 12～15 mg/L 时,它对这个种的生长起到一个关键的作用(Vinogradov et al.,1993),一旦钙浓度达到 35 mg/L 时,就会更大地促进种群的生长(McMahon,1996),而且钙浓度越高,斑马贻贝的生长越好(Cohen and Weinstein,1998a,b)。

(2) 电导率:Sorba 和 Williamson(1997)估计,当电导率小于 22 μS/cm 时,斑马贻贝的生长将受到抑制;当电导率高于 83 μS/cm 时,就会更好地促进种群的生长(Cohen and Weinstein,2001)。

(3) 水的总硬度:总硬度是钙和镁浓度的综合指标,当总硬度低于 25 mg/L 时,斑马贻贝生长受到抑制(Eaton et al.,1995);当总硬度高于 90 mg/L 时,种群生长良好(Cohen and Weinstein,1998a,b)。

(4) 可溶性氧:斑马贻贝对可溶性氧非常敏感,可溶性氧对斑马贻贝的生长至关重要。当可溶性氧含量大于 8 mg/L 时,斑马贻贝生长良好(Effler and Siegfried,1998;Effler et al.,1996;Caraco et al.,2000);当可溶性氧含量小于 2～4 mg/L 时,斑马贻贝生长不良(Cohen and Weinstein,2001)。

(5) 叶绿素 a 含量:斑马贻贝的生长依赖于叶绿素 a 含量及浮游植物的生物量(Strayer and Malcom,2006)。当叶绿素 a 含量从 7.4 μg/L 降到 2.2 μg/L 时,斑马贻贝的生长几乎停止(Fanslow et al.,1995)。

(6) 水流速:水流速对斑马贻贝生长也至关重要,当水流速小于 1 m/s 时,斑马贻贝可以生长在硬基底上;当水流速超过 1.5 m/s 时,斑马贻贝就不能依附在硬基底上,而被流水冲走,失去生存条件(Claudi and Mackie,1994)。

(7) 盐度:盐度是斑马贻贝生长的另一个限制因素,斑马贻贝可以忍受小于 2~3 PSU①(或千分之)的盐度,并可以产卵。但是,当盐度达到 6 PSU 时,就可能导致斑马贻贝的死亡(Setzler-Hamilton et al.,1997)。同时,斑马贻贝也不能在咸淡交换的河海口岸生长(Strayer and Smith,1993)。

(8) 钾浓度:当钾浓度大于 100 mg/L 时,将导致斑马贻贝的死亡(Wildridge et al.,1998);钾浓度小于 50 mg/L 时,斑马贻贝就可以繁衍生长(Claudi and Mackie,1994;Wilcox and Dietz,1995)。

(9) 氨浓度:氨态氮的浓度对斑马贻贝的繁衍生长具有可致毒作用(Spada,2000;O'Neill,1996)。斑马贻贝的生长基本上不能忍受大于 1 mg/L 的氨浓度(Nichols,1993)。当氨浓度超过 2 mg/L 时,就可以使斑马贻贝死亡(Wildridge et al.,1998)。

(10) 产卵季节水温度:斑马贻贝的生长期所需水温与产卵期不同。一般来说,斑马贻贝在水温 12℃ 以上就达到产卵温度(Nichols,1996);当水温达到 12~18℃ 时,即是斑马贻贝产卵的最佳温度(Sprung,1993)。

(11) 生长水温:斑马贻贝的生长水温多在 12.5~21.5℃ 之间(Walz,1978);水温 4.5~5.5℃ 时,斑马贻贝则无法生长。生长期中的斑马贻贝可以在 12~30℃ 的水温中生长。当水温超过 32℃ 时,斑马贻贝几乎无法生长或导致死亡(Claudi and Mackie,1994;Ohio Sea Grant,1994;Cohen and Weinstein,1998b)。

(12) Secchi 碟深度(水清晰度):Secchi 碟深度是作为水的浊度或清晰度的一种标准(Preisendorfer,1986)。Strayer 和 Malcom(2006)的研究表明,斑马贻贝不能在混浊的水体生存,当 Secchi 碟深度小于 10 cm 时,就看不到斑马贻贝种群的存在。斑马贻贝在 Secchi 碟深度为 40~200 cm 时,生长最好(Cohen and Weinstein,2001)。

(13) pH:斑马贻贝在幼虫生长期需要水体 pH 在 7.3~9.4(Sprung,1993)。Ramcharan 等(1992a,b)认为,pH 为 7.3 是斑马贻贝生长的临界值。但是,也有研究表明,斑马贻贝在扩散期对 pH 的敏感度较低(Cohen and Weinstein,2001)。

---

① PSU=practical salinity units,实际盐度单位,国内不常使用该单位。

(14) 水深:根据 Pligin 未发表的研究资料,斑马贻贝出现在不同的水深,但在 4~12 m 水深处,种群密度最高。而水深超过 16 m,斑马贻贝的密度开始降低。当然,水深也许还与养分浓度、pH、可溶性氧等有关联。

根据对这 14 个生境要素的分析,我们按照斑马贻贝的生态适应性指标与生境要素的三种可能的关系和假设,来构建斑马贻贝的生态适应性指数(suitability index,SI):第一种,随着生境要素值的增加,SI 增加,生境有利于斑马贻贝的生长繁衍;第二种,随着生境要素值的增加,SI 减少,生境不利于斑马贻贝的生长繁衍;第三种,生境要素对斑马贻贝的生长繁衍有一个适宜值范围,在这个范围值内,SI 高,而生境要素值过高或过低对斑马贻贝的生长繁衍都不利(SI 低)。

第一种关系包括了钙浓度、电导率、水的总硬度、可溶性氧和叶绿素 a 含量等与种群适应性指数的正相关关系(图 15.3),我们用 Logistic 曲线来表示(Wu

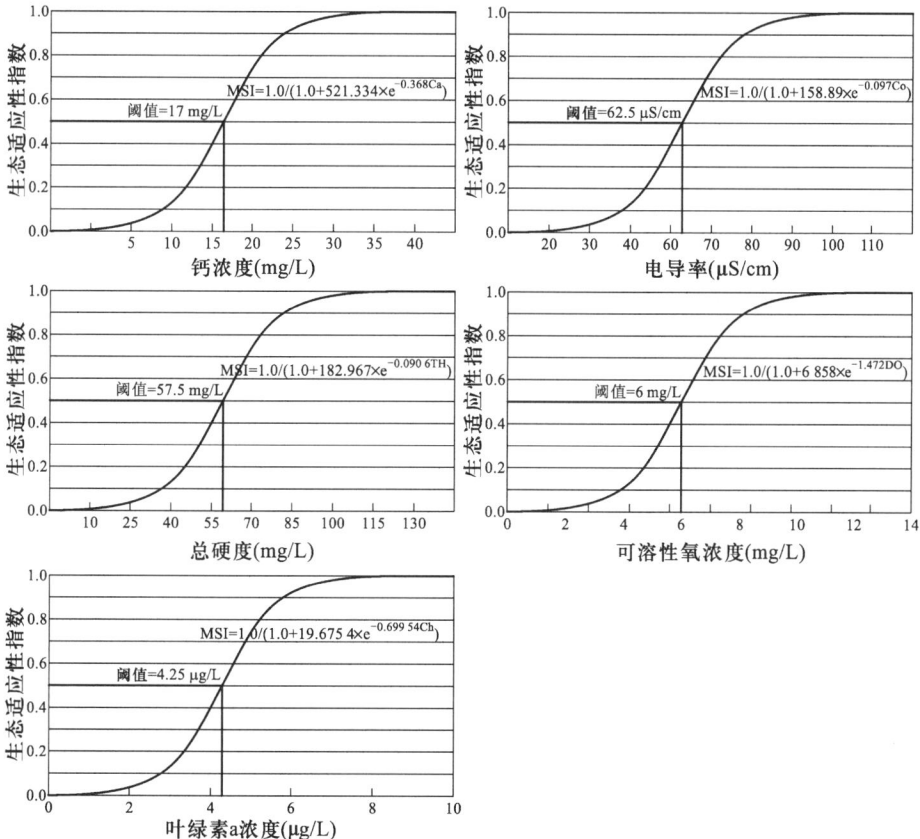

图 15.3 钙浓度、电导率、水的总硬度、可溶性氧和叶绿素 a 含量等生境要素与斑马贻贝种群适应性指数的正相关关系,即 Logistic 函数关系(MSI)

et al.,2006c;伍业钢,2010)。当 Logistic 值(即生态适应性指数,SI 值)等于 0.5 时,所对应的生境要素值(如钙浓度)就是生境要素的阈值。Logistic 曲线函数方程可以将步骤线性化(伍业钢,2010),并建立生态适应性指数与斑马贻贝生境要素之间的函数关系(MSI)。

第二种关系包括水流速、盐度、钾浓度、氨浓度等,这些生境要素值与种群的适应性指数是负相关的。我们同样用 Logistic 曲线来表示这些生境要素值与斑马贻贝的适应性指数的负相关关系(图 15.4)。所不同的是,当生境要素值超过其阈值时,斑马贻贝种群的繁衍、生长、扩散将受到显著抑制。

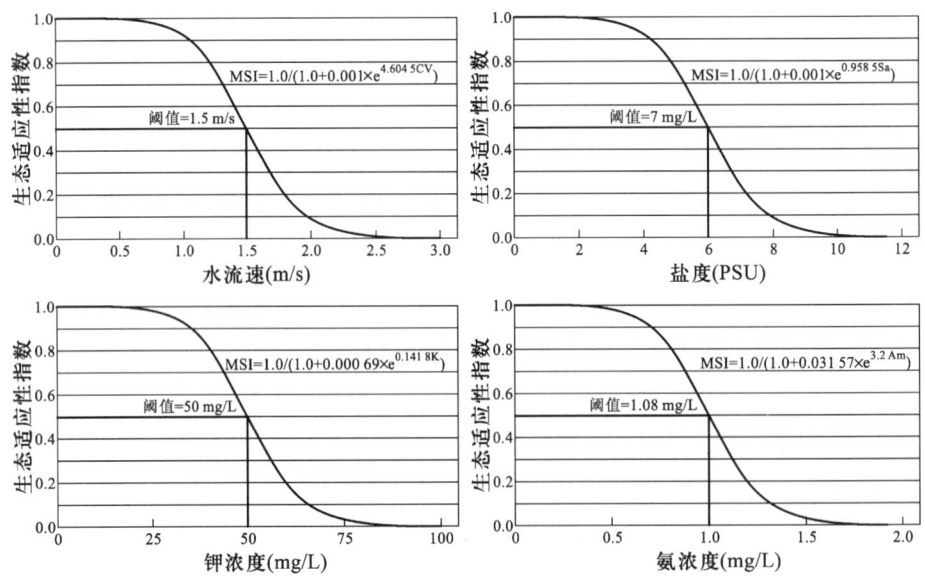

图 15.4　水流速、盐度、钾浓度、氨浓度等生境要素与斑马贻贝种群适应性
指数的负相关关系,即 Logistic 函数关系(MSI)

第三种关系包括产卵水温、生长水温、Secchi 碟深度、pH、水深等生境要素值。这些生境要素值与斑马贻贝的适应性指数呈双 Logistic 曲线相关关系。生境要素值太高或太低都不适应于斑马贻贝的繁衍、生长和扩散。由于双向 Logistic 是两条相反方向的 Logistic 曲线,所以,生境要素值的阈值有两个(图 15.5)。

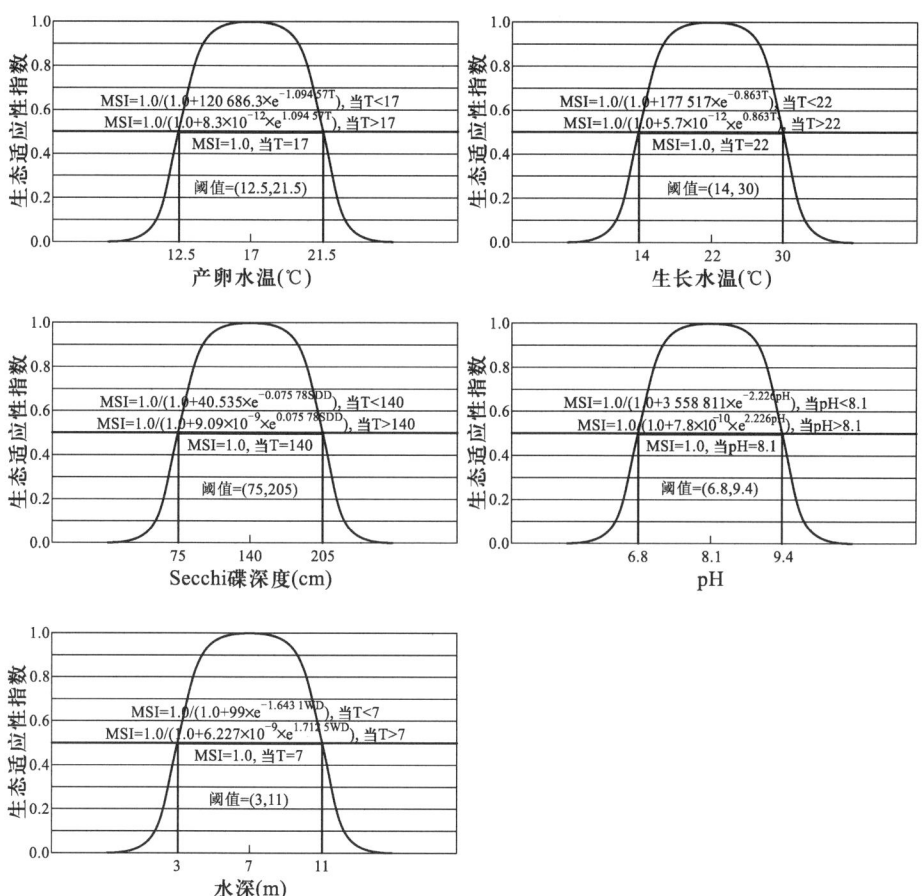

图 15.5 产卵水温、生长水温、Secchi 碟深度、pH、水深等生境要素与斑马贻贝种群适应性指数的双 Logistic 相关关系,即 Logistic 函数关系(MSI)

15.3 生态指标与生态风险评估

通过对斑马贻贝生境要素与种群适应性指数的 Logistic 相关关系及函数关系(MSI)的建立(表 15.1),我们还需要建立一个综合性的生态指标来说明某一生境对斑马贻贝这个种的入侵到底是有利还是不利,或者说对于斑马贻贝入侵的生态风险是高还是低。这样,管理者可以通过测试所关注的生境相关的物理化学指标(即 14 个生境要素)并计算出其综合生态指标(生态风险系数),就可以知道这个地方是否适合这种贝类生长及生态风险。

表 15.1 14 个生境要素与斑马贻贝种群适应性指数的 Logistic 相关关系、函数关系(MSI)及阈值(参考 Bartell et al.,2008;Wu et al.,2010)

	生境要素	单位	Logistic 函数	阈值
(1)	钙	mg/L	$MSI=1.0/(1.0+521.334\times e^{-0.368Ca})$	17 mg/L
(2)	电导率	μS/cm	$MSI=1.0/(1.0+158.89\times e^{-0.097Co})$	62.5 μS/cm
(3)	总硬度	mg/L	$MSI=1.0/(1.0+182.967\times e^{-0.0906TH})$	57.5 mg/L
(4)	可溶性氧	mg/L	$MSI=1.0/(1.0+6858\times e^{-1.472DO})$	6 mg/L
(5)	叶绿素 a	μg/L	$MSI=1.0/(1.0+19.6754\times e^{-0.69954Ch})$	4.25 μg/L
(6)	水流速	m/s	$MSI=1.0/(1.0+0.001\times e^{4.6045CV})$	1.5 m/s
(7)	盐度	mg/L	$MSI=1.0/(1.0+0.001\times e^{0.9585Sa})$	7 mg/L
(8)	钾	mg/L	$MSI=1.0/(1.0+0.00069\times e^{0.1418K})$	50 mg/L
(9)	氨	mg/L	$MSI=1.0/(1.0+0.03157\times e^{3.2Am})$	1.08 mg/L
(10)	产卵水温	℃	$MSI=1.0/(1.0+120686.3\times e^{-1.90457T})$ 当 T<17℃; $MSI=1.0/(1.0+8.3\times 10^{-12}\times e^{1.90457T})$ 当 T>17℃; $MSI=1.0$ 当 T=17℃	(12.5℃,21.5℃)
(11)	生长水温	℃	$MSI=1.0/(1.0+177517\times e^{-0.863T})$ 当 T<22℃; $MSI=1.0/(1.0+5.7\times 10^{-12}\times e^{0.863T})$ 当 T>22℃; $MSI=1.0$ 当 T=22℃	(14℃,30℃)
(12)	Secchi 碟深度	cm	$MSI=1.0/(1.0+40.535\times e^{-0.07578SDD})$ 当 T<140℃; $MSI=1.0/(1.0+9.09\times 10^{-9}\times e^{0.07578SDD})$ 当 T>140℃; $MSI=1.0$ 当 T=140℃	(75 cm,205 cm)
(13)	pH		$MSI=1.0/(1.0+3.121\times 10^{39}\times e^{-11.51pH})$ 当 pH<8.5; $MSI=1.0/(1.0+3.211\times 10^{-46}\times e^{11.51pH})$ 当 pH>8.5; $MSI=1.0$ 当 pH=8.5	(7.8,9.2)
(14)	水深	m	$MSI=1.0/(1.0+99\times e^{-1.6431WD})$ 当 T<7℃; $MSI=1.0/(1.0+6.227\times 10^{-9}\times e^{1.7125WD})$ 当 T>7℃; $MSI=1.0$ 当 T=7℃	(3 m,11 m)

在这里,我们使用了两种常用的方法,第一种是最小值方法作为风险指数(MMSI),根据生态学最小限制因素原理(Liebig's Law of the Minimum),因为往往某一最低生境条件可能就是抑制生态系统的关键要素,(Liebig 1855),即:

$$MMSI = \min(MSI_{钙}, MSI_{电导率}, MSI_{总硬度}, MSI_{可溶性氧}, MSI_{叶绿素a}, MSI_{水流速},$$
$$MSI_{盐度}, MSI_{钾}, MSI_{氨}, MSI_{产卵水温}, MSI_{生长水温}, MSI_{Secchi深度}, MSI_{pH}, MSI_{水深})$$

第二种是几何平均法作为风险指数(GMSI),因为有些因素之间可能是有关联的,几何平均法可以是每一个 MSI 最小值之和的平均,也可以是每一个 MSI 最小值的加权平均。在我们的研究里,我们采用的是每一个 MSI 最小值之和的平均:

$$GMSI = \prod(MSI_{钙}, MSI_{电导率}, MSI_{总硬度}, MSI_{可溶性氧}, MSI_{叶绿素a}, MSI_{水流速},$$
$$MSI_{盐度}, MSI_{钾}, MSI_{氨}, MSI_{产卵水温}, MSI_{生长水温}, MSI_{Secchi深度}, MSI_{pH}, MSI_{水深})$$

我们使用最小值法的风险指数和几何平均法的风险指数分析了美国密西西比河流域内 70 个湖的 14 个生境数据,得出来一系列的综合风险指数(表15.2)。当最小值风险指数<0.5 和几何平均风险指数<0.8 时,我们就认为这些地方不适宜这种贝类的生长(风险低),这样的湖有 24 个;中等风险(最小值风险指数<0.5,几何平均风险指数>0.8)的湖有 17 个,认为这些湖的情况目前还不清楚,可能有很多因素决定了种群的生长,但这些湖需要得到关注;剩下的 29 个湖是处于高风险(最小值风险指数>0.5,几何平均风险指数>0.8)状态的,这些湖比较危险,也就是说必须要进行处理的(表 15.2)。

表 15.2 使用最小值法的风险指数(MMSI)和几何平均法的风险指数(GMSI)分析密西西比河流域内 **70** 个湖的 **14** 个生境数据,得出来一系列的斑马贻贝入侵综合风险指数和风险程度(参考 Bartell et al.,2008;Wu et al.,2010)

序号	湖泊名称	MMSI	GMSI	风险程度
1	Barker	0.028	0.717	低
2	Bass	0.459	0.879	中等
3	Big Carnelian	0.001	0.606	低
4	Big Marine	0.004	0.742	低
5	Birch	0.028	0.746	低
6	Bone	0.445	0.907	中等
7	Carol	0.355	0.829	中等
8	Chisago	0.135	0.82	中等
9	Cloverdale	0.026	0.669	低
10	Comfort	0.059	0.737	低
11	Coon	0.877	0.97	高

续表

序号	湖泊名称	MMSI	GMSI	风险程度
12	Downs	0.466	0.821	中等
13	East Boot	0.069	0.483	低
14	Edith	0.094	0.656	低
15	Elwell	0.98	0.991	高
16	Fawn	0.0	0.816	中等
17	Fish	0.001	0.8	中等
18	Forest	0.876	0.971	高
19	Goose	0.472	0.888	中等
20	Green	0.242	0.878	中等
21	Halfbreed	0.0	0.645	低
22	Hay	0.762	0.93	高
23	Horseshoe	1.0	1.0	高
24	Island	0.572	0.928	高
25	Jellums	0.618	0.89	高
26	Klawitter Pond	0.893	0.964	高
27	Kroon	0.992	0.996	高
28	Legion Pond	0.949	0.983	高
29	Lily	0.1	0.675	低
30	Linwood	0.04	0.804	中等
31	Little	0.987	0.987	高
32	Little Carnelian	0.0	0.616	低
33	Little Comfort	0.009	0.72	低
34	Long	0.814	0.942	高
35	Loon	0.359	0.82	中等
36	Louise	0.814	0.951	高
37	Mandall	0.997	0.998	高
38	Martin	0.823	0.964	高
39	Mays	0.912	0.978	高
40	Mcdonald	0.849	0.958	高
41	Mckusick	0.664	0.91	高
42	Mergen's Pond	0.979	0.992	高

续表

序号	湖泊名称	MMSI	GMSI	风险程度
43	Moody	0.005	0.514	低
44	Mud	0.71	0.897	高
45	North Center	0.135	0.832	中等
46	North Center Pond	0.088	0.65	低
47	North Twin	0.73	0.889	高
48	O'connors	0.984	0.991	高
49	Pioneer	0.358	0.42	低
50	Rabour	0.01	0.504	低
51	Rush	0.755	0.973	高
52	S. School Section	0.421	0.833	中等
53	Sand	0.527	0.861	高
54	School	0.016	0.668	低
55	Shields	0.077	0.812	中等
56	Silver	0.416	0.842	中等
57	South Lindstrom	0.08	0.821	中等
58	South Twin	0.571	0.89	高
59	Square	0.0	0.641	低
60	St. Croix	0.895	0.983	高
61	Staples	0.119	0.565	低
62	Sunfish	0.839	0.945	高
63	Sunnybrook	0.932	0.967	高
64	Sunrise	0.535	0.884	高
65	Tamarack	0.0	0.335	低
66	Terrapin	0.003	0.763	低
67	Turtle	0.166	0.82	中等
68	Twin	0.0	0.6	低
69	Typo	0.149	0.761	低
70	Wallmark	0.331	0.708	低

15.4 生态风险评估与决策

通过这个生态风险评估和生态指标体系模型的建立,我们给管理者提供了有用的生态风险信息。可以了解到斑马贻贝对某一水生生态系统入侵的风险程度,及时采取科学的决策措施。例如,可以对低风险的湖泊采取相对的开放政策,鼓励对这些湖泊的运动、钓鱼、娱乐等利用方式。而对于中等风险的湖泊,则应采取较为保守的防御措施,或改变生境和水质,尽可能避免斑马贻贝的入侵。对于高风险的湖泊,应该采取生物防治、改变生境、改变水质、防止扩散等具体措施,杜绝斑马贻贝的入侵和扩散。

值得注意的是,最小值风险指数基本代表了栖息地质量的保守特征,为斑马贻贝建立了数量化的生态风险指数,但它可能低估了潜在的风险。与此相反,按几何平均计算的风险指数可能高估了栖息地质量和相应的风险。利用这两个风险指数的综合作为对基于生态风险的决策模型的初步实施结果表明,评估在密西西比河流域内不同湖泊生态系统斑马贻贝栖息地适宜性和生态风险的可行性。这些风险指数的预测可以用来制定有效的管理措施,将斑马贻贝控制在最小的扩散范围内,并建立整个流域抑制斑马贻贝生长和扩散的战略。

斑马贻贝的入侵对本地种造成巨大的危害(Nalepa et al.,1993;Miller and Payne,2007;Pothoven and Madenjian,2008)。我们研究了斑马贻贝和珠蚌(Unionid)的生境要素的差别,希望能通过改变生境要素和水质,使其更有利于珠蚌的生长,并且抑制斑马贻贝的繁衍、生长和扩散。图 15.6 评估了斑马贻贝和珠蚌两个种群对钙浓度、可溶性氧浓度、氨浓度、水流速的生态适应性指标,以及斑马贻贝(MSI)和珠蚌(USI)的 Logistic 函数和阈值。

研究结果表明,斑马贻贝和珠蚌两个种群的生长对钙浓度的要求都呈正相关关系,但是,斑马贻贝的钙浓度阈值为 17 mg/L,而珠蚌的阈值则为 50 mg/L。也就是说,斑马贻贝能更有效地利用生态系统低的钙浓度,优先生长,消耗水中的钙浓度,从而抑制珠蚌的生长(图 15.6)。斑马贻贝和珠蚌对可溶性氧的需求与对钙的需求格局相同,呈正相关关系。斑马贻贝的可溶性氧浓度阈值为 6 mg/L,而珠蚌则为 10 mg/L。斑马贻贝在低可溶性氧浓度时,比珠蚌生长更有优势(图 15.6)。

另外,斑马贻贝和珠蚌对氨浓度的反应与对钙浓度的需求格局不同,两个种都表现出负相关关系(图 15.6)。斑马贻贝的氨浓度阈值为 1.08 mg/L,而珠蚌则为 0.65 mg/L。斑马贻贝比珠蚌更能忍受氨的毒害,具有更好的竞争优势(图 15.6)。对于水流速,珠蚌对水流速表现出正相关关系,其阈值为 0.5 m/s;即水流速超过 0.5 m/s 时,对珠蚌的生长有利。斑马贻贝对水流速表现出负相关关系,其阈值为 1.5 m/s;即当水流速超过 1.5 m/s 时,斑马贻贝的生长急剧下降(图 15.6)。因此,加大水流速的生境也许有利于抑制斑马贻贝的繁衍、生长和扩散,并能保护本地种珠蚌的生长。

总之,斑马贻贝在生态风险决策模型中表现出了入侵种对本地种的一种排

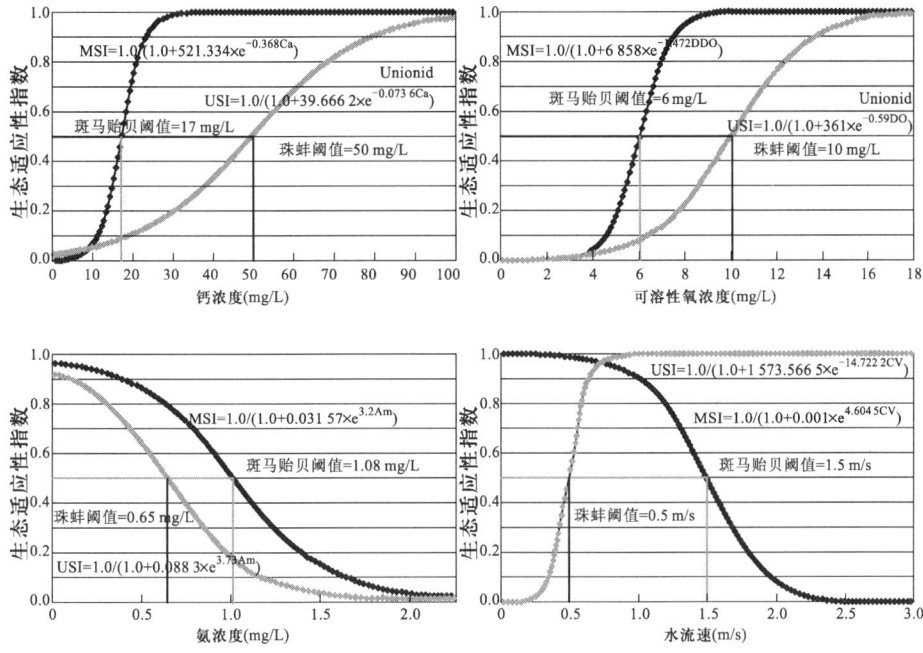

图 15.6 构建斑马贻贝(Zebra)和珠蚌(Unionid)两个种群对钙浓度、可溶性氧浓度、氨浓度、水流速的生态适应性指标,及斑马贻贝(MSI)和珠蚌(USI)的 Logistic 函数和阈值

斥和优势。但通过对珠蚌本地种生境要素的分析,并将其与斑马贻贝进行比较,可以发现这两个种的不同生态位。管理者可以通过调节生境条件和改变水质,来抑制斑马贻贝的繁衍、生长、扩散,促使珠蚌种群的繁殖和生长。在整个决策过程中,风险管理者应该注意不同种的生境要素阈值,并建立起一个决策框架,确定和评估斑马贻贝控制策略和有效性。

许多研究表明,生态适应性指标还可以作为生态系统修复成功与否或比较不同生态系统修复方案的检验工具(Heisler et al.,2004;Wu et al.,2010;伍业钢,2010)。以生态适应性指标和生态风险评估为基础的决策模型,旨在了解斑马贻贝入侵的可能性和在密西西比河流域的扩散速度。该模型由三部分组成:① 栖息地质量和生境要素值,② 扩散距离和扩散速度,③ 繁衍和生长率。我们利用所构建的一系列生态适应性指标及密西西比河第 5 号大坝船闸库区(图 15.7)的生境要素值和水文资料,模拟大坝高水位和泄洪降低水位时(Wu et al.,2006a),库区内生境条件的变化对斑马贻贝种群密度的影响(图 15.8)。图 15.7 显示密西西比河第 5 号大坝船闸 2003—2006 年的水位变化,及 2005 年和 2006 年通过泄洪、降低水位的动态比较。图 15.8 则通过模型模拟密西西比河第 5 号大坝船闸库区在大坝高水位与泄洪低水位时,斑马贻贝的空间分布比较。结果表明,水位下降将会影响斑马贻贝的种群密度和空间分布动态。也就是说,水位下降,恢复生态系统的自然低水位,将会抑制入侵种斑马贻贝的种群密度,有利于自然生态系统的健康。

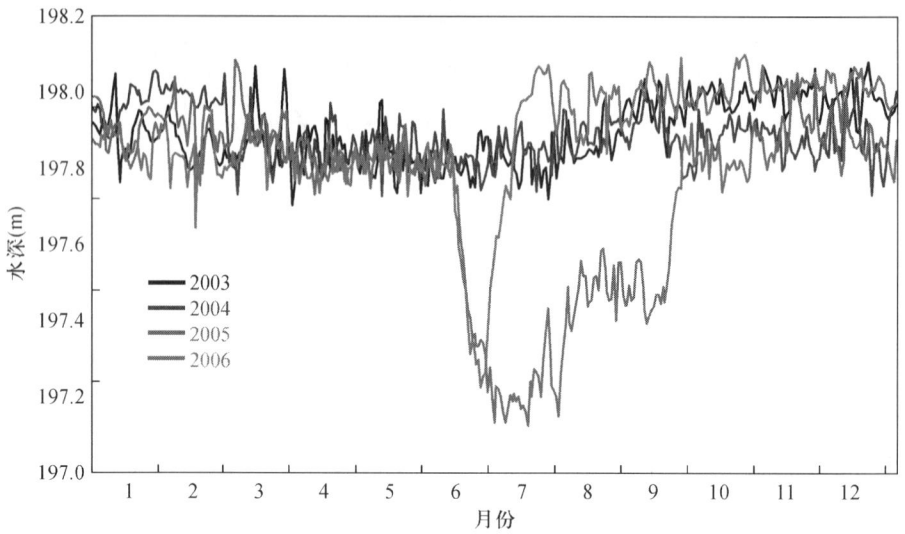

图 15.7 (见彩图)密西西比河第 5 号大坝船闸 2003—2006 年的水位变化,及 2005 年和 2006 年通过泄洪降低水位的动态比较

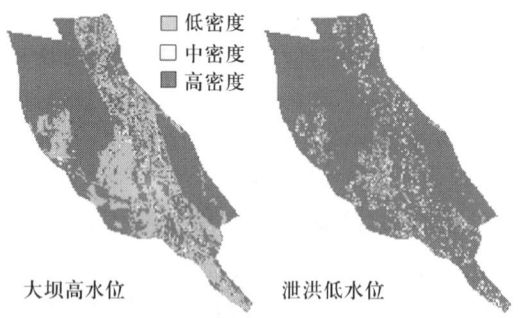

图 15.8 (见彩图)密西西比河第 5 号大坝船闸库区在大坝高水位与泄洪低水位时,斑马贻贝的空间分布比较

由于对每一个生态系统的破坏和干扰程度不一样、生态系统的可塑性程度不一样,对生态系统修复的投入也不一样,这就决定了每一个生态系统修复的目标也不一样(伍业钢,2010)。而密西西比河流域生态系统修复的目标就是,恢复水系的自然水文动态和生态系统的生物多样性。因此,在密西西比河流域的大坝船闸库区内泄洪降低水位,保证了生态系统的自然水文动态,又抑制了斑马贻贝种群的繁衍、生长和扩散,这是生态系统修复的一个成功的检验。因为,生态

系统修复是保存、保护和修复流域生态系统中生物资源生存和多样性至关重要的那些生境和自然区(自然水文动态)。生态系统修复首先要有非常具体的目标和目的,流域生态系统的修复不是全部都可以修复的,一个时期一个生态系统的问题,怎么把它修复,必须是很仔细的、很具体的目标。生态系统修复的目标和目的来自对生态系统动态和发展历史的认识和了解、对生态系统自然动态和生态过程的理解以及对生态系统变化的影响因子的定性和定量及相互作用(伍业钢,2010)。而我们的研究所提出的生态指标体系、生态风险指数和生态风险决策模型,是实现这些生态系统修复目标的有效工具。

主要参考文献

伍业钢. 2010. 景观生态模型在流域管理和生态系统修复中的作用. 见:伍业钢和樊江文主编. 生态复杂性与生态学未来之展望. 北京:高等教育出版社,81-100.

Bartell S M, Wu Y, Nair S K, Orr J, Ragland J. 2008. Risk Assessment and Decision Analysis Support for Invasive Mussel Management for the St. Croix Basin and Adjacent Upper Mississippi River. Submitted to the U. S. Army Corps of Engineers, St. Paul District.

Bemy P J, Veniat A, Mazallon M. 2003. Bioaccumulation of lead, cadmium, and lindane in zebra mussels(*Dreissena polymorpha*) and associated risk for bioconcentration in tufted duck (*Aythia fuligula*). Bulletin of Environmental Contamination and Toxicology, 71:90-97.

Caraco N F, Cole J J, Findlay S E G, Fischer D T, Lampman G G, Pace M L, Strayer D L. 2000. Dissolved oxygen declines in the Hudson River associated with the invasion of the zebra mussel (*Dreissena polymorpha*). Environmental Science and Technology, 34: 1204-1210.

Claudi R, Mackie G L. 1994. Practical manual for zebra mussel monitoring and control. Journal of the North American Benthological Society,13(3):411-412.

Cohen A N, Weinstein A. 2001. Zebra Mussel's Calcium Threshold and Implications for its Potential Distribution in North America. San Francisco Estuary Institute, San Francisco, California. http://www. dfg. ca. gov/quaggamussel/docs/2001-Zebramusselcalcium. pdf.

Cohen A N, Weinstein A. 1998a. The Potential Distribution and Abundance of Zebra Mussels in California. San Francisco Estuary Institute, Richmond California.

Cohen A N, Weinstein A. 1998b. Methods and Data for Analysis of Potential Distribution and Abundance of Zebra Mussels in California. San Francisco Estuary Institute, Richmond California.

de Kock W, Bowner C. 1993. Bioaccumulation, biological effects, and food chain transfer of contaminants in the zebra mussel(*Dreissena polymorpha*). In: Zebra Mussels: Biology, Impacts, and Control. Nalepa T F and Schloesser D W(eds). Boca Raton, Florida. Lewis Publishers,503-536.

Eaton A D, Clesceri L S, Greenberg A E. 1995. Standard Methods for the Examination of Water and Wastewater. 19th Edition. American Public Health Association, American Water Works Association and Water Environment Federation, Washington, DC.

Effler S W, Brooks C M, Whitehead K A, Wagner B A, Doerr S M, Perkins M G, Siegfried C A, Walrath L, Canale R P. 1996. Impact of zebra mussel invasion on river water quality. Water Environmental Research, 68:205.

Effler S W, Siegfried C. 1998. Tributary water quality feedback from the spread of zebra mussels: Oswego River, New York. Journal of Great Lakes Research, 24(2):453-463.

Electric Power Research Institute (EPRI). 1992. Zebra Mussel Monitoring and Control Guide. TR-101782. EPRI Institute, Palo Alto, California. pp 2. 2-6. 39.

Fanslow D L, Nalepa T F, Lan G A. 1995. Filtration rates of the zebra mussel (*Dreissena polymorpha*) on natural seston from Saginaw Bay, Lake Huron. Journal of Great Lakes Research, 21(4):489-500.

Heisler L, Wu Y, Sklar F H, McVoy C, Towles T, Irizarry M and Tarboton K. 2004. Hydrologic Suitability Indices for Everglades Tree Islands. SFWMD Technical Report: Habitat Suitability Indices for Evaluating Water Management Alternatives. West Palm Beach, Florida. P49-70.

Karatayev A, Burlakova L, Padilla D. 1997. The effects of *Dreissena polymorpha* (Pallas) invasion on aquatic communities in Eastern Europe. Journal of Shellfish Research, 16:187-203.

Liebig J Von. 1855. Principles of agricultural chemistry with special reference to the late researches made in England: By Justus von Liebig. (Ed. by William Gregory).

Mackie G L, Gibbons W N, Muncaster B W, Gray I M. 1989. The zebra mussel, *Dreissena polymorpha*: A synthesis of European experiences and a preview for North America. ISBN: 0-772905647-2, Great Lakes Section, Water Resources Branch, Ontario Ministry of the Environment, London and Ontario.

Martel A. 1993. Dispersal and recruitment of zebra mussel (*Dreissena polymorpha*) in a nearshore area in west central Lake Erie: The significance of postmetamorphic drifting. Canadian Journal of Fisheries and Aquatic Science, 50:3-12.

McMahon R. 1996. The physiological ecology of the zebra mussel, *Dreissena polymorpha*, in North America and Europe. American Zoologist, 36:339-363.

McMahon R F, Ussery T A, Miller A C, Payne B S. 1993. Thermal tolerance in zebra mussels (*Dreissena polymorpha*) relative to rate of temperature increase and acclimation temperature. In: J. L. Tsou and Y. G. Mussalli (eds.), Proceedings: Third international zebra mussel conference. EPRI TR-102077, Electric Power Research Institute, Palo Alto, California. pp 4-97-4-118.

Miller A C, Payne B S. 2007. A Summary of Distribution and Abundance Data on the Endangered Higgins Eye Pearlymussel, *Lampsilis higginsii* (Lea, 1857). Environmental Laboratory, U. S. Army Engineer Research and Development Center, Vicksburg, MS

39180-6199.

Nalepa T F, Fahnenstiel G L, McCormick M J, Cavaletto J F, Fanslow D, Ford M, Gordon W M, Goudy G, Johengen T, Jude D, Lang G A and Wojcik J A. 1993. Physical and chemical variables of Saginaw Bay, Lake Huron in 1991-93. NOAA Technical Memorandum ERL GLERL-91, Great Lakes Environmental Research Laboratory, Ann Arbor, Michigan. (NTIS # PB96-182357/XAB). ftp://ftp.glerl.noaa.gov/publications/tech_reports/glerl-091/tm-091.pdf.

Nichols S J. 1996. Variations in the reproductive cycle of Dreissena polymorpha in Europe, Russia, and North America. American Zoologist, 36: 311-325.

Nichols S J. 1993. Maintenance of the zebra mussel (Dreissena polymorpha) under laboratory conditions. In: Zebra Mussels: Biology, Impacts, and Control. Nalepa T F and D. W. Schloesser D W(eds.). Boca Raton, Florida: Lewis Publishers, 315-332.

Office of Technology Assessment (OTA). 1993. Harmful non-indigenous species in the United States. Publication OTA-F-566, United States Congress, Washington, DC.

Ohio Sea Grant. 1994. Zebra Mussels in North America: The Invasion and Its Implications. Fact Sheet 045, OHSU-FS-045. Ohio Sea Grant College Program, the Ohio State University, Columbus, Ohio, 43212-1194.

O'Neill C R Jr. 1996. The Zebra Mussel: Impacts and Control. New York Sea Grant, Cornell University, Ithaca, New York. Cornell Cooperative Extension Information Bulletin No. 238.

Payne B S, Miller A C. 2004. A probability tree applied to a common zebra mussel dispersal issue, ANSRP Technical Notes Collection(ERDC/TN ANSRP-04-1), U. S. Army Engineer Research and Development Center, Vicksburg, Mississippi. http://el.erdc.usace.army.mil/elpubs/pdf/ansrp04-1.pdf.

Pothoven S, Madenjian C. 2008. Alewife and lake whitefish: Changes in consumption following dreissenid invasions in Lakes Michigan and Huron. North American Journal of Fisheries Management, 28: 308-320.

Preisendorfer R W. 1986. Secchi disk science: Visual optics of natural waters. Limnology Oceanography, 31: 909-926.

Ramcharan C W, Padilla D K, Dodson S I. 1992a. Models to predict potential occurrence and density of the zebra mussel, Dreissena polymorpha. Canadian Journal of Fisheries and Aquatic Science, 49(12): 2611-2620.

Ramcharan C W, Padilla D K, Dodson S I. 1992b. A multivariate model for predicting population fluctuations of Dreissena polymorpha in North America lakes. Canadian Journal of Fisheries and Aquatic Sciences, 49(12): 2611-2620.

Setzler-Hamilton E M, Wright D A, Magee J A. 1997. Growth and spawning of laboratory-reared zebra mussels in lower mesohaline salinities. In: D'Itri F M (ed.), Zebra Mussels and Aquatic Nuisance Species. Boca Raton, Florida: Lewis Publishers, CRC Press. 141-154.

Sorba E A, Williamson D A. 1997. Zebra Mussel Colonization Potential in Manitoba,

Canada. Water Quality Management Section, Manitoba Environment, Report No. 97-107.

Spada M E. 2000. Limitations on zebra mussels(*Dreissena polymorpha*) in a hypereutrophic system, Onondaga Lake, New York. M. S. Thesis. Department of Environmental and Forest Biology, State University of New York, College of Environmental Science and Forestry, Syracuse, New York.

Sprung M. 1993. The other life: An account of present knowledge of the larval phase of *Dreissena polymorpha*. In: Nalepa T F and Schloesser D W(eds.). Zebra Mussels: Biology, Impacts, and Control. Boca Raton, Florida: Lewis Publishers, 39-53.

Strayer D L, Malcom H M. 2006. Long-term demography of a zebra mussel(*Dreissena polymorpha*) population. Freshwater Biology, 51: 117-130.

Strayer D L, Smith L. 1993. Distribution of the zebra mussel in estuaries and brackish waters. In: Nalepa T F and Schloesser D W(eds.). Zebra Mussels: Biology, Impacts, and Control. Boca Raton, Florida: Lewis Publishers, 715-727.

U. S. Geological Survey (USGS), News release September 18, 1997. Zebra mussels are spreading rapidly, USGS reports. http://www.usgs.gov/newsroom/article.asp?ID=881.

Vinogradov G, Smirnova S, Sokolov V, Bruznitsky A. 1993. Influence of chemical composition of the water on the mollusk *Dreissena polymorpha*. In: Nalepa T F and Schloesser D W(eds.). Zebra Mussels: Biology, Impacts, and Control. Boca Raton, Florida: Lewis Publishers, 749-760.

Walz N. 1978. The energy balance of the freshwater mussel *Dreissena polymorpha* in the laboratory and in Lake Constance, Switzerland. Part 3. Growth under standard conditions. Archives of Hydrobiology(Supplemental), 55: 121-141.

Wilcox S J, Dietz T H. 1995. Potassium transport in the freshwater bivalve *Dreissena polymorpha*. Journal of Experimental Biology, 198: 861-868.

Wildridge P J, Werner R G, Doherty F G, Neuhauser E F. 1998. Acute effects of potassium on filtration rates of adult zebra mussels(*Dreissena polymorpha*). Journal of Great Lakes Research, 24(3): 629-636.

Wu Y, Bartell S M, Nair S K. 2006a. A Spatial Model for Restoration of the Upper-Mississippi River Ecosystems. SPIE Optics & Photonics 2006. Proceedings of Remote Sensing and Modeling of Ecosystems for Sustainability III, Volume 6298: 147-162.

Wu Y, Ken Rutchey, Naiming Wang, Jason Godin. 2006b. The spatial dispersion and pattern of *Lygodium microphyllum* in the Everglades wetland ecosystem. Biological Invasions, 8: 1483-1493.

Wu Y, Rutchey K and Wang N. 2006c. An analysis of spatial complexity of ridge and slough patterns in the Everglades ecosystem. Ecological Complexity, 3: 183-192.

Wu Y, Bartell S M, Orr J, Ragland J and Anderson D. 2010. A risk-based decision model and risk assessment of invasive mussels. Ecological Complexity, 7(2): 243-255.

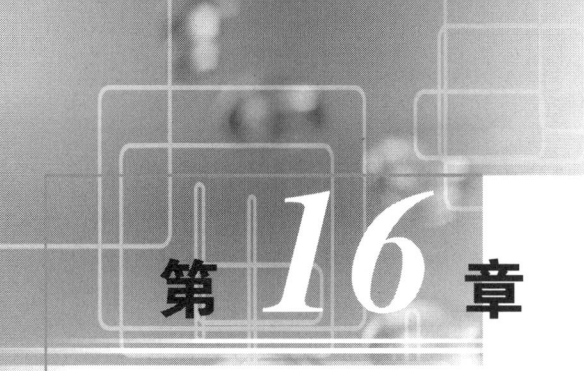

第16章

生态系统模型与生态风险评估

伍业钢
美国生态工程公司

16.1 生态风险评估的意义

生态风险评估(ecological risk assessment,简称 ERA)是针对单一因素或多因素对单一或多个环境和生态过程可能发生或正在发生的不利影响的综合评估和分析(美国环境保护署, U. S. Environmental Protection Agency, 简称 USEPA,2003a)。这些不利影响包括环境的、生境的、种群的、景观的、生态系统的,也包括经济的和社会的。这些影响有可能是单一的,但更多是复合的。生态风险评估的目的是帮助管理部门了解和预测生态影响因素和生态后果之间的关系,有利于决策和应对。换言之,生态风险评估是一种决策手段和决策过程,通过生态风险评估可以知道存在怎样的风险,是什么因素造成这种风险,如何确定这些风险的动态格局和影响程度。也就是说,生态风险评估是为决策服务的,为管理者服务的。这些管理者包括生态系统管理者、环境管理者、野生生物管理者、资源管理者、灾害管理者、土地管理者、城市管理者、流行病管理者、经济管理者、社会管理者等等(Bartell et al.,2000)。

生态风险评估是随着经济发展、环境压力、资源枯竭所衍生的交叉学科。因此,生态风险评估作为一种决策手段和决策过程,它的目标是为管理者和决策者提供多种管理选择,以及不同管理选择的不确定因素(另一层次上的风险)。既然说生态风险评估是一个过程,那么,它所提供的多种管理选择也是一个动态过程。所以,基于生态风险评估的决策过程的管理方法,就催生了一种称之为应对管理(adaptive management)的过程。应对管理要求反复地对生态系统进行生态风险评估,作出生态系统管理的决策,监测生态系统对管理决策的反应;并不断地根据生态系统对管理决策的反应进行生态风险评估,再作出新的管理决策,如此循环的决策管理过程,我们称之为应对管理(Bartell,2003a)。可见,应对管理可以通俗理解为"摸着石头过河"的管理理念,应对管理是应用生态学的基础,是决策过程的方法论。

当生态学作为一种方法、一种理念、一种决策的科学根据被使用时,我们称其为一种应用的科学,一种为公众服务的科学,一种为管理者服务的科学,一种为经济服务的科学,一种为社会服务的科学,也可以称之为应用生态学(applied ecology)。应用生态学是相对于学术生态学(academic ecology)和教育生态学(educational ecology)而言。对于学术生态学的研究已经得到了广泛的发展,但是对教育生态学的认识还处于起步阶段。生态学是科学发展观的基础,它有教育公众、教育管理者的责任。目前,生态学研究领域最薄弱的环节就是教育生态学,目前关于公众教育、管理者的生态学教育方面还有很多工作尚未开展。而应用生态学则是对学术生态学的延续和发展,因为应用生态学要解决实际问题、回答面对的挑战、提出决策的科学依据,因此,应用生态学是"硬"科学,需要更多的智慧和科学方法论。生态风险评估就是这种应用生态学方法论之一。

生态风险评估具有以下四个特点(4个C):① 在生态风险评估中,信息交流(communication)是最重要的。例如,在讨论尺度问题时就需要交流,要使管理者和科学家明确,什么是风险的平均数指标、风险的分布、风险整体的而不仅是局部的影响;② 生态风险评估还必须具有一致性(consensus),要求公众、决策管理者和科学家对风险评估在量和质上的共同认可;③ 生态风险评估从方法、指标、过程都应该具有非常强的连贯性(consistency),需要建立起一整套详细的生态风险评估的方法论、指标体系、评估流程等等;④ 要充分认识到生态风险评估本身所包含的不确定性和失败的风险性(chance of failure),要估计到生态风险评估由于各种不确定因素和系统的复杂性而存在失败的风险。这些特点凸显了,不管生态风险评估的目的是为生态系统恢复还是为经济和社会服务,其根本也是为决策管理服务的宗旨(Bartell and Campbell,2000)。

作为生态风险评估,首先考虑的应该是什么是风险?存在怎样的风险?有多大的风险?怎么预测风险?如何为应对这些风险的决策管理服务等等。生态学模型是生态风险评估和预测的工具之一。在生态风险评估中,需要一系列的模型,模型的建造要涉及种群、群落、生态系统的分布问题,参数问题,函数问题,以及如何建立的问题,还要考虑时间系列的变化,不同时间的概率变化,但其最终目的是估计系统的保持,任何系统的保持都和系统应对风险的能力和可塑性有关,生态系统的可持续性是非常重要的,尤其对于预测系统的风险来说(Bartell et al.,2000)。

从理论上来说,对一个生态系统风险评估的目的是估计和预测这个生态系统对这一系列的风险的反应。其实,评估本身也存在一定的风险,也就是我们常说的模型具有不确定性。对于这种风险如何避免呢？首先，要想到这种风险是否值得去采取一定的应对措施。其次，我们应该明白，采取任何措施本身也包含一定的风险。但是，假如我们什么都不做，那么也会有风险。如果把什么都不做的风险带到模型中去，结果可能是什么都不作具有更大的风险，那么给管理者的建议应该就是一定要做些什么了。反过来，如果经受不住风险，那就不要做。

生态风险评估包括评估分析、风险预测、管理案例模拟(scenario simulation)。生态风险评估通过分析预测风险发生的概率、频率、强度，以及风险发生的时间和空间分布格局(Bartell et al.，1998)。应该强调的是，生态风险评估也是一种概率分析，它包含了不确定的因素和概率。这些不确定性主要来源于：① 数据抽样的不确定性，② 分析误差，③ 对生态风险的机理和影响缺乏理解，④ 生态风险和生态系统的作用错综复杂，⑤ 不能准确把握时空尺度与数量化的关系，⑥ 时滞性和间接性影响与影响程度的数量化的不确定性，等等(Bartell et al.，1999)。

本质上讲，风险评估就是一种思维方式，甚至就是一种人生方式，人生时刻面临着各种风险，每秒都在做评估和决策，可以说，生态风险评估的理念与现实生活是息息相关的。在进行风险评估的工作中，包含许许多多生态学的理念：其中包括，① 生态风险评估应该以水为主轴，以物种为目标，以生态系统为功能单元的整体概念；② 生态风险评估应该不能只见树木不见森林，也不能只见森林不见生态系统的理念；③ 人类对生态系统的影响是最大的，生态学家已经很难只考虑和研究"自然"生态系统，而不考虑和研究人文因素和影响了，生态风险评估和生态学研究也会越来越"以人为本"、越来越需要研究人与自然的"和谐"；④ 生态风险评估应该以流域为整体，因为流域是生态系统在空间结构和功能的统一；⑤ 不同生态系统的生态风险评估和比较，以及生态风险评估的尺度变化和尺度推延；等等。

总之，以生态学为理论基础的生态风险评估，将科学地给管理者提供最佳的决策和信息(包括风险的起因、危害程度、发展趋势、应对措施、管理成本、成功概率、检验指标等)，这对于国家的发展和建设，对于以生态学为基础的"科学发展"和"可持续发展"都具有非常重要的现实意义和理论意义(Bartell et al.，1992)。本文拟以一种农药(除莠津，Atrazine)污染的风险评估及水生生态系统模拟的具体研究案例，来阐述这些生态学理念在生态风险评估中的应用。

16.2 除莠津污染的风险评估及水生生态系统模拟

除草剂和杀虫剂威胁着濒危物种的生存，严重威胁生态系统的健康和可持续性。除莠津(2 氯-4 乙氨基-6 均三嗪)是一种被广泛应用的除草剂，并且被认为是最有效的一种除草剂(通过其在植物生长点或新叶片的聚集，来抑制光合作用、抑制生长、产生致死作用)。据统计,在美国每年有 3 000~3 500 万千克的除莠津主要施用于玉米地(占 85%)、高粱地(占 10%)、甘蔗地(占 2.5%),其他一小部分用于高尔夫球场等(占 2.5%)。研究表明,全美国除莠津施用量分布与美国玉米产地和南佛罗里达州的甘蔗产地相吻合(USEPA,2003a;USGS,2007)。

由于大量使用除莠津,其结果是造成了土壤、地下水、地表水系残留大量的除莠津。据美国地质调查局(U. S. Geological Survey,USGS 2007)的估计,在施用除莠津的区域里,75%的地表水系和 40%的地下水都含有不同浓度的除莠津。因为在使用过程中,残留在土壤中的除莠津通过渗漏进入地下水,并通过地表径流和浅层渗透进入地表水水系。美国地质调查局的监测结果显示,除莠津已经遍布整个切萨皮克湾(Chesapeake Bay)以及流经切萨皮克湾的每条主要河流和小溪,美国环境保护署和生态学家一直在努力探讨,流域水系内的除莠津对整个生态系统造成怎样的影响?政府是否应该决定停用这种农药?除莠津的影响和是否停用催生了许多生态风险评估的研究。

但正如美国环境保护署不能自己鉴定一个新农药的生态风险一样,政府需要一个中立的机构来做这个评估,这种中立机构可以是学校、研究机构,也可以是公司,评估的结果鉴定则需美国环境保护署聘请科学家来评审(USEPA,2003b;Park et al.,2004)。因此,生态风险评估存在各种生态学、经济学和社会学的压力,这些压力主要来自:① 生态学家和环境保护主义者,根据他们的研究和分析,许多生态学家和环境学家认为除莠津严重污染水环境、毒害食物链、影响人类健康,并呼吁不要再使用除莠津;② 除莠津生产商(Syngeta)的年产值高达 120 亿美元(Wikipedia,2008),并有 24 000 名固定员工; ③ 欧洲已经全面禁止施用除莠津;④ 据估计,除莠津每年为美国农业增产价值达 20 亿美元;⑤ 对于除莠津影响的研究结果分歧很大,等等。

美国环境保护署一直力图追求一个简化的生态系统风险评估模型,即希望这个模型能够做到:如果知道农药的使用量,就可以知道有多少含量会流入河流,流入了哪些河流,对种群的大小和结构产生了怎样的影响,这样就可以知道该农药对生态系统有多大的影响,美国环境保护署就可以决定是否在这个地区停止使用该农药(Park et al.,2004)。但是,实际上农药对生态系统的影响并不是一个简单的线性关系,生态学家认为,生态系统风险评估模型是一个关于食物链的系统模型,并需要大量的数据来支持这个模型,它包括从浮游生物到鱼类的水生生态系统,甚至到陆地动物和植物,也包括养分、温度、河流流速等参数。需要通过这样一个系统模型来模拟除莠津在生态系统的不同食物链内是如何产生影响以及如何在食物链中传导的。目前,美国环境保护署正在使用的水生生态系统风险评估模型叫做 Comprehensive Aquatic Systems Model (CASM)。CASM 是一个比较成熟、比较完整的生态风险评估模型(DeAngelis et al.,1989;

Bartell et al.,1992,1999,2000,2003,2009)。我们研究的目的是：① 确定 CASM 的环境参数、能量通量参数、食物链参数、除莠津影响参数，② 应用 CASM 模拟生态系统生产力，③ 模拟除莠津对生态系统生产力的影响，④ 对除莠津的生态风险提出决策建议(Pastorok et al.,2003;Bartell and Nair,2004; Dale et al.,2004;Bartell,2003b,2005)。

16.3 生态系统模型参数的确定

生态系统模型(CASM)建模的目的是，评估在没有除莠津的情况下，环境的变异程度，以及加入除莠津后，其对整个生态系统的影响，最终评估美国中西部河流中除莠津的潜在生态风险。虽然不能用实际的观察数据来建模，但是要保证实际观察数据和模型的数据有一个比较，比如水深、温度、可溶性无机氮等。模型建好后的第一步是检验，检验是通过建立一定的参数和函数得出所需要的结果，如果和预想结果不一致就需要调试参数。因为不可能每个参数都调整，需要通过敏感性分析找出敏感参数，对其进行微调，直到得出你想要的结果。在这个案例中，要把没有除莠津的情况下系统的真实情况反映出来。检验之后还需要一个验证过程，这时就要用实际的数据，由于实际的数据可能不是连贯的，所以检验结果可能和模型不完全一致。另外，很重要的一点是，一定要有大量的数据来证明模型得出的结果不是随机的。

确定 CASM 参数，首先应该确定的是水生生态系统食物链种群的组成(DeAngelis et al.,1975;DeAngelis et al.,1989)。根据不同的生态系统，我们在选择模拟种群时，考虑生态系统的特征种、主要生产力种、主要生物量种、主要功能种，也同时考虑食物链的主要种和环境指标敏感种等 41 个种群(不同研究、不同生态系统种群数量和具体种群都各异)。其中，这些种群包括各种藻类、浮游动物、维管束植物种群等 26 个初级生产力种群(表 16.1 和表 16.2)，以及底栖无脊椎动物、鱼类等 15 类次级生产力"混合"种群(表 16.3)。我们首先在 CASM 模型中，确定种群在食物链中的关系，以及每一个种群与其他种群的关系(Cummins,1973)。

对于初级生产力的 26 个种群(表 16.1)，种群参数包括种名(S_n)、初始生物量(B_0,gC/m²)、生产率(P_r,1/d)、沉降率(S_r,1/d)、死亡率(M_r,1/d)、光呼吸(R_p,1/d)、暗呼吸(R_d,1/d)。其中，1/d 代表每日每克生物碳所生产或减少的生物碳克数(gC/gC/d)。表 16.1 中的种群参数均为根据我们搜索到的已公开发表的资料中众多数据的平均值(Sumner and Fisher,1979;Bothwell,1988; Collins and Wlosinski,1989;Son and Fujino,2003)。

初级生产力种群的环境参数(表 16.2)包括，生长所需的最低温度(T_1,℃)、适宜生长的最低温度(T_2,℃)、适宜生长的最高温度(T_3,℃)、生长停滞的最高温度(T_4,℃)、光饱和强度(I_s,Einsteins/m²/d)、半饱和磷浓度(k_P,mg/L)、半饱和氮浓度(k_N,mg/L)、半饱和硅浓度(k_S,mg/L)。同样,表 16.2 中的环境参数也均为根据我们搜索到的已公开发表的资料中众多数据的平均值。CASM 模型中养分的限制可以表达为(Stelzer and Lamberti,2001):

① 磷浓度限制:$f_{PO_4} = PO_4/(k_P + PO_4)$
② 氮浓度限制:$f_{NO_3} = NO_3/(k_N + NO_3)$
③ 硅浓度限制:$f_S = Si/(k_S + Si)$
④ 养分综合限制:$g(N) = \text{minimum}(f_{NO_3}, f_{PO_4}, f_{Si})$

另外,水生生态系统中光强度对光合作用强度的限制可以用 Thomann 和 Mueller(1987)的方程式模拟,即:

$$f_1(I) = I/I_s \cdot \exp[-(I/I_s) + 1.0]$$

其中,I 为光强度(Einsteins/m²/d),I_s 为光饱和强度(Einsteins/m²/d)。

CASM 模拟初级生产力种群中每个种群(B_i)的生物量动态(gC/m²),其方程式可以简化为:

$dB_i/B_i dt$ = 光合作用 − 光呼吸 − 暗呼吸 − 沉降率 − 死亡率 − 摄取率

即:

$$dB_i/B_i dt = [Pm_i\{h(T), f(I), g(N), hmod\}(1 - presp_i)]$$
$$- dresp_i h(T) - (s_i + m_i)$$
$$- \sum [h(T) B_j C_{ij} w_{ij} a_{ij} h_{ij} B_i)/(B_j + \sum w_{ij} a_{ij} h_{ij} B_i)]$$

其中,种群 i,B_i 为种群 i 的生物量(gC/m²),Pm_i 为最大光合作用生长率(1/d),$h(T)$ 为光合作用的温度效应参数,$f(I)$ 为光合作用的光效应参数,$g(N)$ 为光合作用的营养效应参数,$hmod$ 为生境效应参数,$presp_i$ 为光呼吸(1/d),$dresp_i$ 为暗呼吸率(1/d),s_i 为沉降率(仅适用于藻类,1/d),m_i 为死亡率(1/d),C_{ij} 为被种群 j 摄食(gC/m²/d),w_{ij} 为被种群 j 摄食偏好参数,a_{ij} 为被种群 j 摄食能量转化参数,h_{ij} 为摄食效率参数。

表 16.1 初级生产力的 26 个种群的种群输入参数:包括种名(S_n)、初始生物量(B_0,gC/m²)、生产率(P_r,1/d)、沉降率(S_r,1/d)、死亡率(M_r,1/d)、光呼吸(R_p,1/d)、暗呼吸(R_d,1/d)。其中,1/d 代表每日每克生物碳所生产或减少的生物碳克数(gC/gC/d)

初级生产力种群 (种名,S_n)	B_0 (gC/m²)	P_r (1/d)	S_r (1/d)	M_r (1/d)	R_p (1/d)	R_d (1/d)
Fragilaria copucina	0.001	1.47	0.026	0.026	0.052	0.18
Nitzschia actinostroldes	0.002	1.34	0.019	0.019	0.038	0.13
Synedra acus var radians	0.002 6	1.22	0.012	0.012	0.023	0.08
Asterionella formosa	0.001 5	1.25	0.013	0.013	0.026	0.09
Diatoma elongatum	0.001 1	1.43	0.028	0.028	0.06	0.17

续表

初级生产力种群 (种名, S_n)	B_0 (gC/m²)	P_r (1/d)	S_r (1/d)	M_r (1/d)	R_p (1/d)	R_d (1/d)
Oocystis borgei	0.025	2.37	0.07	0.07	0.14	0.58
Tetraedron minimum	0.004	3.25	0.13	0.13	0.26	0.82
Pediastrum simplex	0.00015	1.67	0.049	0.049	0.098	0.26
Planktonema lauterborni	0.0032	1.18	0.011	0.011	0.022	0.073
Chamaesiphon confervicola	0.036	1.29	0.018	0.018	0.036	0.12
Aphanocapsa delicatissima	0.0025	2.31	0.08	0.08	0.16	0.53
Oscillatoria tenuis	0.009	1.41	0.026	0.026	0.05	0.17
Anacystis montana	0.025	1.101	0.011	0.011	0.021	0.068
Microcystis aeruginosa	0.046	1.061	0.007	0.007	0.013	0.041
Orthocyclops modestus	0.065	1.054	0.006	0.006	0.011	0.036
Holopedium gibberum	0.054	1.063	0.007	0.007	0.013	0.043
Diacyclops bicuspidatus	0.082	1.05	0.005	0.005	0.01	0.035
Epischura lacustris	0.055	1.055	0.006	0.006	0.012	0.037
Leptodiaptomus minutus	0.05	2.55	0.012	0.005	0.018	0.08
Daphnia mendotae	0.01	2.65	0.009	0.006	0.02	0.06
Vallisneria spp.	0.08	0.45		0.015	0.04	0.02
Myriophyllum spp.	0.04	0.55		0.01	0.02	0.024
Ceratophyllum spp.	0.04	0.52		0.01	0.02	0.022
Elodea spp.	0.04	0.55		0.015	0.04	0.026
Lemna spp.	0.002	0.3		0.01	0.02	0.028
Potamogeton spp.	0.012	0.65		0.011	0.04	0.02

表 16.2 初级生产力种群的环境参数,包括生长所需的最低温度(T_1,℃)、适宜生长的最低温度(T_2,℃)、适宜生长的最高温度(T_3,℃)、生长停滞的最高温度(T_4,℃)、光饱和强度(I_s,Einsteins/m²/d)、半饱和磷浓度(k_P,mg/L)、半饱和氮浓度(k_N,mg/L)、半饱和硅浓度(k_S,mg/L)

初级生产力种群 (种名, Sn)	T_1 (℃)	T_2 (℃)	T_3 (℃)	T_4 (℃)	I_s (Eins/m²/d)	K_P (mg/L)	K_N (mg/L)	K_S (mg/L)
Fragilaria copucina	10	16	21	26	3.1	0.046	0.44	0.79
Nitzschia actinostroldes	14	21	24	28	5.9	0.068	0.57	0.33
Synedra acus var *radians*	15	22	26	29	9.8	0.179	1.03	0.41

续表

初级生产力种群 (种名,Sn)	T_1 (℃)	T_2 (℃)	T_3 (℃)	T_4 (℃)	I_s (Eins/m²/d)	K_p (mg/L)	K_N (mg/L)	K_s (mg/L)
Asterionella formosa	13	19	23	25	13.6	0.124	0.77	0.18
Diatoma elongatum	12	19	23	27	8.1	0.061	1.14	0.48
Oocystis borgei	14	16	22	26	5.1	0.007	0.12	
Tetraedron minimum	20	24	26	30	4.8	0.012	0.1	
Pediastrum simplex	16	20	22	26	6.3	0.15	1.33	
Planktonema lauterborni	20	24	26	30	5.6	0.33	1.15	
Chamaesiphon confervicola	18	22	24	28	7.8	0.28	0.92	
Aphanocapsa delicatissima	16	20	24	28	8.2	0.335	1.11	
Oscillatoria tenuis	16	20	24	28	8.8	0.182	1.04	
Anacystis montana	18	22	24	28	5.2	0.014	0.27	
Microcystis aeruginosa	20	24	28	32	4.4	0.016	0.28	
Orthocyclops modestus	16	20	24	28	4.7	0.014	0.256	
Holopedium gibberum	18	22	26	30	4.5	0.012	0.26	
Diacyclops bicuspidatus	18	22	28	32	4.8	0.018	0.308	
Epischura lacustris	18	22	26	30	4.6	0.018	0.288	
Leptodiaptomus minutus	18	20	26	30	3.0	0.01	0.18	
Daphnia mendotae	16	20	26	30	2.0	0.016	0.268	
Vallisneria spp.	16	20	24	28	8.0			
Myriophyllum spp.	18	22	26	30	4.0			
Ceratophyllum spp.	18	22	26	30	6.0			
Elodea spp.	16	20	24	28	6.0			
Lemna spp.	18	22	24	28	8.0			
Potamogeton spp.	16	18	24	28	8.0			

模型中,次级生产力的15个"种群"均为同一科属内的数个种的"混合"种群(表16.3),种群参数包括:种群类别名称(S_n)、初始生物量(B_0,gC/m²)、最大摄取率(C_{max},1/d),以及种群参数的最大呼吸损耗(R_{max},1/d)、摄取动能损耗($Rsda$,1/d)、未消化吸收损耗(F,1/d)、排泄损耗(U,1/d)、死亡损耗(M_r,1/d)。其中,1/d代表每日每克生物碳所生产或减少的生物碳克数(gC/gC/d)。次级

生产力的 15 个"种群"的环境参数(表 16.4)包括:生长所需的最低温度(T_1,℃)、适宜生长的最低温度(T_2,℃)、适宜生长的最高温度(T_3,℃)、生长停滞的最高温度(T_4,℃),以及最大呼吸损耗高温(Tr_o,℃)、致死高温(Tr_m,℃)等。表 16.3 及表 16.4 中的种群参数和环境参数均为根据我们搜索到的已公开发表的资料中众多数据的平均值(Burris,1977)。

对于次级生产力种群(B_i)生物量(gC/m^2)的模拟,CASM 采用以下方程式:

$dB_i/B_i dt$ = 摄取增长 − 呼吸损耗 − 排泄损耗 − 未消化吸收损耗 − 死亡损耗 (−摄取动能消耗) − 被其他种群摄食损耗

即可以表达为:

$$dB_i/B_i dt = \sum[(Cm_i h(T) w_{ij} a_i h_{ij} B_j)/(B_i + \sum w_{ij} a_{ij} h_{ij} B_j) - (u_i + f_i + rsda_i)] - r_i h(T) - m_i$$
$$- \sum[(Cm_j h(T) w_{ij} a_{ij} h_{ij} B_j)/(B_j + \sum w_{ij} a_{ij} h_{ij} B_i)]$$

其中,种群 i,B_i 为种群 i 的生物量(gC/m^2),Cm_i 为最大摄取率(1/d),$h(T)$ 为摄取率的温度效应参数,w_{ij} 为被种群 j 摄食偏好参数,a_{ij} 为被种群 j 摄食能量转化参数,h_{ij} 为摄食效率参数,r_i 为呼吸损耗率(1/d),u_i 为排泄损耗率(1/d),f_i 为未消化损耗率(1/d),m_i 为死亡率(1/d),$rsda_i$ 为摄取动能损耗率(仅适用于鱼类,1/d)。

表 16.3 次级生产力的 15 个"种群"均为同一科属内的数个种的"混合"种群,种群参数包括:种群类别名称(S_n)、初始生物量(B_0,gC/m^2)、最大摄取率(C_{max},1/d),以及种群参数的最大呼吸损耗(R_{max},1/d)、摄取动能损耗($Rsda$,1/d)、未消化吸收损耗(F,1/d)、排泄损耗(U,1/d)、死亡损耗(M_r,1/d)。其中,1/d 代表每日每克生物碳所生产或减少的生物碳克数($gC/gC/d$)

次级生产力种群(类名)	B_0 (gC/m^2)	C_{max} (1/d)	R_{max} (1/d)	$Rsda$ (1/d)	F (1/d)	U (1/d)	M_r (1/d)
Copepoda	0.000 01	1.3	0.12	0	0.04	0.02	0.002
Cladocera	0.000 01	1.45	0.14	0	0.025	0.03	0.002
Lythrurus	0.000 1	0.31	0.000 5	0.17	0.108	0.025	0.005
Percidae	0.000 1	0.3	0.000 5	0.17	0.116	0.025	0.015
Cyprinidae	0.000 1	0.38	0.000 5	0.175	0.104	0.068	0.015
Micropterus	0.000 01	0.16	0.000 24	0.163	0.104	0.068	0.008 4
Ephemeroptera	0.001	0.55	0.018		0.04		0.01
Trichoptera	0.001	0.6	0.013	0	0.04	0.002	0.004
Oligochaetes	0.001	0.8	0.018	0	0.06	0.06	0.038

续表

次级生产力种群（类名）	B_0 (gC/m²)	C_{max} (1/d)	R_{max} (1/d)	$Rsda$ (1/d)	F (1/d)	U (1/d)	M_r (1/d)
Chironomids	0.001	0.65	0.035	0	0.04	0.006	0.005
Bivalves	0.001	0.2	0.006	0	0.06	0.001	0.001
Semotilus	0.000 1	0.23	0.002 7	0.1	0.08	0.08	0.000 45
Catostomus	0.000 1	0.21	0.001 65	0.145	0.08	0.08	0.001
Moronidae	0.000 1	0.21	0.001 65	0.145	0.08	0.08	0.001
Esocidae	0.000 01	0.12	0.000 5	0.14	0.07	0.06	0.000 03

表 16.4　次级生产力的 15 个"种群"的环境参数包括：生长所需的最低温度(T_1,℃)、适宜生长的最低温度(T_2,℃)、适宜生长的最高温度(T_3,℃)、生长停滞的最高温度(T_4,℃)，以及最大呼吸损耗高温(Tr_o,℃)、致死高温(Tr_m,℃)等

次级生产力种群（类名）	T_1 (℃)	T_2 (℃)	T_3 (℃)	T_4 (℃)	Tr_o (℃)	Tr_m (℃)
Copepoda	10	18	24	30	28	37
Cladocera	10	20	24	30	30	37
Lythrurus	12	18	22	26	28	37
Percidae	12	20	24	28	30	37
Cyprinidae	12	22	26	30	32	37
Micropterus	16	20	24	28	30	37
Ephemeroptera	12	16	20	24	32	37
Trichoptera	14	18	22	26	30	37
Oligochaetes	16	20	24	28	32	37
Chironomids	18	22	26	30	30	37
Bivalves	16	20	24	28	30	37
Semotilus	12	16	20	24	32	37
Catostomus	16	20	24	28	30	37
Moronidae	14	18	22	26	30	37
Esocidae	10	20	32	36	32	37

16.4 模拟生态系统生产力及除莠津的影响

16.4.1 CASM 模拟生态系统生产力

CASM 模拟的生态系统初级生产力包括浮游生物、藻类、挺水植物等种群。模型模拟每个种的光合作用、生产率、生物量,并反映生长与各环境因子之间的相互关系(Goldman and Carpenter,1974)。CASM 模拟的第二层次是次级生产力,它包括各种浮游动物和鱼类。模型模拟捕食与被捕食的关系和能量关系(Griffith et al.,1994)。CASM 模拟区别于其他模型,是它的第三层次,模拟食物链内各生物种之间的相互关系(图 16.1)。

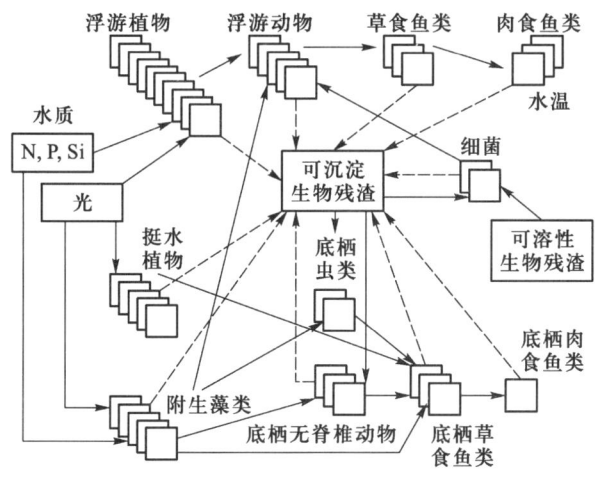

图 16.1 CASM 食物链结构及生态系统生产力模拟过程(参考 Bartell et al.,2009)

对于模型的检验,我们通过模拟生态系统净生产力(NPP,$gC/m^2/d$)并与观测值进行比较。图 16.2 是 CASM 模拟生态系统净生产力的分布情况,图中实测数据(Homick et al.,1981)和模拟数据是比较吻合的,尤其是 $0.001\sim 0.01\ gC/m^2/d$ 和 $0.01\sim 0.1\ gC/m^2/d$ 这两个范围,能达到这种吻合程度说明了模型的灵敏度和模拟的可信程度较高。模型里对种群的模拟是有时间序列的,这个时间段里,种群的结构可以用种群生物量、密度、个体来表示,这个结构比例如果和原来相比差异超过 0.05($P>0.05$),我们就说这两个种群是不一样的。

种群生物量的模拟结果可以用图 16.3 来表示。CASM 模拟每一个初级生产力种[图 16.3(a)]和次级生产力种[图 16.3(b)]的生物量(gC/m^2)在一年中每天

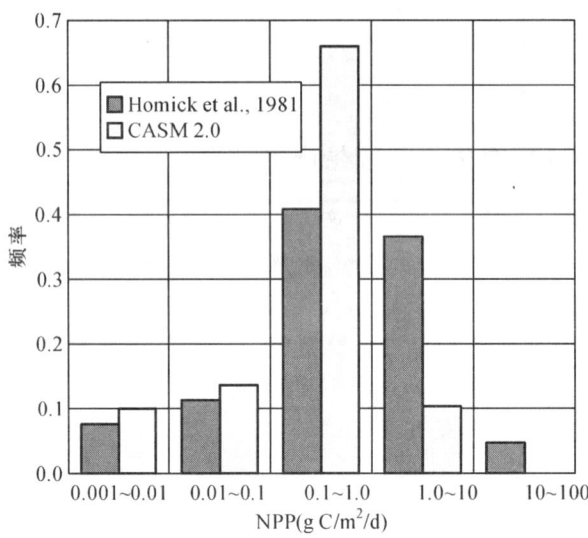

图 16.2 CASM 模拟生态系统净生产力的分布情况,图中显示实测数据(Homick et al.,1981)和 CASM 模拟数据的比较

的变化(参考 Bartell et al.,2009)。我们注意到,初级生产力种的生物量高峰期所带来的次级生产力种的生物量高峰,以及食物链内种间生物量增长的格局变化,反映了食物链种的关系及捕食和被捕食的种间关系。

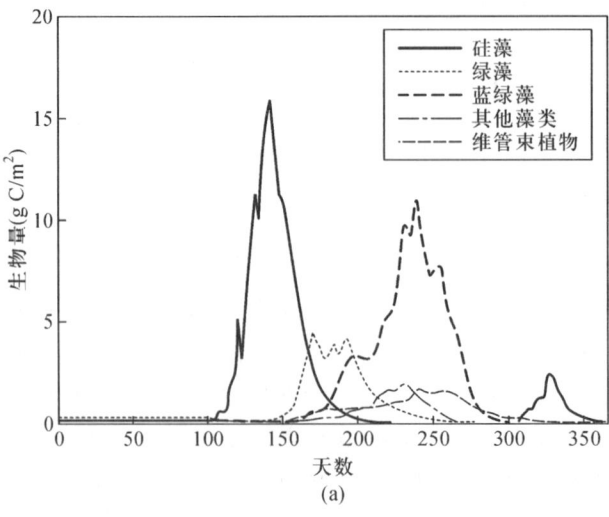

(a)

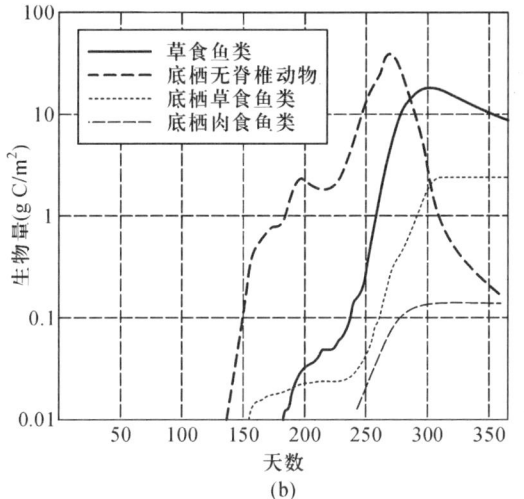

图 16.3 CASM 模拟的一部分初级生产力种(a)和次级生产力种(b)的生物量(gC/m^2)在一年中每天的变化(参考 Bartell et al.,2009)。

16.4.2 模拟除莠津对生态系统生产力的影响

CASM 模拟除莠津对每一个种的影响以及对整个生态系统的影响,是通过对种的生物量的影响来体现的(图 16.4)。对于不同的种,除莠津不同浓度的影响是不一样的。像硅藻,除莠津浓度低于 25 ppb[①],对生物量基本上没有影响

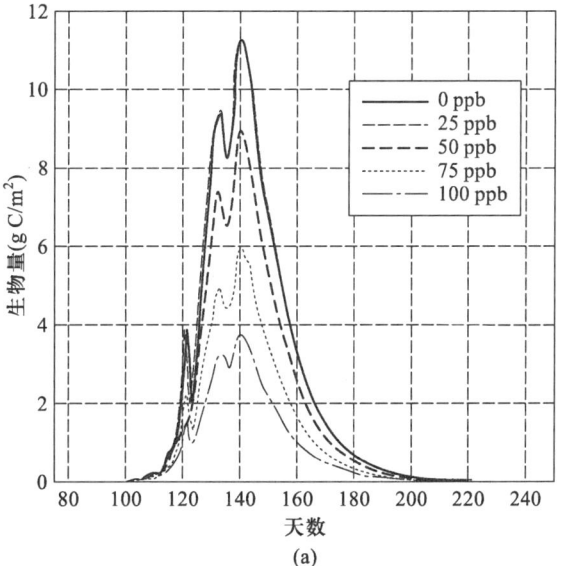

---

① 1 ppb=10^{-9}。

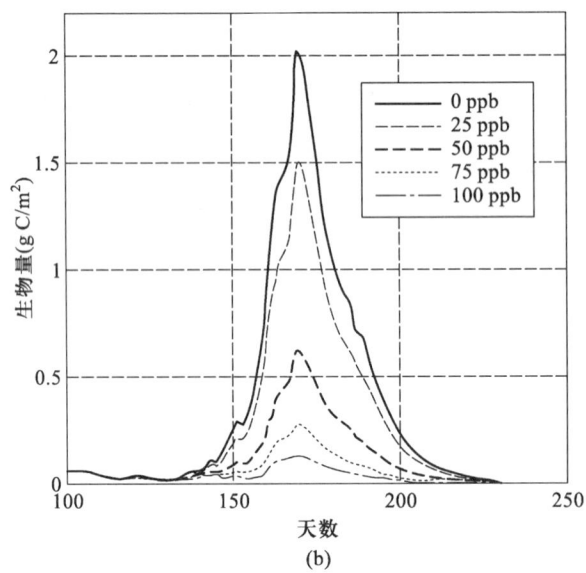

图 16.4　CASM 模拟硅藻(a)和绿藻(b)在不同浓度除莠津含量的水环境下，生物量(gC/m²)的每天变化情况(参考 Bartell et al.，2009)

[图 16.4(a)]；但当浓度增加到 50 ppb 或更高，除莠津对硅藻的生物量影响加大，随着浓度的增加，其生物量减少[图 16.4(a)]。而绿藻则不同，当除莠津的浓度还很低(25 ppb)时，绿藻的生物量已经受到影响；随着除莠津浓度的增加，生物量的减少越来越明显[图 16.4(b)]。

为了检验除莠津对流域生态系统的影响，我们是通过流域生态系统内的每一个种对流域生态系统内除莠津浓度的生物量变化来评估的。而这种变化和对比又是通过 Steinhaus 相似性指数(Steinhaus similarity index，SSI)来表示：

$$SSI = 2 \times \sum_{k=1}^{n} \min(a_{1,k}, a_{2,k}) / \left[\sum_{k=1}^{n} (a_{1,k}) + \sum_{k=1}^{n} (a_{2,k}) \right]$$

$a_{1,k}$＝生态系统状态 1 下(比如无污染状态下)，种群 k 的生物量

$a_{2,k}$＝生态系统状态 2 下(比如有污染状态下)，种群 k 的生物量

可见，SSI 值在 0～1 之间，也可以用 0% 至 100% 来表示(即，SSI/100)。图 16.5 表示的是 2004 年美国印第安纳(Indiana)流域生态系统内种群在无除莠津污染和有污染状况下，生物量分布之间的差异，黑圈表示无污染(对照)，三角形代表存在除莠津污染状况下生物量的累积分布曲线情况。两条累积分布曲线虽然有差异，但是通过统计分析显示，$P<0.05$，也就是说这个流域内，除莠津的污染浓度对该流域生态系统的改变并不大，没有达到显著的效果。

16.4 模拟生态系统生产力及除莠津的影响 | **237**

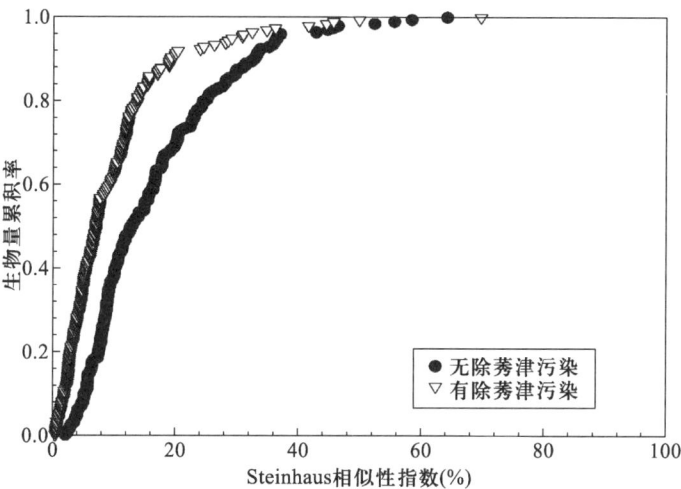

图 16.5　2004 年美国印第安纳流域生态系统内种群在无除莠津污染和有污染状况下，生物量分布之间的差异，黑圈表示无污染（对照），三角形代表存在除莠津污染状况下生物量的累积分布曲线情况

同理，我们对 2005 年美国印第安纳生态系统在除莠津污染状况下，生态系统生物量的动态进行了研究。图 16.6 是 CASM 模拟的 2005 年印第安纳生态系统内种群在无除莠津污染和有污染状况下，生物量分布之间的差异。虽然，在这一年的流域生态系统内 Steinhaus 相似性指数的走向相似，但是它们之间的差异达到显著效果，也就是说，除莠津的污染对这个流域生态系统的种群结构等有显著的改变。通过这种

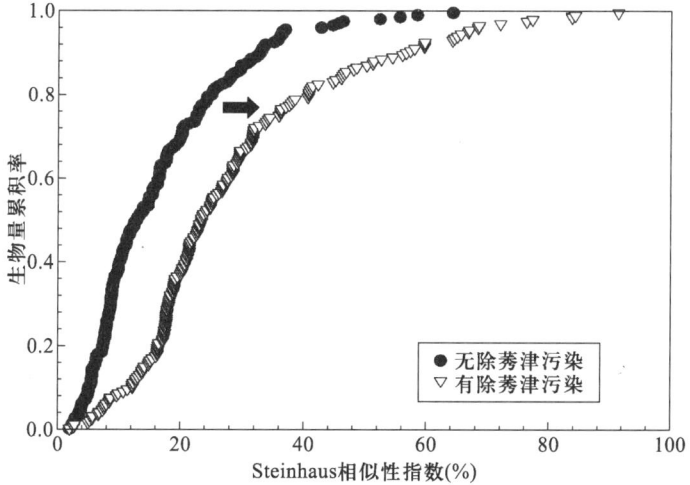

图 16.6　2005 年美国印第安纳流域生态系统内种群在无除莠津污染和有污染状况下，生物量分布之间的差异，黑圈表示无污染（对照），三角形代表存在除莠津污染状况下生物量的累积分布曲线情况

方法,我们就可以评估除莠津的应用在哪个流域对生态系统造成了破坏。显然,CASM模型能够反映出除莠津含量在生态系统中的实际分布状况,通过计算除莠津含量变化来估算对系统的危害程度以及它的危险程度。

16.5 对除莠津的生态风险提出决策建议

对于评估除莠津的影响,我们采用导致减少50%生产力的有效浓度EC_{50}(effective concentration that required inducing a 50% of productivity)和50%致死浓度LC_{50}(a concentration that may cause 50% of death)。除莠津对生态系统和种群的影响是复杂的。不同浓度对不同种的影响不一样。如图16.4所示,除莠津在25 ppb浓度时,对硅藻没有影响,而对绿藻则有影响。因此,我们在考虑除莠津的影响时,首先应该考虑不同浓度对不同种群的影响是不同的。

另外,除莠津浓度的时间分布格局,对种群和生态系统的影响也不尽相同。如果我们不改变它的浓度分布,只是把时间反过来,也就是分布反过来,得来的结果对流域的影响是不一样的。由图16.7中硅藻生物量和时间的关系可见,反转之前除莠津含量在这个时间达到115 $\mu g/L$,硅藻种群受到影响的除莠津(EC_{50})含量是105 $\mu g/L$,那么硅藻的生产力将受到严重影响。如果把浓度的时间分布反转一下,在另外一个时间,当除莠津的含量是115 $\mu g/L$时,由于它出现的时间发生了改变,这时除莠津含量要达到190 $\mu g/L$(EC_{50})才能对蓝绿藻种群产生影响,也就是说峰值一过,除莠津对种群就没有什么影响了,对整个群落的结构也就没有什么影响。这个分析说明,模型要体现出时间和空间的概念,而不是简单的加减法问题。不同的系统对不同的污染物和污染源出现的时间和空间的差异,对生态系统和种群的影响也有不同的反映。

除莠津对初级生产力的影响主要是通过对光合作用的抑制来实现的。因此,CASM中对于不同种群的EC_{50}值的确定非常重要。模型的不确定性也表现在对不同种群EC_{50}值的确定。另外,CASM在处理除莠津浓度低于每一个种群的EC_{50}值时对光合作用的影响时,可以采用"三角形"的线性关系(Bartell et al.,1997)或"几何"关系(Giddings et al.,2000),来求出当天除莠津浓度对某一种群光合作用的影响程度。但是,由于这种"三角形"的线性关系或"几何"关系的不确定性,以及参数的不确定性,我们需要对生态系统动态作50次的模拟,得到除莠津浓度对种群动态影响的分布格局,以此来了解除莠津浓度对种群动态影响的范围和决策风险。

CASM模拟的一个重要假设是,除莠津浓度对种群动态的影响是正态分布,并且影响是一种累积效应。这说明,除莠津的生态风险评估不是一个简单的线性关系,但其决策评估的不确定性有一个可控的范围。除莠津影响的累积效应又说明,模型模拟这种长时间影响的评估对决策的重要意义。

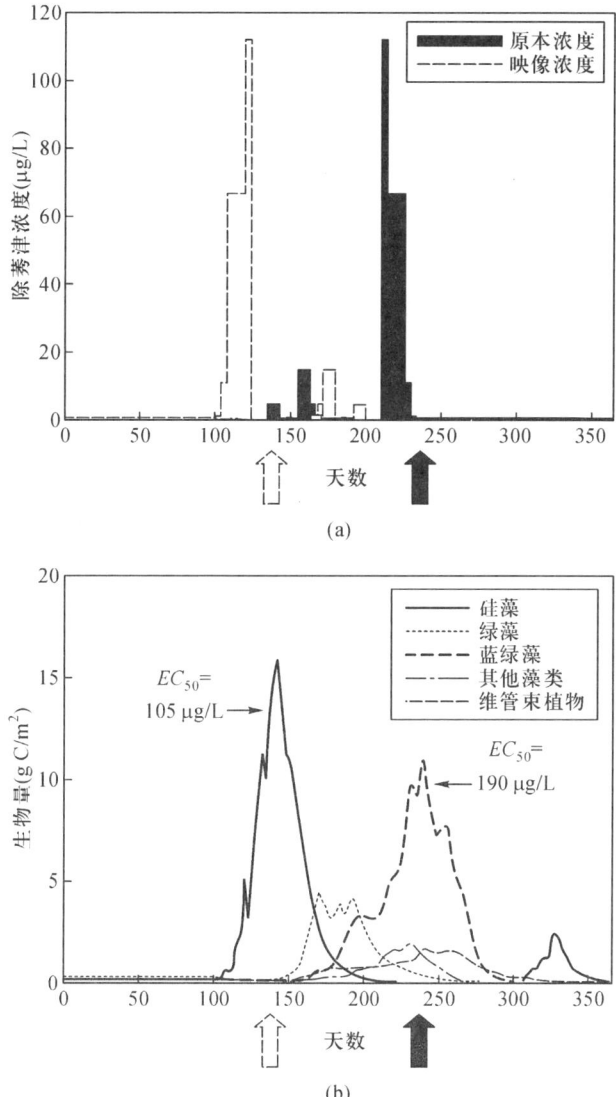

图 16.7 除莠津浓度分布格局(a)的原本浓度与映像反转浓度分布，以及对硅藻和蓝绿藻种群产生的可能影响(b)

主要参考文献

Bartell S M. 2003a. A framework for estimating ecological risks posed by nutrients and trace elements in the Patuxent River. Estuaries, 26: 385-397.

Bartell S M. 2003b. Effective use of ecological modeling in management: The toolkit concept, pp. 211-220. In, Dale, V. H. (Ed.) Ecological Modeling for Resource Management. Berlin: Springer-Verlag.

Bartell S M. 2005. Biomarkers, bioindicators, and ecological risk assessment. Environmental Bioindicators, 1: 39-52.

Bartell S M and Campbell K R. 2000. Ecological risk assessment of the effects of the incremental increase of commercial traffic (25, 50, 75 and 100 percent increase of 1992 baseline traffic) on fish. U. S. Army Corps of Engineers, ENV Report 16. Rock Island District, Rock Island, IL.

Bartell S M and Nair S K. 2004. Establishment risks for invasive species. Risk Analysis, 24: 833-845.

Bartell S M, Gardner R H and O'Neill R V. 1988. An integrated fate and effects model for estimation of risk in aquatic systems. In Aquatic *Toxicology and Hazard Assessment: ASTM STP* 971, vol. 10. American Society for Testing and Materials, Philadelphia, PA, pp. 261-274.

Bartell S M, Gardner R H and O'Neill R V. 1992. Ecological Risk Estimation. Lewis Publishers, Inc., Chelsea, Michigan. 233 p.

Bartell S M, Lefebvre G, Kaminski G, Carreau M and Campbell K R. 1999. An ecosystem model for assessing ecological risks in Québec rivers, lakes, and reservoirs. Ecological Modelling, 124: 43-67.

Bartell S M, Campbell K R, Lovelock C M, Nair S K and Shaw J L. 2000. Characterizing aquatic ecological risks from pesticides using a diquat dibromide case study III. Ecological process models. Environmental Toxicology and Chemistry, 19: 1441-1453.

Bartell S M, Pastorok R A, Akcakaya H R, Regan H, Ferson S and Mackay C. 2003. Realism and relevance of ecological models used in chemical risk assessment. Human and Ecological Risk Assessment, 9: 907-938.

Bartell S M, Nair S K and Volz D C. 2009. Technical Documentation of "Comprehensive Aquatic Systems Model for Atrazine: Assessment of Potential Atrazine-Induced Changes in Midwestern Stream Ecosystems". Final Report.

Bothwell M L. 1988. Growth rate responses of lotic periphytic diatoms to experimental phosphorus enrichment: The influence of temperature and light. Can. J. Fish. Aquat. Sci., 45: 261-270.

Burris J E. 1977. Photosynthesis, photorespiration, and dark respiration in eight species of algae. Marine Biology, 39: 371-379.

Collins C D and Wlosinski J H. 1989. A macrophyte submodel for aquatic ecosystems. Aquatic Botany, 33: 191-206.

Cross W F, Benstead J P, Frost P C and Thomas S A. 2005. Ecological stoichiometry in freshwater benthic systems: Recent progress and perspectives. Freshwater Biology, 50: 1895-1912.

Cummins K W. 1973. Trophic relationships of aquatic insects. Annual Reviews of Entomology, 18: 183-206.

Dale V, Bartell S, Brothers R and Sorenson J. 2004. A systems approach to environmental security. EcoHealth,1:119-123.

DeAngelis D L,Bartell S M and Brenkert A L. 1989. Effects of nutrient recycling and food chain length on resilience. The American Naturalist,134:778-805.

DeAngelis D L,Goldstein R A and O'Neill R V. 1975. A model for trophic interaction. Ecology,56:881-892.

Goldman J C and Carpenter E J. 1974. A kinetic approach to the effect of temperature on algal growth. Limn. Oceanog.,19(5):756-766.

Griffith M B Perry S A and Perry W B. 1994. Secondary production of macroinvertebrate shredders in headwater streams and different baseflow alkalinity. Journal of North American Benthology Society,13(3):345-356.

Hornick L E,Webster J R and Benfield E F. 1981. Periphyton production in an Appalachian mountain trout stream. American Midland Naturalist,106:22-36.

Park R A,Cough J S and Wellman M C. 2004. AQUATOX (Release 2):Modeling environmental fate and ecological effects in aquatic ecosystems. Volume 1:User's Manual. EPA-823-R-04-001. Office of Water,U. S. Environmental Protection Agency,Washington,D. C. 20460.

Pastorok R A,Akcakaya H R,Regan H,Ferson S and Bartell S M. 2003. Role of ecological modeling in risk assessment. Human and Ecological Risk Assessment,9:939-972.

Son D H and Fujino T. 2003. Modeling approach to periphyton and nutrient interaction in a stream. Journal of Environmental Engineering,129(9):834-843.

Sumner W T and Fisher S G. 1979. Periphyton production in Fort River, Massachusetts. Freshwater biology,9(3):205-212.

Stelzer R S and Lamberti G A. 2001. Effects of N:P ratio and total nutrient concentration on stream periphyton community structure, biomass, and elemental composition. Limnology and Oceanography,46:356-367.

Thomann R V and Mueller J A. 1987. Principles of Surface Water Quality Modeling and Control. Harper Collins,New York,NY. 644 p.

USEPA (U. S. Environmental Agency). 2003a. Revised Atrazine Interim Reregistration Eligibility Decision. Dated October 31,2003. 16 p.

USEPA (U. S. Environmental Agency). 2003b. Atrazine MOA Ecological Subgroup: Recommendations for aquatic community Level of Concern (LOC) and method to apply LOC(s) to monitoring data. Final Report dated October 22,2003. 18 p.

USGS (U. S. Geological Survey). 2007. WARP Model Estimates of Maximum 21-Day Moving-Average Atrazine Concentrations in Streams. http://gallery.usgs.gov/photos/05_24_2010_x1Tf83Ivu5_05_24_2010_0.

Wikipedia. 2008. http://en.wikipedia.org/wiki/Syngenta.

郑重声明

高等教育出版社依法对本书享有专有出版权。任何未经许可的复制、销售行为均违反《中华人民共和国著作权法》，其行为人将承担相应的民事责任和行政责任；构成犯罪的，将被依法追究刑事责任。为了维护市场秩序，保护读者的合法权益，避免读者误用盗版书造成不良后果，我社将配合行政执法部门和司法机关对违法犯罪的单位和个人进行严厉打击。社会各界人士如发现上述侵权行为，希望及时举报，本社将奖励举报有功人员。

反盗版举报电话　　（010）58581897　58582371　58581879
反盗版举报传真　　（010）82086060
反盗版举报邮箱　　dd@hep.com.cn
通信地址　北京市西城区德外大街4号　高等教育出版社法务部
邮政编码　100120

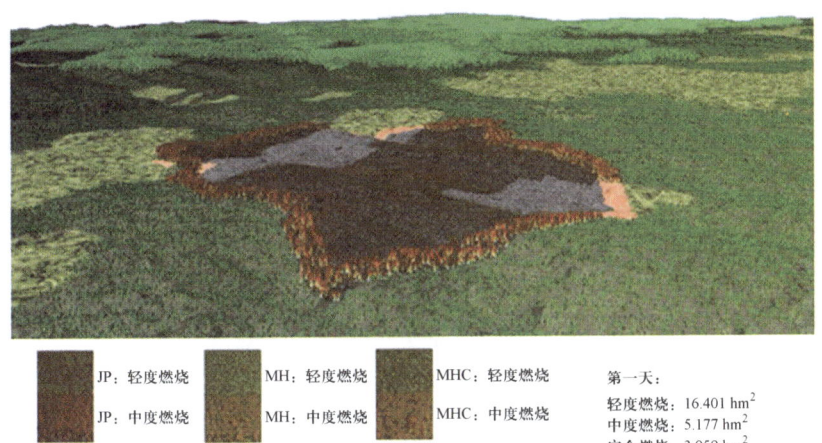

图 3.4 景观中模拟野火。其扩散明显受到景观结构的控制
（引自 Wang et al.,2006）

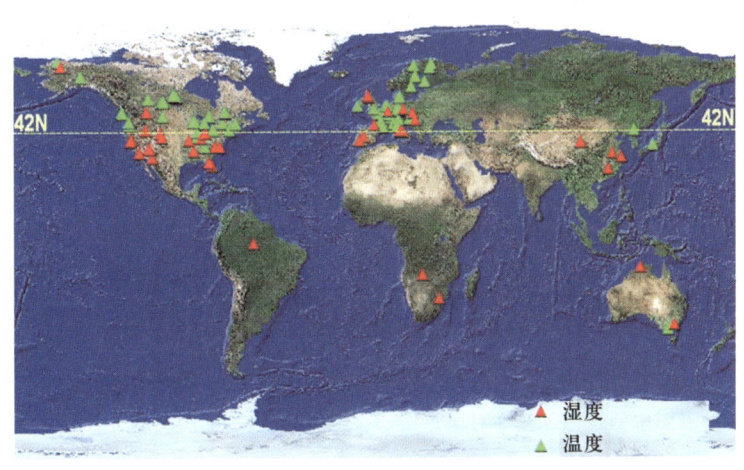

图 3.5 全球通量塔在三类不同功能生物圈中的分布
（引自 Yi et al.,in press）

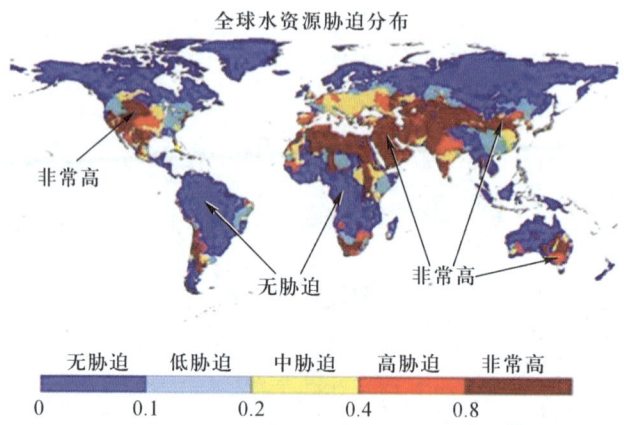

图 8.1 世界范围内水资源胁迫状态除了与自然因素(降水、蒸发散)相关,还与人口密度相关(来自 World Water Council)

图 8.7 Coweeta 水文实验站流域实体模型
(图中的绿色部分为对照流域,其他颜色代表不同的实验处理)

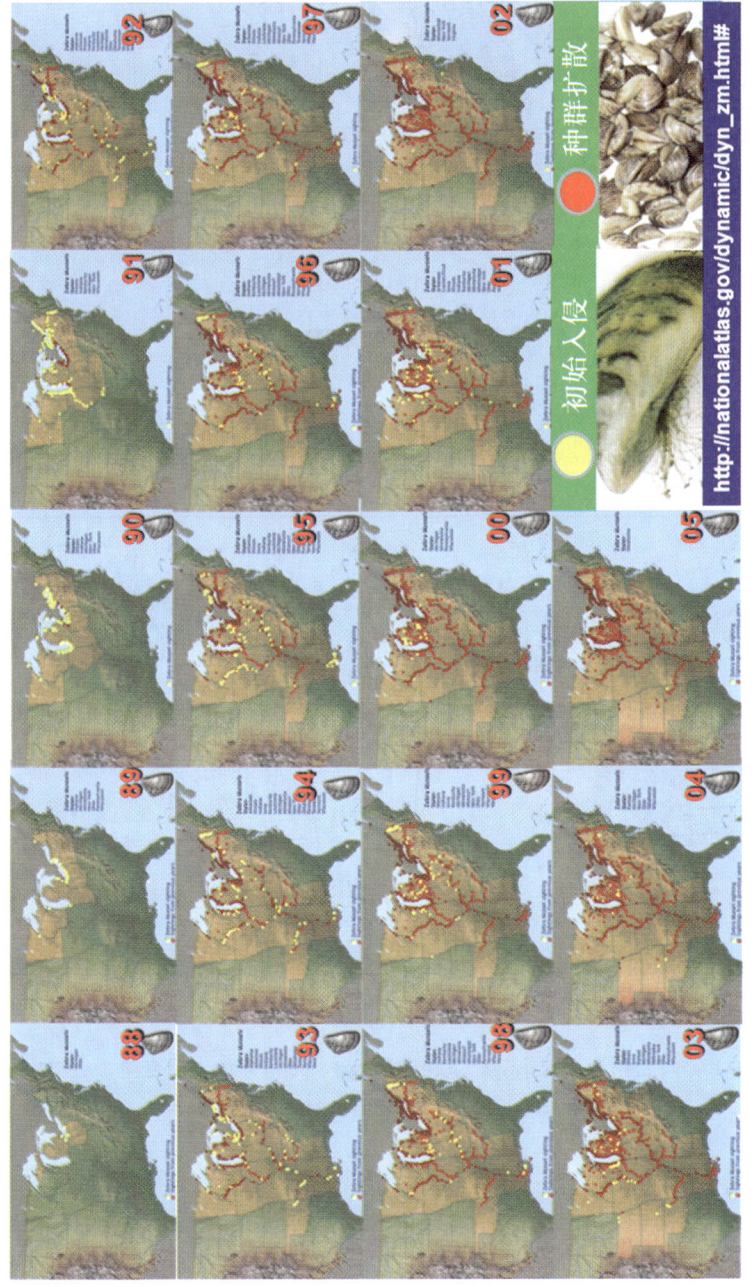

图 15.1 斑马贻贝从 1988 年开始入侵美国的大湖区。美国的科研工作者完整地记录了从 1988 年入侵到 2005 年期间该种群的时间和空间分布（黄色：初始入侵；红色：种群扩散）

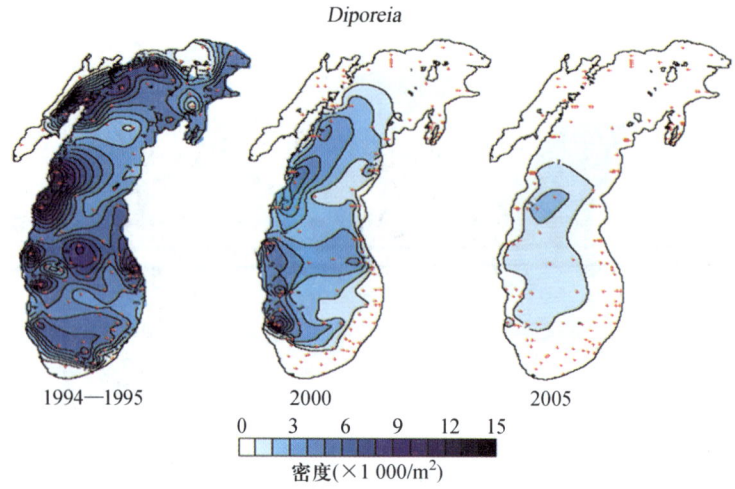

图 15.2 Diporeia 种群的消失及其在 1994—1995 年、2000 年、2005 年在美国密歇根湖的密度分布(http://news.uns.purdue.edu/x/2008a/080528SepulvedaVanishing.html)

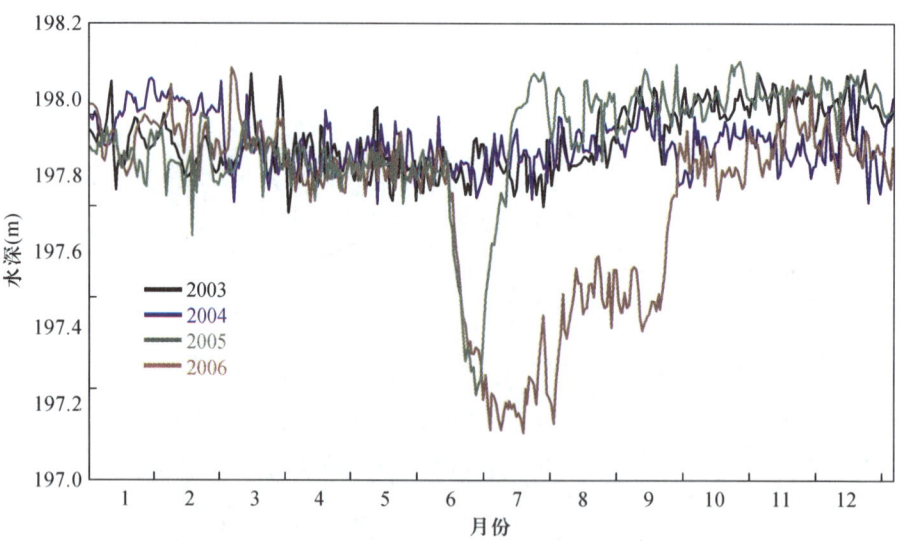

图 15.7 密西西比河第5号大坝船闸 2003—2006 年的水位变化，及 2005 年和 2006 年通过泄洪降低水位的动态比较

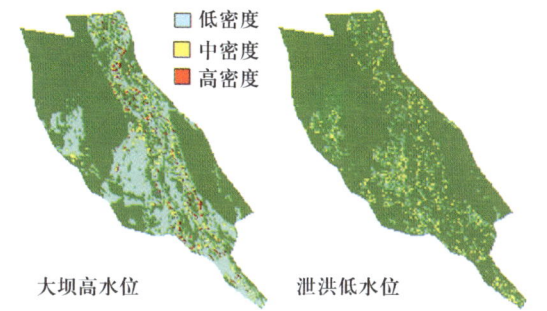

图 15.8 密西西比河第5号大坝船闸库区在大坝高水位与泄洪低水位时,斑马贻贝的空间分布比较